山田國廣 編

ゴルフ場亡国論

新装版

藤原書店

▲長野県富士見町の小泉湧水・上流にゴルフ場の増設計画がある
◀奈良県山添村・グリーンハイランドゴルフ場排水口の赤いヘドロ

▶土砂崩れの危険地帯に接する長野県・安曇野とよしなゴルフクラブ

▲造成中の白山ヴィレッヂカントリークラブ

◀皮を剥かれた山から、いく筋もの水が流れ落ちる（兵庫県三田市）

造成と同時に濁ってしまった用水池の水。ここは地元住民にとって唯一の水源地である（兵庫県三田市）▼

◀造成の震動によって崩れ落ちた方廣寺土塀の白壁（兵庫県三田市）

△奈良県山添村・万寿ゴルフクラブの排水口から流れ出た赤い水

△三重県・桔梗が丘ゴルフクラブで埋め立てられるゴルフ場の雑草

▶滋賀県信楽町のゴルフ場排水口から流れ出た赤いヘドロ

▲奈良県山添村・万寿ゴルフクラブ排水口付近の川底に堆積した赤いヘドロ

三重県名張市・グリーンハイランドゴルフ場から水田に流れ込んだ赤い水▲

河川に流れ出る保健林養地（含・ゴルフ場）の排水（長野県富士見町）▼

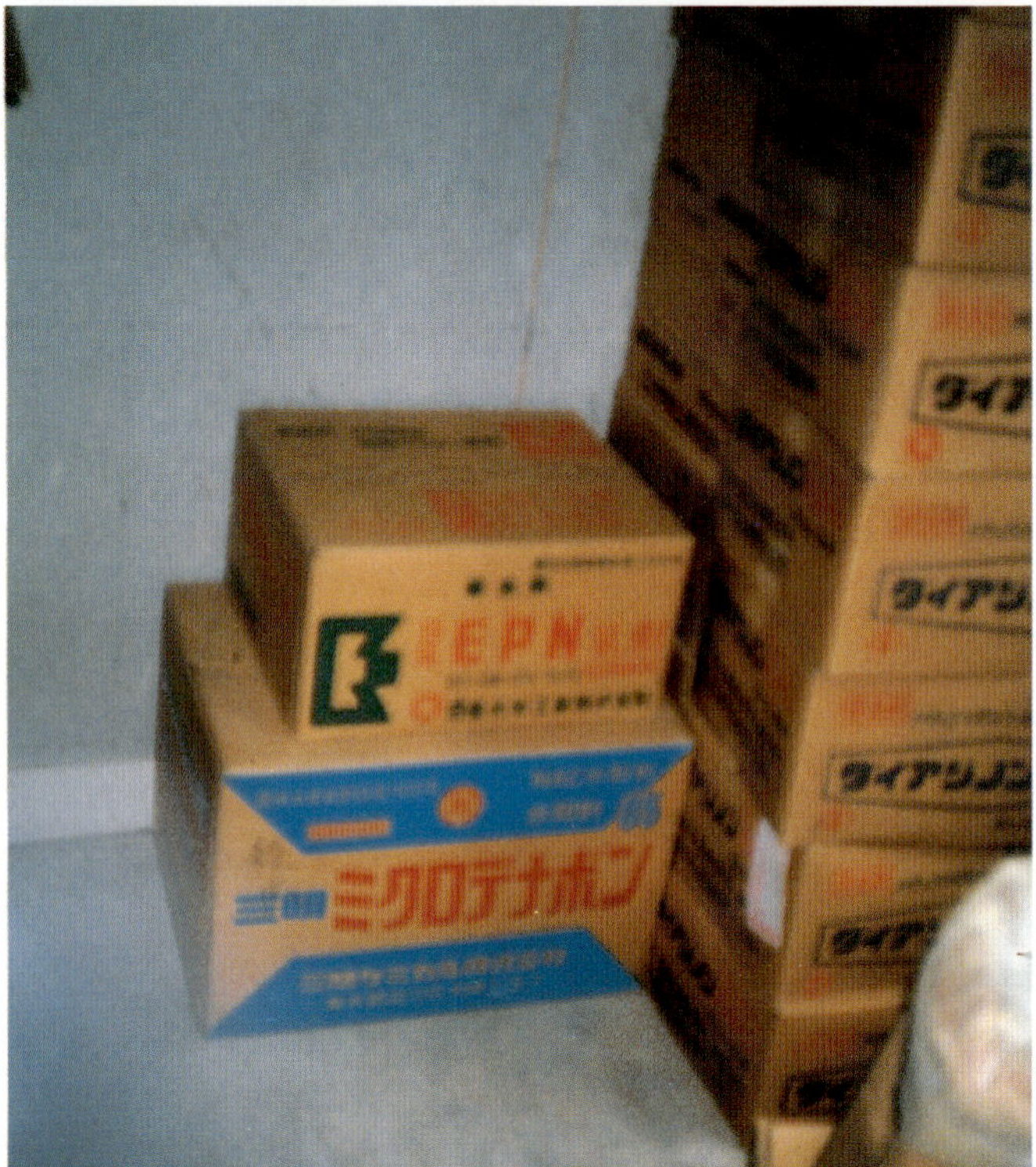

▶ゴルフ場倉庫に貯蔵されるＥＰＮ（毒物）とダイアジノン（劇物）

▲ゴルフ場に散乱する使用後の農薬空容器

（写真提供・ご協力者）及川稜乙、押田成人、加々見利一
鈴木忍明、高畑初美、坪井直子、山田國廣

新版へのはしがき

日本人はいつからこんなに恥知らずな金の亡者になってしまったのか。住民が反対し、マスコミがいくら批判しようが「金儲けは力」なのだ。自然を潰し、ゴルフ場をつくろうとする力はまだ衰えていない。一方、それを阻止しようとする住民の力も急速に強くなり、広がっている。この二つの力がぶつかりあい、全国で「ゴルフ場問題」が噴き出している。九〇年代はこの先どうなるのか。

一九八九年五月、『ゴルフ場亡国論』が出版されて以来、私のゴルフ場行脚はますます忙しくなってきた。その忙しさは九〇年に入ってもなお続いている。

例えば、一月には長崎県西海町、大分県日田市、福岡県大牟田市、兵庫県三田市、宝塚市、熊本県菊池郡大津町、二月には石川県金沢市、福島県いわき市、広島県福富町、愛媛県松山市という調子で三月、四月も持続していく。

ゴルフ場だけではない。全国でスキー場、マリーナ、リゾートマンションなどが雨後の竹の子のように増えている。八七年六月、中曽根内閣のときに国会を通過した総合保養地域整備法（通称リゾート法）のせいだ。すでに一七の道府県が同法によりリゾート地域に指定がなされており、申請されている計画が全部承認されると日本全土の実に二〇％に達する。しかも、開発される所は、これまで手付かずであった国有林、国立・国定公園など、最後に遺されていた貴重な自然である。リゾート法は、その自然を合法的に破壊しようとする戦後最悪の法律であると言える。

八八年二月、奈良県山添村の浜田耕作さんに頼まれて、初めてゴルフ場の調査にでかけてから二年が経過した。山添村は今や「ゴルフ場反対運動のメッカ」となりつつある。多くの見学者が山添村を訪れた。「ゴルフ場反対」の火の手はそこから全国に広がり、その勢いを強めている。

浜田さんをはじめ「ゴルフ場亡国論」を唱える人々はその後も頑張っている。富士見町の押田さんたちも裁判でゴルフ場と対決している。三重県名張市の坪井さんや高畑さんもゴルフ場反対運動の情報センター的な役割を担っている。埼玉県飯能市の石崎さんたちは西武飯能カントリークラブの建設に反対して公害調停を申請した。三田市の鈴木さんは兵庫県の反ゴルフ場の中心となって活躍している。

「ゴルフ場が止まった」という話を聞くようになってきた。京都市の大文字山、大阪府の河内長野市、岐阜県の土岐市、長野県の立科町などなど。いずれも住民の粘り強い活動がゴルフ場新設をストップさせる原動力となっている。

地元の人々の必死の活動を見るにつけ「これは闘いなのだ」と思う。「ゴルフ場とリゾート法」。この二つをともに撃たなければならない。『ゴルフ場亡国論』はそのための武器であり、「いまでも十分お役に立つ」と考えている。

一九九〇年一月三〇日

山田國廣

新装版
ゴルフ場亡国論

目次

序　山は哭いている

自然は、沈黙した。うす気味悪い。鳥たちは、どこへ行ってしまったのか。みんな、不思議に思い、不吉な予感におびえた。裏庭の餌箱は、からっぽだった。ああ鳥がいた、と思っても、死にかけていた。ぶるぶるからだをふるわせ、飛ぶこともできなかった。春がきたが、沈黙の春だった。いつもだったら、コマドリ、スグロマネシツグミ、ハト、カケス、ミソサザイの鳴き声で春の夜は明ける。だが、いまはもの音一つしない。野原、森、沼地……みな黙りこくっている。

レイチェル・カーソン『沈黙の春』青樹簗一訳
（第1章「明日のための寓話」より）

全国ゴルフ場開発状況　（1988.9.1現在）

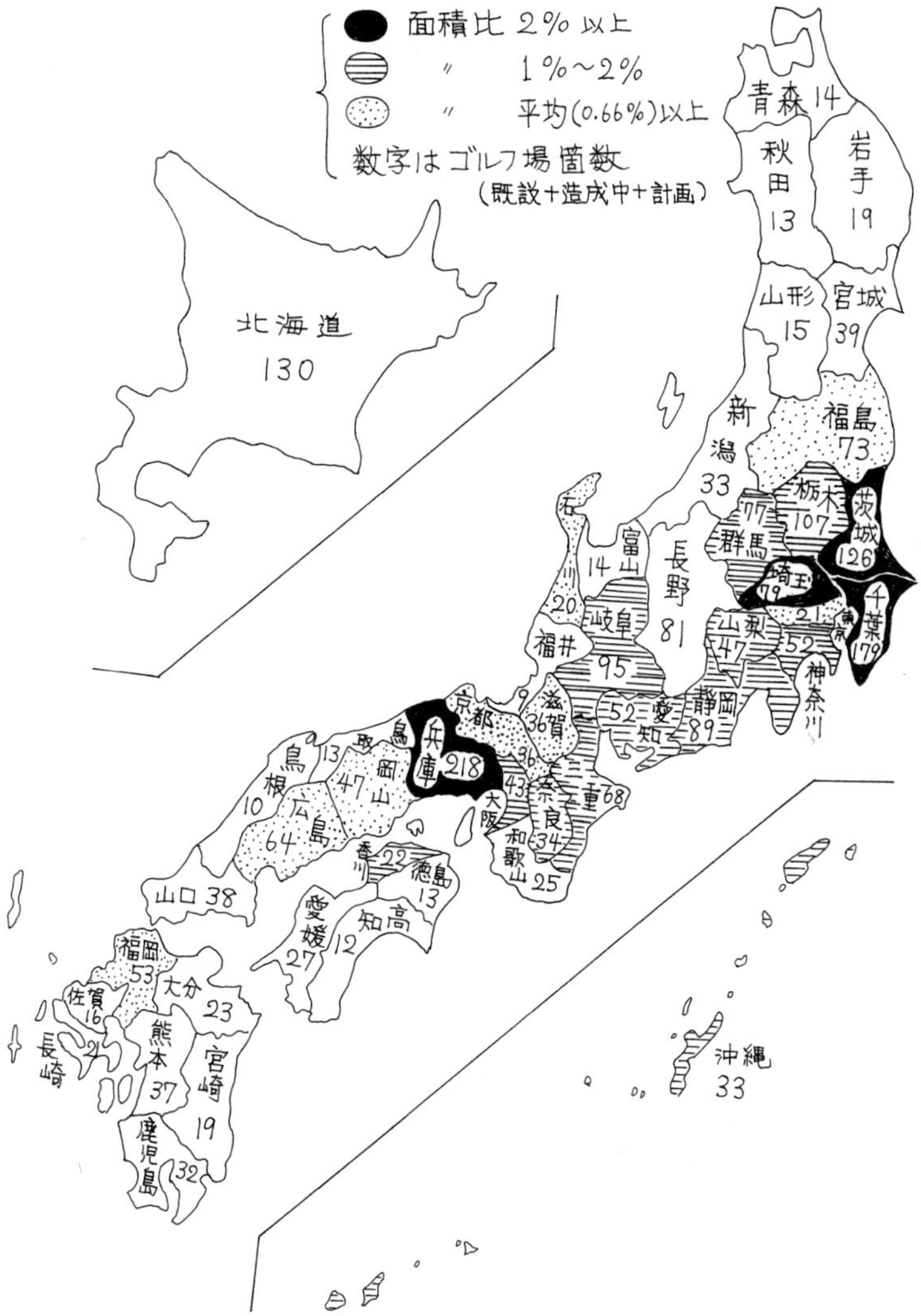

奈良県山添村

奈良県山添村の浜田耕作さんが大学までこられ、「ゴルフ場問題について協力していただきたい」と依頼されたのが、一九八八年の二月二十二日であった。その時から私の「ゴルフ場行脚《あんぎゃ》」が始まった。水汚染については二〇年近くとりくんできたが、ゴルフ場の環境問題については初めてである。とりあえず、現場を見にいくことになった。

三月十四日、山添村を訪れた。山添村は奈良市に隣接する人口五、九〇〇人程度の山村である。広さは六、七五七ヘクタール、標高は一五〇〜六一八メートルで神野山を最高地として、起伏と穏やかな傾斜地が広がる高原地帯に位置していた。山林が六五パーセントで平地は少なく、山の斜面を利用した茶畑と椎茸栽培が主な産業である。京阪神に近く名阪自動車道や近鉄特急を利用すると自動車や電車で一時間半という便利さと土地の安さから、格好のゴルフ場用地として注目されはじめた。

浜田さん宅の前を名張川が流れており、川岸にはちょうど梅が満開であった。センチュリーという計画中のゴルフ場予定地を見にいった。一部の山林については買収が進んでいる様子で、伐採する木にはビニールテープで印が付けてあった。

人があまりいかないような山の稜線に二車線の立派な道路が建設中であった。農林業振興事業として村の予算も使用して建設されているものである。ゴルフ場が完成して

山添村とゴルフ場

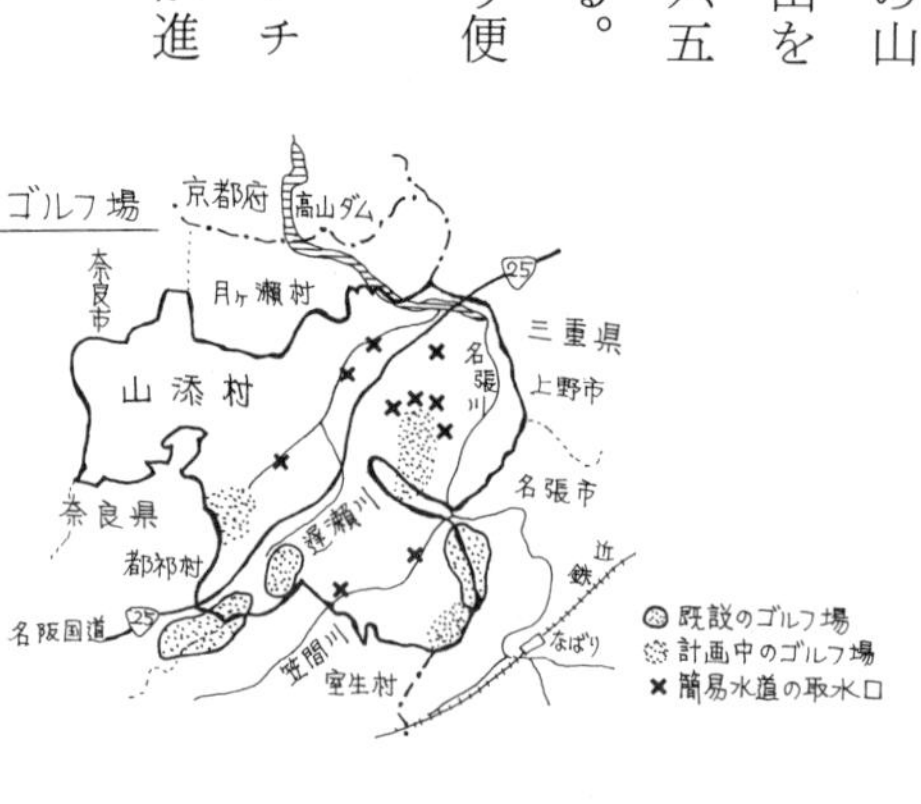

しまえば、そこにいくための道路として利用されてしまうのは明らかである。標高五〇〇メートル程度の高台に登ると見晴らし台があった。そこに登ると偶然にも、対面の山地斜面に巨大なバナナの房のような褐色に変色した部分が目に入ってきた。グリーンハイランドという三重県名張市と山添村の境に開設されているというゴルフ場であった。一ヶ所のゴルフ場全景を見たのは初めてであったが、その大きさに圧倒された。

ゴルフ場の大きさは一八ホールの平均サイズで一〇〇ヘクタール、二七ホールで一五〇ヘクタールもある。一九七〇年頃から、瀬戸内海の埋め立て公害にも関わってきた。コンビナートなど埋め立て地の大きさには驚かされてきたが、「ゴルフ場は埋め立て地と同じくらいのスケールを持つ巨大開発である」という事実にそのとき気付いた。しかも標高の高い所にあり、そこで撒布された農薬や肥料は下流に流れていくし、そのすぐ下には村人の日々の生活がある。「これは大変なことだ」というのがその時の実感であった。

これまでゴルフ場は「緑豊かな健康産業」という宣伝がゆき届いていたため、巨大開発であっても開発手続きは簡単で、一部を除いて現在でも環境アセスメントなどは実施されていない所が多い。そして、アセスメントが実施されている所でもその内容は非常に杜撰《ずさん》なものである。

ゴルフ場とリゾート開発

日本のゴルフ場の数は一九八八年九月一日時点で、既設が一五八二ヶ所、造成中が二二二ヶ所、計画中が五二〇ヶ所である。いまは、第三次ゴルフ場建設ラッシュ時代と呼ばれている。ゴルフ場の数の経年変化を下段の表に示す。

一九五六年では、ゴルフ場の数は七二ヶ所であった。一九六〇年から六五年にかけて東京オリンピックによる土木建設ブームにより、関東を中心にしてゴルフ場が急増した。第一次建設ラッシュである。

第二次建設ラッシュは一九七二年頃から始まり七七年頃まで続いた。すなわち、田中角栄の日本列島改造論によりゴルフ場建設ブームに火がつき、第二次石油ショックの後までラッシュが続いたことになる。

そして、現在の第三次ゴルフ場建設ラッシュを支えているのは、五年間におよぶ中曽根内閣の「民間の活力の導入(民活)」政策と一九八七年六月に制定された「総合保養地域整備法(通称リゾート法)」である。金余りとリゾートブーム、それらによる第三次ゴルフ場建設ラッシュはまだ始まったばかりである。

奈良県山添村の場合を見てみよう。この村には一〇年ほど前にできた九ホールのゴルフ場が二ヶ所、一九八七年にオープンした一八ホールが一ヶ所、一九八八年にオープ

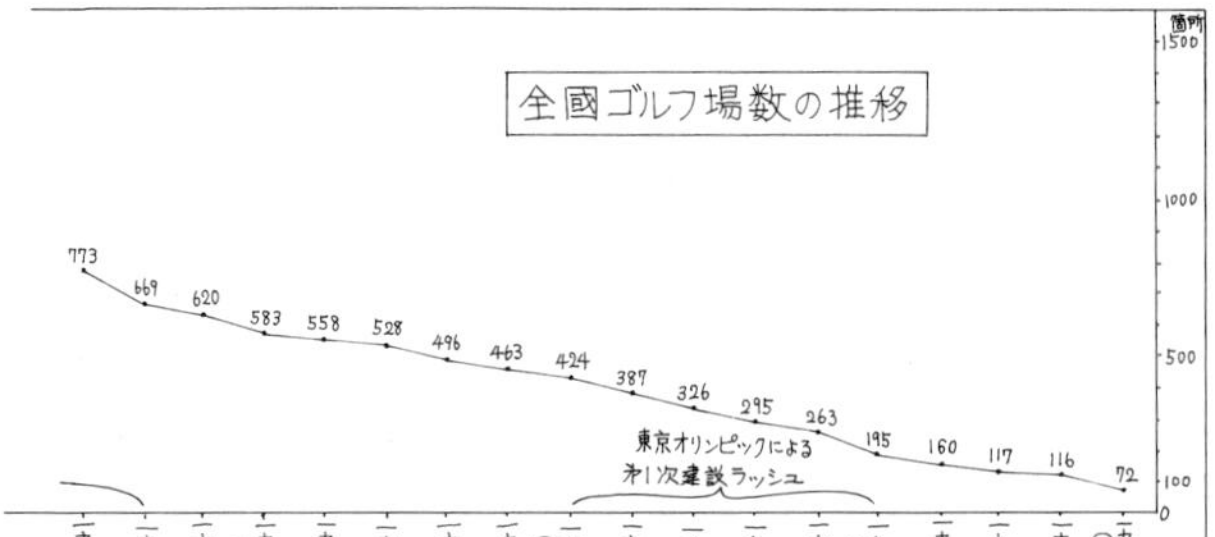

ンした二七ホールが一ヶ所、それに計画がかなり進んでいる二七ホールが一ヶ所、計画中の二七ホールが一ヶ所で計六ヶ所となる。全部できると、六五三ヘクタールで村の一〇パーセントがゴルフ場に占有されることになる。

奈良県の「ゴルフ場開発事業の規制に関する要綱」によると、「県内ゴルフ場の総量は既設を含めて概ね一パーセントとする」、「各市町村におけるゴルフ場の総量は概ね四パーセントとする」となっているのであるが、問題なのは「大和高原地域および五条、吉野地域の各市町村については、地域の実状を考慮し、限度を超えて認めることもある」という例外規定である。大和高原や吉野地域には大型のリゾート開発計画があり、中曽根民活とリゾート法によりこのような例外規定と大幅規制緩和は全国に広がりつつある。

リゾート法の適用を受けた淡路島では、兵庫県の凍結規定にもかかわらず、既設の二ヶ所から一一ヶ所へと、造成、計画ラッシュに見舞われている。これまで原則的にゴルフ場を規制してきた大阪府でも規制緩和が始まり、関西新国際空港周辺の泉南、紀泉地域はにわかに計画ラッシュになっている。神奈川県でも規制緩和の方針が打ち出され、三浦半島にある小網代の森のゴルフ場計画も長年凍結状態であったのが、にわかに動き出した。これに対してポラーノ村を中心とした地元自然保護運動は反対署名を展開して凍結解除に抵抗している。

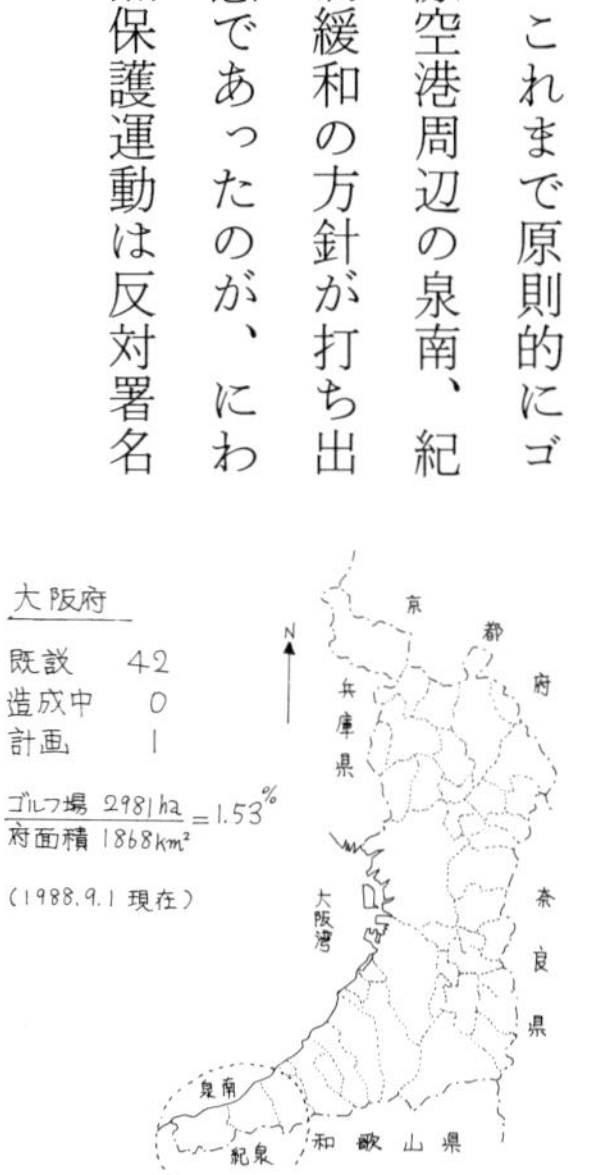

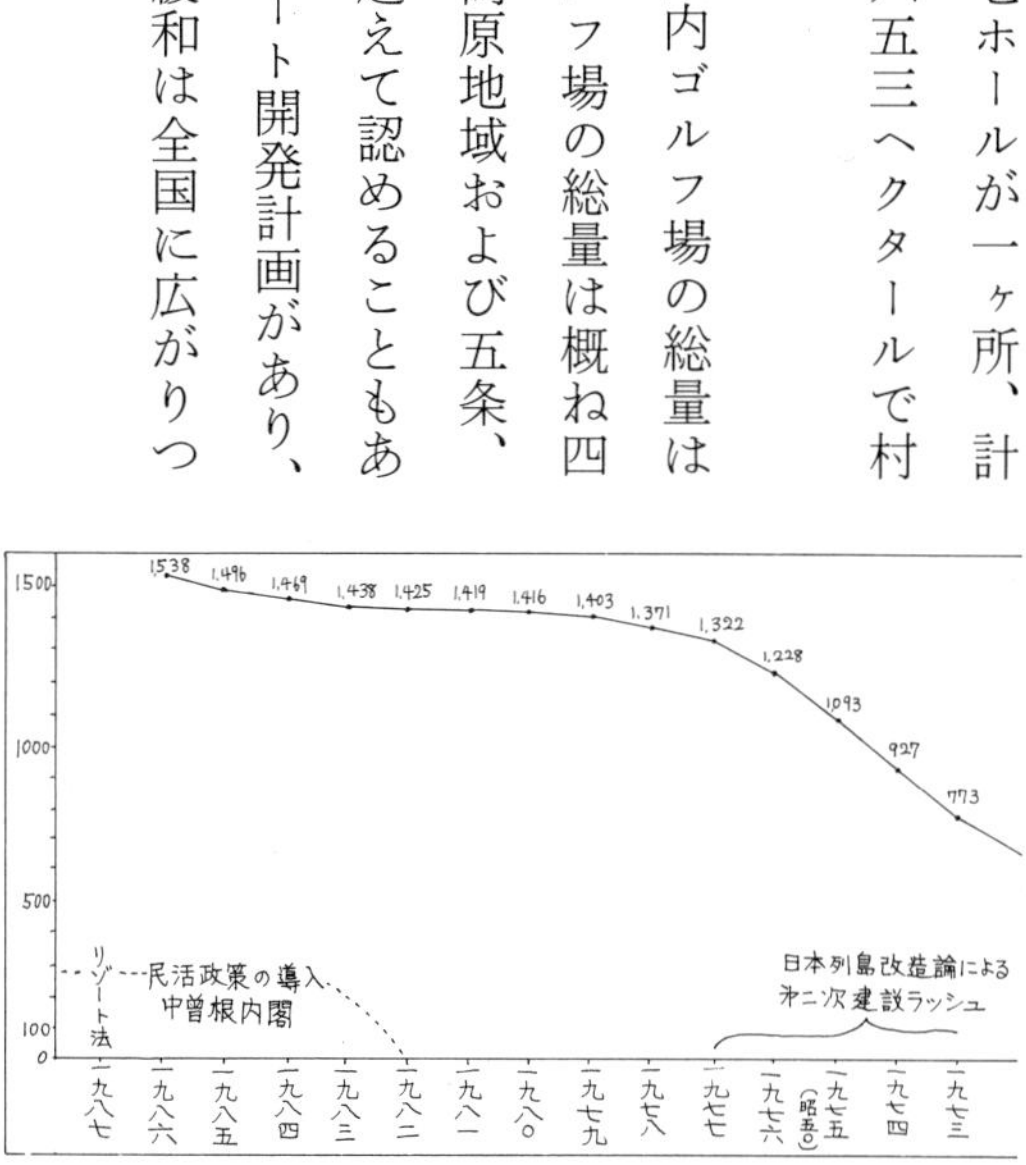

第一次は東京オリンピック、第二次は列島改造論、第三次はリゾート法というように、ゴルフ場建設ラッシュを支えてきたのは大型土建資本と結び付いた時の内閣の政策にあった。

初めてのゴルフ場

桜が満開であった。一九八八年四月十五日、ゴルフ場の水質などを調査するため、浜田さんら地元の住民とともに山添村にある万寿ゴルフクラブを訪れた。私にとっては初めてのゴルフ場である。

まず、万寿ゴルフクラブの汚水が流れ出している排水口にいってみた。川の底に「赤いヘドロ」状のものが堆積している。滋賀県信楽《しがらき》町、埼玉県飯能市、三重県名張市、岐阜県土岐市など、他の多くのゴルフ場でもこのような「赤いヘドロ」が見られた。ゴルフ場では、造成中に切った木を埋めてしまうし、オープンした後も、背の高い雑草などはやはり土の中に埋める。それら植物の腐植質に土壌中の鉄やマンガンが吸着し「赤いヘドロ」となって排水口から流れ出したと考えられる(口絵参照)。

次に、立派なクラブハウスを訪れた。突然の訪問であったので、事務所でしばらく待たされた。責任者が外へ出掛けているらしく、事務員が電話であちこち連絡をとっている。ロッカールームのような所には多くのゴルフセットが保管されていた。宅急便

八重むぐら茂れる裏手さびしきに

などで送られてきたもので、関東地方からのものが相当あった。「そんな遠い所から、わざわざ山添村までゴルフをしにくるのか」と不思議に思った。責任者が戻ってきたので、やっとゴルフ場の中に入れることになった。

万寿ゴルフクラブは一八ホールで一二〇ヘクタールの広さがあり、そのうち芝生は七〇ヘクタール、残りの部分は調整池や樹木である。ゴルフ場の入り口近くでは、ちょうど農薬を撒布しているところであった。「ゴルファーやキャディーさんが近くにいても、農薬撒布は実施される」ということを知った。

調整池の方へ歩き始めると、芝生の中に一区画だけ不自然な緑色に変色した部分が目に入った。農薬を撒布した場所を区別するため、緑色の色素を農薬に混ぜているのであるが、色素の中にはマラカイトグリーンのように毒性の強いものがある。

ゴルフ場に降った雨は、側溝や芝生の下に張り巡らされた配管で集められ調整池に貯留される。そこにはクラブハウスで使用された排水も流れてくる。なん箇所かの調整池の水を採水して臭いをかいでみたが、どれも下水臭がしていた。クラブハウスの排水が流れ込んでいる調整池では泡立ちが目についた。簡易測定器で分析した結果、合成洗剤の主成分である陰イオン界面活性剤は、数日前に雨が降って薄められているにもかかわらず〇・一ppmと淀川の下流並の濃度であった。リン酸態リンについても〇・二ppmと淀川下流より高い濃度であった。通常、このような山の中の池では陰

イオン界面活性剤は検出されないし、リン酸態リンは〇・〇一ppm以下程度である。

後日（一九八八年八月三日）三重県名張市にある二ヶ所のゴルフ場と山添村の二ヶ所のゴルフ場について、調整池や排水の流れ込む小川のリン酸態リンとアンモニア性窒素を測定した。その結果を下段の表に示す。三重県名張カントリークラブの調整池ではリン酸が最高一・一ppm、桔梗が丘ゴルフクラブの排水ではリン酸〇・七ppm、アンモニア〇・七ppmと高い濃度が検出された。ちなみに、湖や池が富栄養化しないための基準は全窒素で〇・五ppm以下、全リンで〇・〇三ppm以下である。

沈黙の春

農薬や化学薬品による生命と生態系の危機を、見事な名文で訴えたレイチェル・カーソンの『沈黙の春』が出版されたのは一九六二年であった。その中で告発されている農薬は、当時、アメリカや日本で使用されていたDDT、BHC、クロルデン、ヘプタクロル、ディルドリン、アルドリン、エンドリン、パラチオン、マラソン、2・4―Dなどである。これらの農薬は急性毒性や発ガン性や変異原性、さらに残留性などが強いため、その後製造中止になり登録を抹消されているものが多い。

殺虫剤のDDTは一九七一年五月、そしてBHCは同年十二月に登録失効しているが、いまだに母乳、魚介類、肉類などから残留農薬として検出される。

ゴルフ場調整池及び排水口のリン酸態リンとアンモニア態窒素

採水場所（1988、8月3日）	リン酸態リン	アンモニア態窒素
名張カントリークラブ調整池	1.1 ppm	0.2 ppm
名張カントリークラブ排水口	0.4	0.2
名張市桔梗ヶ丘ゴルフクラブ排水口 ①	0.2	0.3
同　上 ②	0.7	0.7
山添村グリーンハイランド排水口	0.1	0.6
山添村万寿ゴルフクラブ排水口	0.1	0.2

クロルデンは一九六八年に農薬としては登録を抹消された。ところが、シロアリ対策用として一九八六年の化審法による禁止措置まで使用が続けられたため、近海のスズキ、イガイなどからかなり高濃度の残留農薬が検出されている。

ヘプタクロル（一九七二年八月）、ディルドリン（一九七三年八月）、アルドリン（一九七五年二月）、エンドリン（同年十二月）、パラチオン（一九七一年二月）なども、既に登録は失効している。しかし、マラソンや2・4―Dのように、いまだに登録抹消されずに出廻っている農薬もある。農薬工業会やゴルフ場推進側の説明では「最近の農薬は分解が速く低毒性である」という話が良く出てくる。ところで彼らが出している資料やビラを見ても、ゴルフ場で「どのような農薬が使用され、毒性や分解性がどれくらい」という具体的なデータは出てこない。

一般的に言えば、レイチェル・カーソンが告発した時代に比べれば、確かに農薬の毒性は低くなっていると考えられる。しかし、それは主として急性毒性についての話であることに注意する必要がある。

ゴルフ場で良く使用される農薬の種類と急性毒性、魚毒性、特殊毒性（発ガン性、変異原性、催奇形性）を下段の表に示す。殺虫剤のEPNやダイアジノンのように毒物や劇物に指定されている農薬が使用されている。TPN（ダコニール）、キャプタン、CAT（シマジン）のように発ガン性がある農薬や、魚毒性がCの農薬も使用されてい

ゴルフ場で使われている代表的な農薬の毒性

一般名	商品名	用途	発ガン性	突然変異	催奇形性	魚毒性	急性毒性
TPN	ダコニール	殺菌剤	○			C	普通物
キャプタン	キャプタン	〃	○	○	○	C	〃
CAT	シマジン	除草剤	○			A	〃
2-4-DA	2-4-D	〃			○	A	〃
NIP	ニップ	〃	○	○	○	A	〃
ダイアジノン	ダイアジノン	殺虫剤		○	○	B-s	劇物
EPN	EPN	〃				B-s	毒物
チオファネートメチル	トップジンM	殺菌剤		○	○	A	普通物
ベノミル	ベンレート	〃		○	○	B	〃

る。農薬の中には、特に魚に脊椎変形（背曲がり）を誘発するものがあるが、それらの種類を上段左の表に示す。その他に、EPN、ダイアジノン、スミチオンのような有機リン系の農薬については蒸発して大気汚染物質となり、人体に神経性疾患を及ぼすこともある。ゴルフ場で使用されている農薬のこのような現実を見る時「最近の農薬は毒性が低い」という話も、実態とはかけはなれていることに気付く。

脊椎変形を誘発する代表的農薬剤

（農薬検査所：西内）

農薬名	商品名	種類	毒性	魚毒性	48時間TLm（ppm）	脊椎変形発現(注)
BHC乳剤		有機塩素系殺虫剤	劇（1.5％普）	乳B−S C	0.18（コイ24時間）	
メチルパラチオン		有機燐殺虫剤	特劇	B	7.5（メダカ）	
ダイアジノン		〃	劇（1％普）	B−S	1.2（ヒメダカ）0.64（コイ24時間）	◎
EPN		〃	毒（1.5％劇）	B−S	0.75（ヒメダカ）	○
MBCP	ホスベル	〃	劇	B	＞40（コイ）	
マラソン		〃	普	B	1.0（ヒメダカ）	○
PAP	パプチオン エルサン	〃	劇（3％普）	B−S	2.0（コイ）	◎
サリチオン		〃	劇	B	＞10（コイ）	
BPMC	バッサ	カーバメート系殺虫剤	劇（2％普）	B−S	1.6（コイ）	◎
チオファネートメチル	トップジンM	殺菌剤	普	A	11（コイ）	◎

TLm濃度ないしその1/10程度の濃度の溶液中に魚を放つと容易に骨折、脱臼あるいは変形が誘発されるが、◎印はその作用が最強であり、○印、無印の順に弱くなる。

山添村の既設の三ヶ所のゴルフ場で使用されている農薬は、村当局の発表によると殺虫剤はEPN、ダイアジノン、スミチオンなど。殺菌剤はキャプタン、ダコニールなど。除草剤はシマジン、ソウルジン、デュパサン、バナフィンなどである。これらは、全国のゴルフ場で使用されているものとほぼ同じ種類である。

万寿ゴルフクラブの中を歩いている時に、あることに気付いた。季節は

経口毒性と差のない経皮毒性の強い農薬の例

（半数致死量mg/kg）

農薬名（商品名）	経口毒性	経皮毒性
EPN	8	25
エチルチオメトン（エカチンTD）	14.1	20
DMTP（スプラサイド）	20	25
CVP（ビニフェート）	20	30
DDVP（デス）	56	75
MPMC（メオバール）	57	120
MPP（バイジット）	215	330

㊟上表の値はMPMCのみがマウス、他はすべてラットについての値。

〈現代農業82年6月号、77頁〉

▲捨てられ、散乱している農薬使用後の空容器

春たけなわである。芝生があり、ところどころに松林などもあるのに、鳥の声がしない。「緑」があり、まわりは春なのに、静かなのだ。

鳥がまた帰ってくると、ああ春がきたな、と思う。でも、朝早く起きても、鳥の鳴き声がしない。それでいて、春だけがやってくる。——合衆国では、このようなことが珍しくなくなってきた。いままではいろいろな鳥が鳴いていたのに、急に鳴き声が消え、目をたのしませた色とりどりの鳥も姿を消した。突然のことだった。知らぬ間に、そうなってしまった。こうした目にあっていない町や村の人たちは、まさかこんなことがあろうとは夢にも思わない。

この文章は『沈黙の春』第8章「そして、鳥は鳴かず」の冒頭に出てくる。この中で「合衆国では」という所を「ゴルフ場では」という言葉に置き換えても、そのまま通じる。ゴルフ雑誌記者に聞いたことがある。全国のゴルフ場で見かける鳥についてアンケート調査をしようとしたが、都会でよく見かける雀や烏が主で、おもしろくないので止めてしまった、ということである。

ゴルフ場は面積の半分程度は芝生である。そこには殺虫剤などの農薬が撒布されるので、鳥たちの餌になるような虫はほとんどいない。ところどころにある林も「アクセサリーとしての緑」であり、鳥たちがそこに巣を作り棲みつくようにはなっていない。〃沈黙の春〃はいま、日本で急増しつつあるゴルフ場の中に人知れず訪れている。

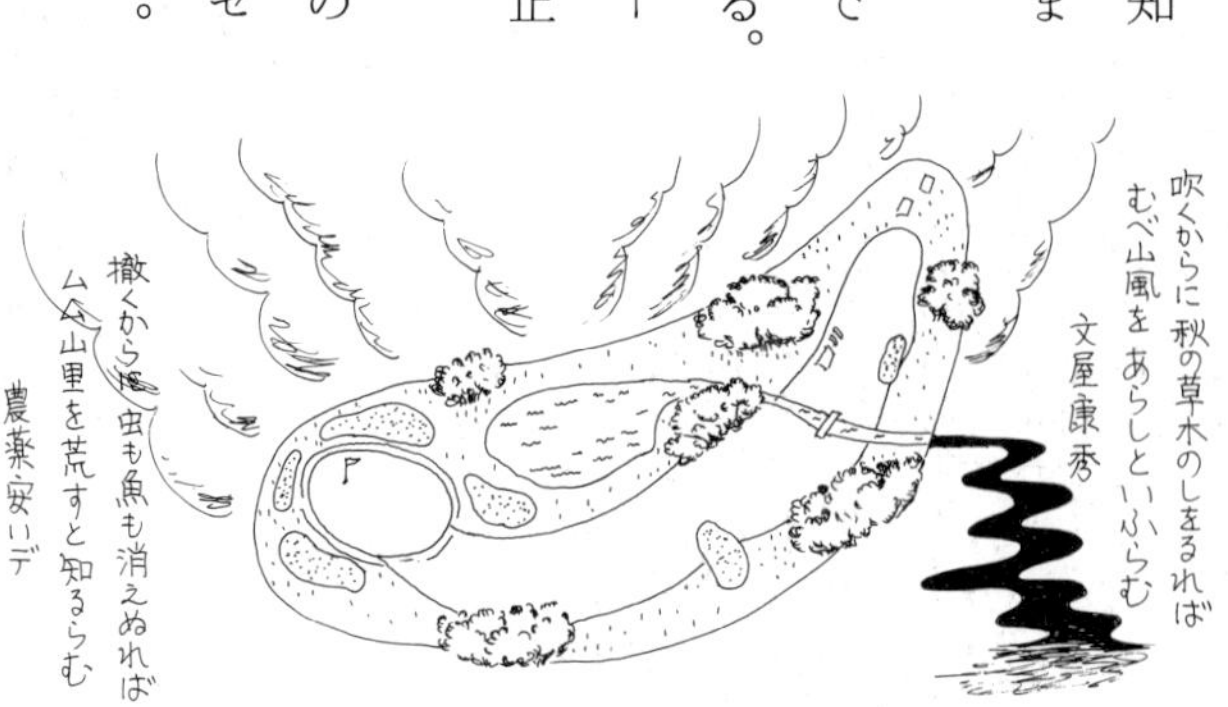

Ⅰ

座談会
農業と林業に生きる
――ゴルフ場は日本を滅ぼす

浜田耕作・押田成人
金子美登・植西克衞
（司会）山田國廣

自然資源のうち、いまでは水がいちばん貴重なものとなってきた。地表の半分以上が水——海なのに、私たちはこのおびただしい水をまえに水不足になやんでいる。奇妙なパラドックスだ。というのも、海の水は、塩分が多く、農業、工業、飲料に使えないのだ。こうして世界の人口の大半は、水飢饉にすでに苦しめられているか、あるいはいずれおびやかされようとしている。自分をはぐくんでくれた母親を忘れ、自分たちが生きていくのに何が大切であるかを忘れてしまったこの時代——、水も、そのほかの生命の源泉と同じように、私たちの無関心の犠牲になってしまった。

レイチェル・カーソン『沈黙の春』青樹簗一訳

（第4章「地表の水、地底の海」より）

奈良県山添村白鳳ゴルフクラブの排水。白い泡が浮かんでいる。

ゴルフ場問題の発火点

山田國廣　起承転結からいくと、今年の火付け役ということで、浜田さんのところから山添《やまぞえ》村でゴルフ場問題にとりくまれた経過についてお話を願いたいと思います。

浜田耕作　奈良県、山添村の浜田でございますが、山添村は三重県と奈良県の境の人口六、〇〇〇、面積六七平方キロという小さな典型的な農山村ですが、そこで一五年位前にありました二つのゴルフ場と、昨年の秋に開場しました万寿というゴルフ場の三つが営業中でございまして、そしていま、その上にオークモンドというゴルフ場が造成中でございます。なおその上に村本開発とシンコウという新しいゴルフ場が計画中でございまして、村本開発ゴルフ場は、既に事前協議が終わっております。

隣の二つの村のゴルフ場が造成中と計画中でございまして、八つのゴルフ場に囲まれた村で、しかも全部ゴルフ場が飲み水の水源地にあるものですから、今年の春以来、飲み水の汚染が非常に必配で、「山添村の子どもたちに美しい水を」ということをスローガンにして闘ってきたわけでございます。これまでずっと有機農業にとりくんできましたので、消費者の立場から日消連の戸谷伊佐子さんや、隣の三重県名張市で頑張っておられる坪井直子さんからご支援をいただきました。また学者の立場で中南元先生や山田國廣先生が度々山添村にお越し下さいまして、ご指導をいただきました。そ

奈良県のゴルフ場

ういうことが、大きい力になり、非常に早くゴルフ場の問題に対して一つの火付け役になれたということを感謝しております。その計画中の村本開発の社長と、直接この十月（一九八八年）の二十二日に本社で会ったわけでございますが、「絶対に農薬を使わないゴルフ場にしますから、それでも駄目でしょうか」、というようなまったく非常手段的なご提案をいただくまでになりました。また、もう一つの計画中のゴルフ場はいま、まったく凍結中でございます。以上が私たちの現状でございます。

山田　山添村で今年（一九八八年）の三月頃から学習会が始まり、それから四月の末頃も学習会があって、その様子が、テレビや新聞に報道されて、それが全国のゴルフ場運動に、ある面では火付け役みたいな形になったのですが、実際のところはゴルフ場問題というのはずっと以前からありまして、そういう問題では長野県の富士見町で、相当長い闘いを積んでこられた押田さんに報告をお願いします。

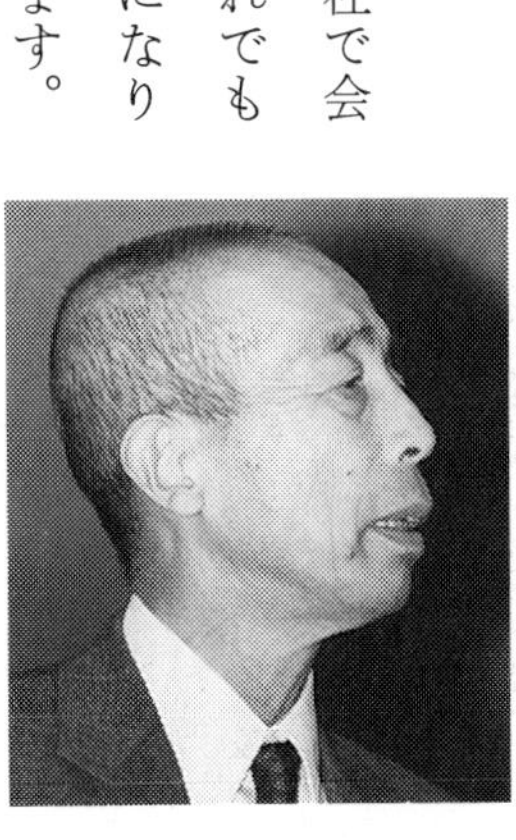
◀浜田耕作氏

湧水を守る

押田成人　ゴルフ場そのものの問題というと、やっぱり最近のリゾート法をめぐる辺りから出てきた問題のようですが、直接それの基盤となるような開発の問題はずいぶん前、もう二〇数年前からあったようです。八ヶ岳南麓では長野県が主導をとって開発事業は始まりました。かなり大きな計画図がその頃からできていたということがだんだん分かってきました。

一つの例を申しますと、実は今日はいろんな資料が手元にないので、年月などについて正確ではないのですが、この計画に乗ってきた一つの会社が、蓼科で不正なことをして、逐い出された会社なのですね。そこは東京の新橋に本店を持っているのですが、どういう企業内容かよく分からないような会社なのです。

高森という部落に南麓で一番大きな湧水で、小泉、大泉という二つの湧水があり、私たちが管理しています。この大泉、小泉の湧水のすぐ上に上蔦木という他の部落の所有地があります。その会社が一六年ぐらい前にそれを借りました。三二ヶ年契約というのですが、これ自身がすでに違法的だと思いますが、そこを教育的な保健休養地にするという計画が出たわけですね。そして村の幹部に接触するということが、一〇数年前から行われました。

境地区の八ヶ岳南麓の田んぼはその水でまかなっているわけです。いままでは生活用水もそれでまかなっていたわけですが、いまは田んぼが一番大事なものなんです。ところがこの小泉という湧水の水を半分売ってくれないか、と言ってきたのです。権利金は二、〇〇〇万円ぐらいかな？　安いんですよ。そして年々、三〇〇万とかなんとか……、ぼくが買いたい、と言いたいぐらいなんだけど（笑）。この話を持ちかけてき

◀押田成人氏

◀湧水の下流の小川で遊ぶ子供たち

ましたが、村の会議にかける度に否決されます。そしてもうこのことについては会議に乗せない、と最後にはそういう決議が出たわけなんです。

それからなんとか静かになったようでしたが、ところが村の中で非常に積極的な説得工作が行われたんですね。

私が外国にいっている間に湧水を売る話が非常に急激に進みまして、村の総会で、もう一度あの問題について考え直すかどうかについて議論をしましょう、ということになったわけです。そしてその時に、いろいろな議論が出ました。主導者が私の前にきまして、泣くんですね。

「先生、おら先生と話したいんだ!」

それで、私は彼が改心したのだと思いまして、それじゃ外で話をしよう、と言って出た。出たらその間に決まったんですね。啞然となっちゃった。そして、その決まったやりかたはなんだったかというと、村でいままでやったことのない方法です。一人ひとりこれに賛成か、賛成でないか名前を書きなさいと。これはイジメですね。そして一〇人が降りました。自分の意見から。それで「もう一度考える」ということに決まったのです。もう不思議に静かになったと思っていると、あるおばあちゃんがやってきて、「先生、大変だよ。水売っちゃったってよ」……。幹部が総会の承諾なしに。もう一回考えようというだけで売っちゃったんですよ。それで裁判に入ったのが一〇年

長野県のゴルフ場

前です。一九七八年十二月でした。三年間、金もなし、私がちょうど病気で倒れた直後だったのですけれど、しようがない、私がいろんな証拠書類を書いて時には弁護士の役もして、二人の弁護士さんと一緒にやりました。その結論が一九八一年、二年半かかって出たのですが、一九八一年の四月に仮処分の判決が出たのです。

結果は本裁判でも考えられないような判決がでたわけです。一二〇パーセントこっちの勝ち、絶対に湧水に触れてはいけない。湧水の現状を変えてはならないという結論になりました。完全に本裁判なみの判決が出てしまった。そしてこれで終わったと思っておりましたら、一九八六年、いろんな会社がいわゆるリゾート法をたてにしてゴルフ場を持ち込んできた。ドーユー興産という、その敗訴した会社もその中にありました。他の会社の真似してゴルフ場計画を出してきました。ところがこの会社だけを町がとりあげたのです。裏になにかあることは確実なのですね。一九八七年の十二月にある人が私のところにドーユー興産の開発計画書というものを持ってきた。「こんな計画が、あるのです」と言って。これについては小川衆議院議員というのが宮沢さんの下の方ですが、この方が主になってやっているので、誰もなにも言わない。ちーんとしてた。そして町議を集めて、説得して、そしてその町議を村の幹部のところに送るわけですよ。だからそういうふうにやられているものを、反対したってしようがない、というわけで村人はみな黙っているわけですよ。

それを「私、やるよ」と言ったら、少しずつ響きが出てきました。それでも署名に回っても署名はほとんどやらなかった。

ところが私の会の人が本当に腹を割って一軒一軒話してみると、回っているうちに「そりゃそうだよ、そうだよ」と言ってハンコを押すようになった。関係者の中に例えば数千坪の土地を持っている一つのお寺があります。そのお寺の壇家では、ドーユー興産に土地を売るかどうかで真っ二つに割れていました。お寺が林を売って、火事になって焼けたお寺を建て直したいという意向だったわけですが、壇家総会をやったところが、「やっぱりハンコ押したことに反対するようなことは、できねえべ」と言って結局、壇家総会の決議は本堂は建てなくてもいい、ということになった。

そういう心が目覚めさせられて、そして本来の自分たちの、住民としての自覚というのが出てきたわけです。それでいま、会社のほうは一応、難しいだろうと思っている。だけど彼らは相変わらずやってくるんですね。例えばアセスメントの結果を熊井先生という信州大学の教授のところへ持ってきました。とてもこんなんじゃ駄目だよ、って突っ返されました。最近、地権者に「アセスが終わりました。事前協議の段階に入りました。これからよろしくお願いします」という挨拶状がまいりました。だから彼らはまだ諦めていません。まだ工作をしようとしております。

それともう一つは町が、一八ホールあるのに、九ホール増やすという計画を出してい

る。これについても調べてみましたら、専門家の意見をきくと、やっぱり涵養林にかかっているのですね。それから砂防指定地にかかっていますね。だから、これははっきりと問題にすることができる。九ホール増やすところの約八割位が国有林なので、町が営林局に貸してくれ、といったら「いいよ」ということになった。そしたら営林局はこう言ったのですって。「貸してやるけど、おれたちは別荘を作りたい。町はおれたちに水をくれよ」。そういう話がまとまったのですね。そして工事担当者である諏訪営林局は下の部落に説明にいきましたが、説明にもならない説明で、みなが「これじゃ駄目だ」と言ったの。ところがそれっきり会議も持たれないのに、もう造成が始まった。

ですから、私はこのまま放っておくことは良心が許しませんので、これは緊急に法的に訴えようと思っているのです。

山田　いま押田さんのほうから長い歴史の中の闘いというか、その中で裁判も起こし、要するに湧水を守るために、村人や町の人の心に触れるような形で訴えていく中で運動として掘り起こしていく、という大変貴重な体験を語っていただきました。次に金子さんのほうから、有機農業をやられている立場でゴルフ場はどういうふうに見えるかということと、埼玉県というのは関東周辺で相当ゴルフ場が集中している。そういう面で、いわゆる東京の人が遊びにくる裏座敷というか、関西でいうと奈良が

◀造成が進むゴルフ場

◀山田國廣氏

そうなんですけれども、そういう立場で実情を紹介していただきたいと思いますけれど。

有機農業とゴルフ場

金子美登《よしのり》　埼玉県の小川町の金子でございます。私の住んでいる小川町というのは、槻《つき》川と兜《かぶと》川が秩父山系から関東平野に注ぐ、ちょうど山が切れて水田に入る接点の町なんですよね。ただいま紹介がありましたが、新宿から先は開発され尽くしてしまいまして、ちょうど池袋から私たちの方に開発の波が一挙に押しよせてきた、という現状なのです。

とくにここ一、二年はひどいのですけれど。ご存知のように東京の地価が異常な形で上がりました。次はそれが規制されてきました。しかし、工業化で儲けてあぶれた金はどこかへいくしかない。このお金が私たちのほうの山林を買いまくるというような状況になってきた。

それは私たち埼玉だけではなくて、関東地方をざっと眺めて見ましても、有機農業をやっている仲間が栃木、群馬、千葉、茨城、神奈川におります。有機農業を本気でやって、しかも消費者と直接提携して、いまの農政には先見性もなくお先まっくらというう中で、化学肥料も農薬も使わずに豊かに永久的に自給できるという有機農業で、や

埼玉県のゴルフ場

っと明るい未来の展望が拓けたという時にゴルフ場という問題が一挙に吹き出てきたわけですね。

今回の全国集会の引き金にもなったのですけれど、そういう人たちが、関東近県に一五人ぐらいいまして、農業つぶしのゴルフ場計画をなんとかしなければと、六月に有機農業研究会の中で、ゴルフ場問題緊急集会を持ったわけです。その後、八月にもう一度深刻な各地の情報を持ちより、これは一挙に全国的な問題にしなくてはならない、ということになったわけなのです。

小川町は六〇平方キロの面積の町なのですけれど、そこに既にオープンしているものが二つ、造成中のものが一つ、計画中を含めて七つのゴルフ場ができることになっています。私の家の山林も七つめのゴルフ場に実は引っかかってしまったのですね。前々からゴルフ場問題はおかしい、おかしいと思っていましたが、実際ゴルフ場の計画地に引っかかって、びっくりした。と言うのは、いまの農政で林業は農業以前にまったく展望がなくなっていますので、もう手入れもできないし、山林農家というのは、どうしようもない中で困っているわけですね。まさに国政の貧困ですよ。ところが普通田んぼや畑の買収価格は三〇〇万円が相場の所へ一挙に山林が一反四〇〇万円という値段が付きますと、それぞれが一町ぐらい山を持っているのです。すると四、〇〇〇万円ですから、これはまさに目が眩んじゃうんですよね。私のところにゴルフ場の

七つ目の計画の話があったのは、一九八八年の一月の話なんですけど、地権者を集めた集会が二月にあったのです。地権者が一二〇ヘクタールのゴルフ場計画の中で一六二名おるのですけれど、ゴルフ場を造ってもいいという同意書に二月から五月というわずか三ヶ月の間に一六〇軒は同意してしまった。残されたのは、ゴルフ場に勤めている方で、農薬の害とか内部の事情に詳しい人が一人と、私の家が真っ向から反対した一軒で、まったく三ヶ月のうちに孤立してしまった。周りの人は「あー、ゴルフ場がきてくれてよかった。これでもうしんどい農業をやめちゃってね、老後をゆっくり暮らしたい」とか、ゴルフ場の開発を進める側は、子どもたちはもう親の面倒を見ない時代だから大金が入ればいいじゃないかというわけです。そういうことでまさに孤立状態の中で私が頑張り抜いてこられたというのも、有機農業を一八年ほどやってきまして、一切、化学肥料も農薬も使わないで環境破壊も起こさず、地力の低下も起こさず、豊かに自給して、それと消費者と提携して、まったく明るい見通しを持っていたからです。ただでさえ、河川などの汚れがあるわけですから、これから良くしていこうという時に、これ以上自然を破壊し、農薬で水や大気を汚されては自分の力だけではどうにもならない、水田の上流にゴルフ場ができることは、これはもう自分の営業という言葉じゃないですね、生業といっていいと思います。金儲けで有機農業をやっているわけではないですから、本当に命の糧を自分だけではなくて他の人にも届け

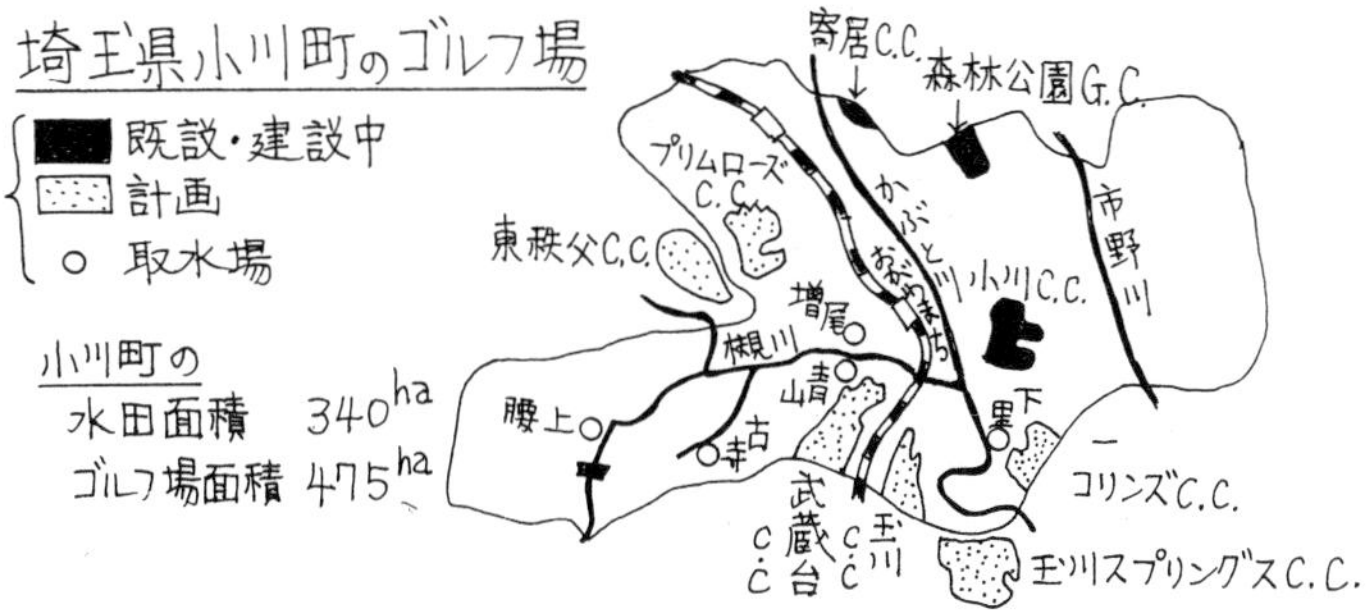

たい、ということでいま有機農業をやっているわけですから、その生業を奪われるということで、ずっと反対してきているのですけれど、幸い私の住んでいる小川町は毎年農業後継者が増えていまして、現在一一名ほど有機農業で自信を持ってやっている人がおります。それだけで約三〇〇所帯の人に有機農産物を届けているわけです。この人たちがまったく同じような形で、連動してくれました。これからは金屋の論理ではなくて、もう一回、命の論理というか、農業の原点に還る必要を痛感しています。いまのゴルフ場の開発というのは簡単に言ってしまえば、未来の命に殺しを含んだ開発だと思うのですよね。なんとか頑張って闘っていこうと思っているところです。

山田　有機農業の視点からやっぱりゴルフ場が生業を奪うというか、そういうところまできている、ということだったと思いますね。滋賀県の信楽《しがらき》町というところは、焼き物で有名な町ですけれども、そこの水は、最終的には、ずっと下流の淀川辺りまでくる水で、大阪とか兵庫の飲み水です。上流でやはり、ゴルフ場が集中して計画されて、かつそこで孤立しながら頑張って闘っておられる植西さんのほうからも信楽町の報告をお願いします。

森林と水源を守ろう

植西克衛　信楽町は焼き物の町として有名であると同時に、最近はゴルフ場の多い町

滋賀県のゴルフ場

としても有名になってきています。滋賀県はいま開場中のゴルフ場は三二、絶対数では全国二〇位で、そんなに多くはないみたいですけれども、そこにはやっぱり地理的な偏りがございます。南部に集中しております。なかでも信楽町は滋賀県では一番多い。いま開設中なのが七ヶ所ございます。アセス実施中が一ヶ所、信楽町の場合はちょっと特異なのです。というのは、ちょうど一五、六年前、第二次ゴルフ・ブームがあって、信楽町にたくさんゴルフ場ができました。一時は一〇ヶ所ぐらいが噂に上った。すると焼き物の町ですから、陶器産業の業者がまずその焼き物の原料の採掘が困難になるということと、ゴルフ場のキャディさんが高給であるということで、陶器産業の従業員がゴルフ場に引きぬかれる。災害などの不安から全国の自治体でも異例の町議会で、これ以上のゴルフ場の立地を認めないという反対決議をしているわけです。ちょうどその時にオイルショックが起こり、とてもゴルフ場を新たに開発するどころではないような経済情勢になった。そして規制も強化されて自然に収まったわけです。それがまた最近になって再燃しまして、結局、反対決議をした当時の状況と同じ、またそれを上回る状況になってきた。住民の意識もちょっとずつ変わってきまして、目立った反対運動がなくなってきたわけです。そこで町行政が意識調査をやったのです。ゴルフ場だけでなしに、住民の土地利用の考え方を知りたいので、一九八六年十月にやりました。信楽町は六ヶ所のゴルフ場がすでに開場しており、七ヶ所めを造成して

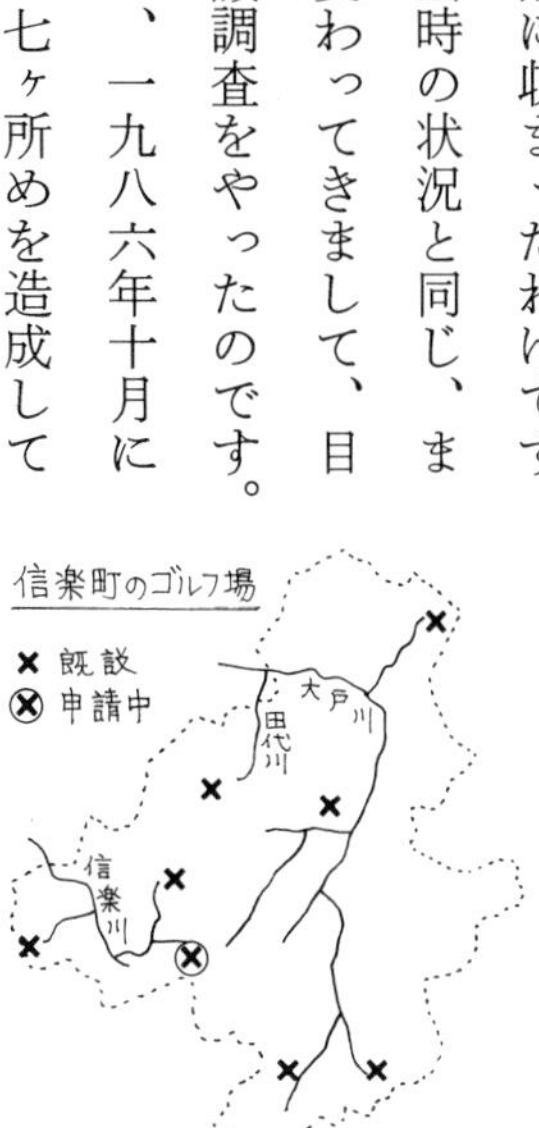

います。そのものずばりの設問があるのです。

「すでに六ヶ所、(工事中も含めると七ヶ所) のゴルフ場があるので、これ以上の開発は望まない」。

この設問に対して賛成した人は最も多い四四パーセント余りあり、「ゴルフ場は利用税等多くの税収が入るので積極的な開発を望む」に賛成はわずか七パーセント弱。自然と調和するならば、という条件付きが二〇なんパーセントかあった。そういう状況であるにもかかわらず、行政とか議会はそれを無視して、七番め、八番め、九番め、一〇番め、のゴルフ場を、そして既設のゴルフ場の拡張計画を土地利用計画を見直して認めようとしている。町行政議会は反対決議の精神を尊重すると表明しながら、三年足らずで情勢変化を理由に決議を徹回して、開発を受けつける。言うならば憲法の第九条がありながら、これを改悪してどんどん軍備を増強する、そういう姿勢がある。その中でも、私の住んでいる部落は最もゴルフ場が過密でして、信楽町はいま一〇パーセントに迫るような勢いになっていますが、私の部落は集水域が五〇〇ヘクタール余りのところに、すでに七三ヘクタールのゴルフ場が一三年前に開場しているわけで、それが非常に汚濁、汚水を流している。その解決がいまだにできない。その上さらに水が乏しい源流のもう一つに、七〇ヘクタールのゴルフ場を造る。この二つが指呼《しこ》の間《かん》に立地して、二〇パーセント以上ゴルフ場用地に占められそうになっている。これ

はどんな角度から言ったって、もう乱開発だから計画地は自然林がほとんどでありますので、保持されるだけで緑を守るという時代の要請に応えることになるのですからゴルフ場計画を断念して下さい、と所有者の会社の社主の中曽根内閣の元・国土庁長官の河本嘉久蔵参議院議員に直接手紙で懇願するのですがいまだに返事がありません。いま、アセスメントを実施していますが、なんとかして用地を提供させようとする。これは自分の無力とも関連するのですが、信仰や思想を人から押し付けられるのはあまり好きでない。自分もそれをあまり人に押し付けるのはどうかと、こういう遠慮がちなことが結局、孤立してしまうというふうになってしまったのですけれど、やっぱり、一人一人と話してみると、反対の考えの人もちょいちょいあるわけです。これをなんとかして、信楽町で一つのグループをこしらえていかなければいけない、というのが私に課せられた当面の課題であると思っているのです。

山田　いま現在は、第三次ゴルフ場の建設ラッシュに入ったと言われています。そのきっかけを与えたのが通称、リゾート法といわれているものですね。金余りで、とにかくこれからレジャーだ、みたいな形で法律ができたのですけれども、その結果ゴルフ場が全国的に急増し始めています。既にこれまでも約一、六〇〇近くあって、これから計画中と、いま現在造成中を入れて七五〇ぐらいある。合わせると二三万ヘクタールぐらいになるのだと、言われているのですね。

◀植西克衛氏

ゴルフ場を造っている相手というのはどういう正体なのかということを、見極めてからないと、相当難しい問題が出てくる。私は八月に山梨県の甲府市へいきまして、そこでゴルフ場反対という形で講演をしたのです。甲府市に新しくできるゴルフ場の予定地が水源の能泉湖というダム湖のすぐ横なんです。市長も市議会も賛成なんですけれど、さすがに水道局は心配になりまして、水源懇話会というのを設けまして、賛成派、反対派を呼んで、地元の山梨大学なんかの経験者も入れて検討しよう、ということだったわけです。そこで出てきた話で、山梨県の甲府市の場合もゴルフ場がくる前は、大体一坪二〇〇～三〇〇円であった土地がいま現在一万円で買われている。これは桁が全然違っているわけです。標高が七〇〇メートルから一、一〇〇メートルある、そういう高い所の山林ですよね。で、とにかくそういうことを開発業者は平気でやってくる。これは一種の地上げ屋だと思いますね。一〇〇ヘクタールだとすると、土地代がほぼ三〇億円になるわけです。一〇〇ヘクタールの山林というのは、そこにあるだけでも、きれいな水を出したり、緑があったり、非常に公共性があると思うのです。それが三〇億円というのは、高いか、安いかという議論があるかもしれませんが、ゴルフ場開発はどうも、そんなに高いと思っていないようです。それは例えば、会員権が二、五〇〇万円とか三、〇〇〇万円しますと、一〇〇人分あれば買えるのですよ。これは非常に大きな問題だと思います。すなわちこんなに公共性のある、そん

▲甲府市昇仙峡上流に開発予定の金桜カントリー倶楽部計画図面と予定地遠景

な山林でさえ、たかだか一〇〇人分ぐらいの会員権で購入できてしまう。土地が買われてしまうと、そこは囲い込まれてしまいます。いまの経済体制というか、地上げ屋というか、そういう開発業者を相手にわれわれはこれから闘っていかなきゃならない。これを覚悟しないと、そんじょそこらのいい加減な相手ではなくて、まあ、相当タチの悪い者を相手にするということになります。そういうことで、今日午後、環境庁、および農林水産省と討論なんかをしまして、その経過も踏まえて、これからはそれぞれの地域でどういうふうな闘いを組んでいくか、話していただけたら、と思います。

広がる反対運動

浜田　先程申した経緯で、私たちは山添村でのゴルフ場の反対集会をしてきたわけでございますが、最初一九八八年三月の二十日にやりまして、引き続いて四月十五日にしたのですけれど、その二つの集会を通じて感じたことは、本当に私たちの予測を上回るたくさんの方がきてくださいましたことです。純粋な市民運動なのですけれども、保守的な村でこういう市民運動的な集会に会場にあふれるほどの人たちが来て、わずか一ヶ月の期間を置きまして、ふたたび熱気のあふれた集会ができたということは、いままでの村の実情からは考えられないことだったと思います。それから七月の十日に奈良市で集会をしたのですけれども、これは奈良県の集会というよりも、半数は東京から、石川から、そして和歌山から、神戸から、ときていただきました。実質的には関西集会になったわけですけれども、そこでも本当に予想もしなかった反響を呼びました。今回の全国交流集会は金子さんや、関東の方々、日消連の方にお世話願いまして、一切やっていいただいたわけです。実は私は昨夕は一睡もしておりません。というのは一つの祈りがあったわけでありまして、せっかくここで行われる集会が、もしも期待に反して寂しい集会だったら意味がないということがありまして、ひたすらに祈ってやってきたわけでございます。今日の二時からの衆議院の議員会館での集会から、交流集会と、一応終わったわけですけれども、まったく予想をはるかに越えた大きな反響だったですね。まったく喜びにあふれるわけでございまして、やはりこれはやむにやまれない、いわゆる水一揆だと思うのですね。徳川時代に圧政に苦しんだ私たちの先輩の百姓たちが死を覚悟してお殿さんに、竹槍を持って一揆を起こした。いまのわれわれも一揆で闘って農業者の最後の命である水を守ろう、という気持ちというものが、こうして村の集会になり、奈良での集会が関西集会になり、そして今日の集会になっていったと思います。私はこれは本当に命の水を守る最後の闘いのために全国のそうしたエネルギーが、熱意が、必ず政治を動かす力になると思います。しかもこれが単なる水という一つの問題ではなしに、日本の農業を守る、基本的には食糧を守る、日本の水を守る、自然を守る、という大きい運動に展開していく、ということを期待しておりまして、今回の集会はゴルフ場の問題を越えて本当に根源的なすばらしい集会になったということを感謝しています。

山田　今日の午後、議員会館での環境庁と農林水産省との交渉、それから夜の交流会を踏まえて、その感想とこれから地元で、あるいは全国的にどういう闘いを組んでいったらいいのか、押田さんからお話いただきたいと思います。

押田　私は今日の議員の方たちと官庁の方たちとの話し合いでも感じたのですが、本当の対話に入ろうとか、ああー、そういうことがあるのか！　それじゃ、これは調べなくちゃなりませんね、とか、こういう普通の心の態度がないことが非常に印象的でした。富士見町に対して、公開質問状を出しました。問題ははっきりしています。「この開発される所は涵養林の一番中心の所である。そして農薬の心配があるのでは」。その質問に対する町の答えは「農薬は心配がないと思います」と。こういうことを平気で言えるのは、本当に無知なのか、だとすればそれはもう行政者の資格がない。あるいはわざとそういうことを言っているのか、どっちかなんですね。いずれにしてもこれは常識で考えられない態度なんです。これはなにかが背後にあるからです。こういう態度がとれるのは。業者でも、例えばドーユー興産という会社がもう学者からも突き放されて、これじゃ駄目だと言われているのに、それを無視して平気で地権者に挨拶状が書けるというわけです。これは背後にもの凄く大きなものがあるということで

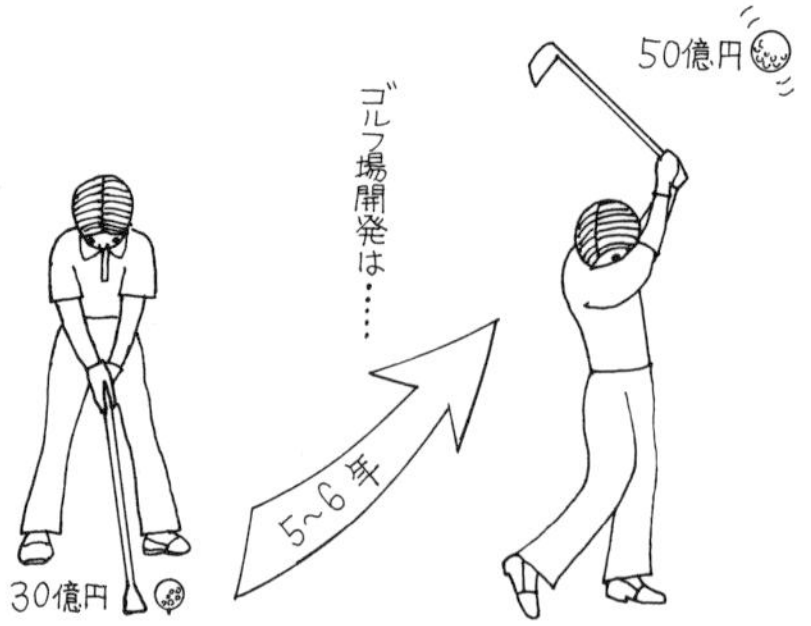

すね。例えばリクルートの金のバラマキで凄い問題が広がってきたし、その範囲も大仕掛けなものだ。ところがゴルフ場も同じなのですよ。三〇億を投資して、五、六年で五〇億儲かる。こんな商売はありませんよ。企業も儲かる、政治家もパーッと入るんだ。ね？　これはリクルートと同じですよ。一体これがなぜ急に起こり始めたのか？　実はリクルートの問題には、江副さんがいまのところ原点にいるわけですが、その頃からリゾート法が出てきている。いまこの背後にあるのはリゾート法ですね。そういうことがまた、なぜ出てきたのか。急に？　これはその背後に原因があるのですよ。そしてこういうことが起こるのは、黒い金が、裏金が動いている証拠だと見ていいですね。こういう全体の凄い動きに対して私たちは対処しなければ、現実の効果は得られない。

これを覚悟しなければならないということです。これは本当に人民を殺すものを押えるか、殺されるかの闘いだと思うのですね。ゴルフ場というのは一つの窓口ですが、これは非常に大きな問題です。こういう暴力的な態度の一つとして、例えば営林局が私たちのところで、下の部落に別荘造成場の説明会というものをしにきたのですよ。ところがちょこちょことしたいい加減なことを書いたものを持ってきて、とにかく無責任な発言なのでおじゃんになったわけね。これは成立しなかった。それで、「またやりましょう」ということで、それっきり正式な会合も持たれず、この三つの区の村の総会も開かれずにいたわけ。ところが猟師の人が、「先生、なんか木を切っているらしいぞ、音がしてるぞ」と言うのでいってみたの。

そうしたら、こんなでっかい道路がもうできているんだよ。工事がもう始まっている。こういうことを平気でやっている。これはしかし黙っていてはわれわれが恥です。われわれを否定することです。これは押さえなければならない。

だからこれからも、全国的な動きをどうやるか、というよりも、この緊急の状態をどれだけ本当に認識するかということで、自然に動きが出ると思う。本質的なものを認識するか、どうかです。それで自然にみんなが響きあってきますよ。山添村の問題も、小川町の問題も、信楽町の問題も、おれの問題だ、ひとごとじゃねえや、と。これをはっきり自覚すれば全国運動ですよ。自然にお互いに助けにきますよ。そういう方向で、おのずからに響きあっていく、クリエイティブな、というか、自発的な動きによって、全国的な動きが出ることを私は望みます。労働組合の再現はやらないほうがいい。

山田　自発的に、地元でそれぞれがやっていく運動ですね。そのことがいま全国で起こっていることにつながっていく。おっしゃる通りまさにクリエイティブということだと思うのですね。

今回の全国の交流集会というのは、中央官庁が東京にあるということで、埼玉の金子

さんや日消連の方々に関東の受け皿としてお世話願った。非常にご苦労だったと思います。いま押田さんが言われるように地元が、それぞれが闘っていく。これが前提にあって、その中でどうしても全国的なことについて農林水産省や環境庁と交渉しようという時は、東京に攻め上る。今後も地理的にどうしても関東の人たちにお世話にならざるをえないということがあると思います。そういう立場も含めて、今日のいわゆる官庁との交渉、それから交流会に出られて、今後どういうふうに運動をやっていくか、についてお話いただきます。

利権政治とゴルフ場

金子　押田さんのいまの話とも関連するのですけれど、これはまさに全国的な問題だと思うのです。まず行政ははじめに開発ありき、ゴルフ場ありきなんです。そして、われわれ一般の住民が気が付いた時は、もう手遅れというのが現状なんです。まずゴルフ場造成業者と町や村の有力者ですね。そのようなボスと地権者の間だけで始まってしまっているんです。その上にいるのは、必ず利権がらみの国会議員ですよ。それで私たちが反対意見を述べる機会というのは、唯一県主催の公聴会しかないんです。しかし、その時は、いかにして良いゴルフ場を造るか、というぐらいな意見の参加しかできない。それはもう本当に形式だけでね、もう全然受け入れてもらえないし、終

◀金子美登氏

わりなんです。こんな非民主的なことはないですよね。世界の先進国の流れというのは、科学技術が進めば進むほど、多少進歩が遅れても、近代化とか工業化とかというのは多少遅れても、みんなが決定に参加する新しい時代に入っているというのに、まったく少数だけで決められてしまう、という現状がまずおかしい。これでは住民運動を起こすしかないですよ。私たちの町は、一九八五年に住民参加をもとに「小川町第二次総合振興計画」を作りました。一例を挙げればプリムローズカントリークラブは、この計画に一切入ってないんです。睦《むつみ》商事という山口元労働大臣の義弟の関ったゴルフ場なんですが、割り込む形で入ってきた。この公聴会で知り合った仲間を中心に七月に「小川町・緑と水といのちを考える会」を作りました。まずゴルフ場造成に関しては町の責任者である町長に「なんで六つも七つも造るんだ?」という住民の素朴な疑問を代表して要望をしました。議会などでの町長の答えは「県の指導を待って対処していきたい」ということなんです。それなら県にいくしかないと質問書なり要望書を持ってなん度もいきました。

埼玉県の場合、立地承認を出すのが、企画財政部の土地政策課、開発許可は住宅都市部の土地行政課と農林部の林務課なんです。そこの意見は、こうなんです。「県は技術的な基準を中心に立地承認なり開発許可を出すんで、地域的な問題は町の責任です。町長の意見書が問題なしとある以上県は認めざるを得ません」と、どこも責任を取ら

ない仕組みなんです。今日、農林水産省と環境庁がきてくれましたから、きちっと責任をどこかが持つのかと思いまして勉強会を持ったわけでございますが、結局どこも責任をとらない形で進んでいるわけですよね。

汚染というのには二つあると思います。まず農薬汚染ですが、これは少数だが知っている人はいたんですね。しかし、ゴルフ業界のデータで一ゴルフ場年間三・五トンもの農薬を使っているのが分かったのは、今年に入って一挙に明らかになったというのが正しい状況ではないかと思うし、行政の大方もそうだと思うのですね。私たちは今回、「市民と政府による金曜協議会」で、約四回、環境庁、厚生省、農林水産省、個々に担当者にきていただきまして、勉強会をしてびっくりしたんです。汚染問題は水質汚濁防止法の中で三つ分かれていまして、これは生活による水質汚濁、企業による水質汚濁、それとその他系の汚濁というのがあります。ゴルフ場というのはその他系、自然の山と同じ扱いをしてきたということなんです。住民の生命の安全という立場からは、国や県や町はなんの対策も立ててなかったのが現実です。ですから気が付いた住民が自分の生命は自分で守るという立場で手を打つしかなかった。これは全国初の「環境保全協定書」と非常に注目されましたが、武蔵台カントリークラブ、大成建設と地元、小川町青山上区の住民とが結んだのがいい例だと思います。反対運動をやってきた中ではっきり見えてきたもう一つは、政治汚染の問題です。まず会員権ですが、これは未公開会員権と言ったらいいんでしょうか。あるゴルフ場なんですが、最初の縁故会員権が三〇〇万円なんですよ。このあとの一次募集がなんと一、三〇〇万円。これはまさに町や村のリクルートです。次にゴルフ場の造成ですが、これは造るだけで儲かるんです。私たちの方で一二〇町歩のゴルフ場を開発しますと、大体買収と造成で一〇〇億円なんです。ところが一次募集一、三〇〇万円で計算しましても、一、五〇〇人の会員をかかえ込むと約二〇〇億円です。一つのゴルフ場を造ると一〇〇億円ぐらいが浮くんです。ですからゴルフ場のできる地区には集会場も作ります。神社も建て替えます。道も良くしますと、一億や二億円の寄付金はザラなんです。この金の力で反対者を押さえ込むんです。そこでゴルフ業界の話なんですが、政治家が企業へ会員権を五〇億とか一〇〇億円と世話するでしょう。そのうち一割五分とか二割が世話した政治家に会員権という形でバックするというんです。リクルートは金だけの動きでしたが、広大な山林を破壊し、農薬で水や大気や土を汚染し、村のコミュニティーも破壊する。国民は怒るべきですよ。このままいけば国土と国民の生存基盤は根こそぎ破壊されちゃうんじゃないかと思います。

山田　植西さんのほうも今日の午後、環境庁、農林水産省との交渉を聞かれた感想、それから交流会に出られて、その感想、および地元でこれからどういうことをやっていけばいいのかということをお話し願いたいと思います。

植西　今日の午後の衆議院の議員会館でのお役所との交渉の場で、まず感じたことは中央官庁と地方の行政も行政側の対応のしかたは同じことで、非常にお座なりである、ということです。共通なものだな（笑）という感じをまず持ちました。この役人をなんとかして一つ、われわれの考えを浸透させ、しかも及び腰の尻を叩こうとするのはなかなか至難のことだということを感じたのです。これはやっぱり皆さんの熱意と、そしてまたマスコミに採り上げられたということで、遅蒔きながらも農薬の使用状況についての調査を各府県に通達を出した。まだまだ不充分なことは多いのですけれど、やっぱり少しずつではあるけれど成果はあると思っています。

どんな問題でもそうですけれども、息切れがしないように、マラソンも一緒でやっぱり長く続けていかなければならないと思う。それと農薬の問題はゴルフ場問題の一部分であって、ゴルフ場の問題は非常に裾野が広いということです。行政というのは、どうしても縦割りです。行政の人間は、例えば今日でもそうですけれども、農薬の環境に対する影響は環境庁だとか、あるいは農薬の取り締まり規制は農林水産省だとか、あるいは林野の問題になってくると、また同じ農林水産省でも担当が違うということで、窓口が非常に多くの役所にわたっている。これは滋賀県県庁でも、そういう感じを持ったわけですが、これをなにか一本に調整するところがないのかな、という感じ……、滋賀県の場合は土地対策課というのがあります。これが各課にまたがるものを

◀造成中に土砂が流れ出した山林

最後に調整するわけです。それも形式だけみたいなものですが、そういう各部門にわたるものを調整する所が必要ではないか。これもなかなか大変なことだと思うのですが、やっぱり裾野が広い、しかもまた息長くやっていかなければならない。真面目に考えれば考えるほど難しいものがあると思うのですが、皆さんもおっしゃるように住民の熱意というのが根柢になければならないと思う。

山田　私たちの相手というのは、今日は環境庁とか農林水産省とかと交渉しましたけれど、直接ゴルフ場の建設業者であったり、それから農薬については農薬工業会であったり、農薬メーカーですね。それからグリーンキーパーズ協会であったりするのです。今年になって住民がゴルフ場問題でワァワァ騒いでいると。それでゴルフ場の建設側は、「これはえらいことになってきた!」というふうに思っているらしくて、ゴルフ場協会とグリーンキーパーズ協会と農薬工業会が相談して「共同して対応せなあかん」ということにどうもなったらしくて、それでいまゴルフ場建設が計画されている付近の住民に統一ビラが撒かれている。私は甲府市でそのビラを受け取ったのですけれど、そのビラはもともとは鳩山町で撒かれた。「鳩山コミュニケーション」というところが出したもので、「無公害ゴルフ場をつくりましょう」「農薬は砂糖や塩よりも安全です」という見出しが出てくるビラなのです。三重県名張市でも同じビラを、「VIPジャパンゴルフ場」が撒いている。ゴルフ場側はそういうふうに統一して全国区で

ゴルフ場建設推進にきたわけですね。という状況もあって、官庁だけではなくて、ゴルフ場を直接的に建設推進をしているところについても、われわれの側も全国区で対応しないと、とても支えきれないところも出てきているわけですね。そういう側面が一つあります。それから官庁のほうは植西さんが言われたように管轄がばらばらですね。当たっていっても「うちはこの管轄と違います」ということで逃げ腰になっているところがあると思うのですね。そのへんをなんとか突破して、とにかく一つでも二つでも、運動の成果を上げていくことが大切だと思います。

地域は地域でそれぞれの個別の問題で頑張る。そのことは基礎なんだけれども、それとともに全国区で、全国的にネットワークを作りながら闘わないと、個別ではもたないところがどうしてもある。この車の両輪といいますか、連帯ということについて、今回の全国交流集会というのは、非常に大きなきっかけになったかと思うのです。で、明日、全国からいろいろな報告があるかと思うのですが、それに先立ちまして、いま言いました車の両輪をどうして作っていくか、そのへんを明るい話につなげていきたいので、展望がありましたら、ぜひお願いします。

工業化社会とゴルフ場

浜田　現に私の村を例に採りましても、万寿ゴルフ場は去年開場になりまして、先生

◀ゴルフ場排水の影響を受けて濁った川

方に見ていただきましたけれど、非常に汚い赤茶けた排水が流れ出しています。私たちが、この運動を始めました後、このゴルフ場も困りまして、この間も十月の二十五日に村長さんと村会議長さんと交渉したのですけれども、そこではっきり村長さんがおっしゃったことは「万寿ゴルフ場は問題の二つの農薬を中止した」ということを支配人からも報告を受けたということです。

もう一点、村会議長さんがおっしゃったのですけれども、隣の村に月ヶ瀬カントリークラブというのがございますが、そこは日本一安全なゴルフ場だということで、農薬をほとんど使わずに芝を管理しているということで、芝が禿げてもどんどん人が来るようでございます。

このように私どもの運動は、周辺や私の村でも成果は出ていますので、ぜひそうしたものの幅を広げていって、全国的な力で最終的には計画中のゴルフ場を凍結する、農薬を絶対に使わせない、という方向へ持っていきたいと思います。

押田　同じ土俵で相撲したら、物的量のあるほうが勝つ。その土俵にあることの虚しさを感じさせなきゃダメだ。つまりね、われわれの考え方が、彼らと同じように開発はこういうことで、だから木は切ってもいい、とか、悪いとか、という発想では駄目である。いまの科学的、論理的思考の立場で話すのではなくて、本来見れば、木は自分の個性を持って立ってる、だけど、他のすべての存在と無縁には立ってない。おれとも含み合って立っている。第一、この木がなければ酸素が吸えないのだ。かけがえのない存在でお互いに生かし合っている。だからこの木はきれいだなぁ、なんてひとごとみたいに言うのではなくて、この木はおれだよ、と。その心があれば簡単に木なんか切れませんよ。みんな同じ次元でいるから、切るとか切らないとかとガチャガチャやっているので、そうなると金の欲で誘われちゃうんだ。そうじゃあない、本当の真心をもった本来の存在の姿を生きることなんだ。有機農法などというのも、すべてそういうところに根ざさないと、芽がないわけです。だから有機農法でいえば、私たちの村で言うのはね、三分の一は土に還せよ、三分の一は動物にやれよ、あとの三分の一をいただこう、神様からいただいたものだ。こういう考え方があれば、一〇〇パーセントおれの物だから農薬やったってなにやったっていい、という考え方がないわけなのです。現代文明のエゴイスティックなちっぽけな、西洋からきた幻想的な考え方を清算する、という方向にいくことが、一番の大きな力だ。それによって彼らを虚しくさせる。こんな虚しい金があったってどうする。便利だ、時間が速いといったって、少しも本物がない。食べ物だって本当の味のするものがほとんどなくなっちゃったじゃないか。土地だってそうだ。村の共有地を村への還元金があるから提携しろよ、いいぞ、ってね。気がついてみたら、還元金はもうこれで終わり。みんなそういういわゆる頭だけで考える考え方、現代文明的考え方の虚しさを悟ってないから、それに

引っかかっちゃった。だから私は全国的な運動ということと、深みへ、本来の姿へもう一度還る人間の心を回復するということが、両輪にならないと、本当の力にはならないと、こう思います。

金子 一九七一年というのは、公害が一挙に吹き出た時期なんですけど、その時に公害対策基本法ができました。その他に水道法が一九五七年にできています。それと先程ふれました水質汚濁防止法というのがあります。カドミウム、シアンとか水銀など二六品目の物質が対象になっていますが、ただ共通しているのは、農薬規制が入ってないんです。唯一有機リン農薬が入ってるだけなんです。これからは各地でそれぞれの排水口の水質チェックを、県なり国会議員から行政に働きかけてもらって、全国一斉調査をやるというのが大事なのではないかと思います。それと問題だなと思うのは、厚生省との勉強会で出てきたのですが、有機リン農薬でも〇・一ppm以上でないと、いまの環境基準では「検出されず」とされてしまうんですね。しかし、たとえ排水口での検出が少量でも、猛毒のダイオキシンの例のように、食物連鎖で何万倍と濃縮が行なわれる現実があるわけです。この問題が大きく欠けているんですね。

日本はこんなに水源なり河川を汚染しているのにもかかわらず、農薬まで考慮した法律がじつに手遅れだと思うのです。すでにアメリカとかWHOというのは、有機リン以外の有機塩素等の農薬も盛り込もうという動きで進んでいる。これはもう日本こそ早急にアメリカやWHOのようにやるべきだと思うのです。もう一つ私の町のゴルフ場なんかでも、ゴルフキーパーなり、キャディさんで身体の不調を訴えている人が相当います。グリーンキーパーの例なんかを聞きますと、慢性胃炎で具合が悪い。その薬を調合している人はゴルフ場がこれは労災と認めている、というのですよね。こういう現状をきちっとデータに押さえて、これこそ裁判に持っていく必要があるのではないかと思っているのです。

今後の対策の問題なのですけれど、やっぱり明るい未来の展望という意味では、いままでやってきた有機農業運動を広げていくことが大切です。歴史の中で、初めてなのではないかと思うのですけれども、戦前までの農民というのは、自分がお米を作っても、大半はお上に取られちゃったわけなんですね。戦後農業というのはどう変わったか、というと、お金儲けのための農業ですね。本来農家が持っている草・森・水・土・太陽を生かして豊かに自給する農業は有機農業が起こって、初めてだったんじゃないかと思うのです。

全国で有機農業を一〇年、一五年、二〇年近く実践している人達がいかに豊かで安心ができて永続性のある農業であるか、各地で自信を持って、自慢できる農業を展開しています。

日本は一九五〇年、一九六〇年、一九七〇年と工業化中心でメチャクチャに国土を破

壊してしまったでしょ。もうちょっとしたことでは、とり繕えないくらいに破壊した。本来為政者は早く気付いて直さなくちゃいけないんですよ。ところが問題になっている原発、ゴルフ場、さらにリゾート法というのは、それに追い打ちをかけるような、息の根を止めるような動きのわけですけれど、これは本当に、浜田さんなんかもおっしゃってくださったのですけれども、これからの子どもたちとか孫の代を考えると、死ぬに死ねないです、親たちはね。そういうことで、本当に身体を張って闘うしかないということが言えますし、明るい未来の展望を持った有機農業者としては、後に引けないと思っているのです。

山田　今回、関西でも浜田さんや、関東でも金子さんなんか見ていまして、有機農業があって、そこにゴルフ場問題がくると関わり方がもの凄く密接でね、それも相手が息の根を止めにきたような感じの語り方なんですね。見ていて凄いなぁ、というふうな印象がある。そういう面ではゴルフ場問題というのは、当面の戦場だけれど、しかしその周辺で、どうしてそれを食い止めていくかというのは、有機農業をジワジワ、ジワジワと広げていく、そういうことをやることが本筋として歯止めになっていくのですね。

金子　これからは本当に国民がしびれるような生きがいや幸福感を感じるというのは、工業の世界からは出てこないと思う。工業化社会の人間なんて惨めなもんですよ。自

らが土にふれ生き物を育てて、母親と同じように心を込めていのちを育てる。土の文化を耕すというかね。耕す文化の時代ですね。

山田　植西さんのところはちょっと孤立で、かなり頑張っておられるので、展望を述べるというのは、かなり酷な質問かもしれませんけれども、少しは明るい方向があったらお願いします。

植西　ここにお集まりの方々の活躍のお蔭で末端の自治体のほうにも変化が出てきたのですよ。最近、信楽では「信楽町議会だより」というのを新聞の折り込みで全町民に配付している。一九八八年十月二十五日の議会だよりの中で「特報・ゴルフ場開発の規制に不採択」の見出しがある。というのは町民の中から、ゴルフ場開発規制を求める請願を出した。これが委員会で結局は不採択になったわけです。その不採択の理由として、まずさっき述べました、反対決議の精神を尊重しながら時代の変化や進展の中で本町もリゾート法の適用や余暇利用施設を充実させる時期にある、と。これはちょっと捉え方が違うのですわ。時代の変化というのは、やっぱり、もっともっと環境を汚さないようにする、自然を破壊しないように、というのが最も大事な時代の先取りであって、これはちょっとわれわれとは逆に取り違えているようです。一部を除いてかなりの議員と、行政と企業との癒着が感じられるわけです。それに先立って、ゴルフ場の排水の検査、これをやらなかったら、私は自費ででもやろうと思っていたら、

ゴルフ場をめぐって
議員と行政と企業との
癒着が感じられる

遅蒔きながら行政がやったのです。その水質検査をユニチカに依頼してやったのですが、その中には水の濁りの原因となる浮遊物質（ＳＳ）の基準値は、ゴルフ場の排水が入る河川の保全に適用される基準二五ｐｐｍを採用しなければならないのに、下水処理場の排水基準七〇ｐｐｍを基準にして三七ｐｐｍを示すゴルフ場があっても基準内としている。イソプロチオランは町外のどのゴルフ場より高い数値〇・〇〇二五ｐｐｍ、他にダイアジノンも〇・〇〇〇六ｐｐｍとかなり高い。これを読む町民にはゴルフ場の農薬汚染があるのかないのかわからないような発表をしています。

「最近ゴルフ場で使用される農薬は水質汚染の危険ありとして、社会問題になっている。町内ゴルフ場の流末薬剤調査を行い、さらに専門的な水質調査をユニチカ環境技術センターに委託しました。今後も適時調査を行い、環境庁も近く新しい基準作りの方針を示しております」、と。

町行政が独自で検査したことはそれなりに評価できるとしても、世間ではゴルフ場の農薬汚染が問題になっているが信楽の場合、被害がないのでゴルフ場を増やしても地域の活性化のためには心配ないという受け止め方をされると非常に危険です。

滅びへの道をやめよう

山田　いままでのお話では、ゴルフ場を推進する側、それを管理する、監視する国と

◀造成中の泥水で汚れた排水路

か地方自治体の態度というのを一応見てきたのですけれど、最後にゴルフをする人というのがいます。ゴルフとはなんぞや？ ということをよく考えるのですが、非常に貧しいスポーツではないかと思います。ゴルフ場が本当の緑ということであれば、家族連れでいって、ゆっくりと子どもを含めてそこで休息できる。そういうものがレジャーとかスポーツとか思うのですが、どうもゴルフ場というのは、私も四月に初めて山添村の万寿ゴルフ場に入ったのですけれども、あれだけの広さがありながら、入ると、球が跳ぶ距離がありますからね、その辺をうろうろしていると危ないのですよね。それから、後ろからつかえてくるから次から次に次のコースにいかないと……、ゆっくりとそこで握り飯でも食べてとか、そういう話ではなさそうなんですね。要するに主に男が朝早く起きて、むくむくとゴルフクラブをかついで、自分で払うと月二、三万になるそうなので、月に一回いくだけでも相当小遣いが減る。そういう意味からするとゴルフ場そのものも確かに虚業だけれども、ゴルフそのものもスポーツとかレジャーとかいっても、非常に貧しいという気がする。そういうことからすると、子ども、主婦、そういう家族の中でのスポーツのあり方としても、やはり異議を唱えるべき内容を持っていると思いますね。私たちはゴルフ場経営者、あるいは行政というところにものを申していますけれども、もう一つゴルフ場にいく人の家族には訴えていく必要があります。

大倉

浜田　私は先程申しました、いま事前協議が終わった村本開発の本社にいったのですけれども、そこで社長さんに提案したのですね。「ゴルフ場の建設をやめて下さい」「一〇〇町歩ありますからね、あそこはヒノキ林に適しますから、林業経営に切り替えて下さい」「そうすればあんたは世界有数の会社にのし上がる」「あなたのイメージが上がりますよ」「あなたの孫の代になったら、お祖父さんは偉かったな」「あのときに私の切なる願いを聞いてね、よかった、ということになりますからね」と。

山田　そしたら歴史に名が残ります。

押田　旅の楽しさは、その土地にいって、ああ、ここの菓子だ、ここの大根だ、という、その味、そこの生活……、おのずからでないものにリクリエーションの味はない。リクリエーションにならないのですよ。ゴルフにしてもイギリスやアメリカではああいう適当な草しか生えないところがおのずからあって、そこでおのずから遊ぶのですよ。だからおのずからなリクリエーションになっている。だけど日本でやるとなれば、やっぱりいろいろの雑草が生えるから、芝でない草は薬で殺すというおのずからでないものになる。そして企業の交際のためにやるもの、そんなものが本当のリクリエーションになりますか。だからいまはリクリエーションの名を借りたギャンブルになっています。これは全然方向が違いますよ。堅実なものじゃありません。表だけ良けれ

ばいい、という、こういう日本人の猿マネ根性を早く直してもらいたいね。虚しいです。リクリエーションは楽しいものだ、おのずからなものだ。

金子　有機農業の実践から出てきたことなんですけれど、消費者と長年提携して直接お付き合いしてきますと、親戚みたいな関係になってきているわけです。それで面白いなと思ったのは、みんなは遠くへ時間をかけてお金をかけて、レジャー、レジャーと疲れにいってますけれど、そんなことよりも農家に援農にいって、自分たちの食べるもののために、家族中で参加して汗を流してきた方が最高だということになっているわけですよ。さらに私はそれをすすめたいと思っているわけですけれど、その野菜やお米を作るのを手伝うだけではなくて、自分たちの飲み水を養っている山の手入れの遊びにね、自分たちのためにいこう、ということで山は開放されるべきだと思う。一日百人や二百人の人に、こんな穴に小さい球を入れてあってもなくてもいい遊びのために山は開放されるべきではない。もちろん植林も大事ですけど、最も保水力のある雑木林に楽しみながら消費者が参加するような場を創っていけたらと思っているのです。もう一つ、異常気象を世界との関係で見なくてはいけないのです。地球は日本に泣いた涙を落としているのではないでしょうか。東南アジア、南米の木を切っている日本は一番責任があるのじゃないでしょうかねえ。しかも切った木材の六割近くが日本に一手に輸入されちゃってるわけですよ。しかも切りっぱなしでいる。日本では

◀森林を破壊して造成されるゴルフ場

国策で林業は採算が合わないようにしておいて、アジアや南米の国々の山を切りまくって自立を奪い、日本の農業の自立も奪うという現実、農業と工業を一本の大きな木に例えれば、根っこに当たるのが農業だと思うのですけれど、工業というのは枝葉ですよね。そればかり栄えさせて、根っこを全部殺してきているのがいままでの日本です。もう一回、本当に農業、林業というのを根本からやり直さないと確実にダメな時期に入っていると思いますので、そういう意味での実践をみんなと手を携えて、農民だけではなく、消費者も巻き込んでやっていきたいと思います。

押田　生産だけではなく、林の中でコンサートをやったの。すばらしかった。

山田　森林が、雑木林がいかにすばらしいか、ということをもっと知る必要がありま す。坪二、三百円のところをゴルフ場のために一万円で買いにくる。地権者の山林地主がまっとうに生活して、売らなくてもすむ、そういう生活を山林地主だけが考えるのではなくて、周辺の住民も、行政も一緒になって考えていかねばなりません。そこに山林があるだけでもう良い水が出て、地元住民はそれの恩恵を受けてきた。普段はそれを忘れているわけですね。それで今度はゴルフ場が山林を買いにきたら、「売るな」ということを、なかなか言いにくい。山林地主のところにそういうお金の問題が全部集中してしまいますが、私たちがバックアップしながら、山がそこにあるということがいかにすばらしいかということ、子どもと女の人と地元住民とが学び、そこか

らゴルフにセッセと通う男を攻めていく、というか、そういう構図をつくらなければいけないと思います。

植西　ゴルフ場の芝生は夏高温多湿のモンスーン地帯の日本の気候風土に適していないので農薬を大量に使わねばならず国土の狭い日本にはゴルフはふさわしくないスポーツだと私は思う。なくなった京都府の蜷川知事というのは、ゴルフ場というのを絶対に認めなかった。「おなごに道具をかつがせて、なにが健全スポーツだ」、と。ゴルフ場ができて地元と共存共栄なんて言いますけど、実際にできて一〇年余り経つと一応結果が出てくる。結局そこに品物を納める業者、あるいは働きにいくわずかばかりの従業員、信楽の場合、一九八八年八月、町が調べた結果、町内からゴルフ場に勤める人は前年度よりさらに一〇パーセント減って二九パーセントになっている。ゴルフをする人間だけで、ゴルフ場は若者の定着する職場になってないので過疎の歯止めにならず、地元との交流はほとんどないです。閉鎖社会を作るだけです。だから地元との共存共栄は具体的にはなにもない。もう一つ地元に大勢順応というか、隣に家が建つと、自分のところがボロけた家ではどうも肩身が狭いというのでマネをしたがる。結局無理をして、家を建てる。するとまず手をつけるのは山林で、そこへゴルフ場が買いにくると渡りに舟、と売ってしまう。よそはよそ、うちはうちだ、という付和雷同しない価値観を持つこと。それとむかしからの農林業の足腰も強くしなければならない。

これはささやかですけど、私の場合、二〇数年前、山林経営の目標を林木の質的向上に置いてきた成果がようやくでてきて、杉の若木が床柱に売れるようになったので多くを望まなければなんとかやってゆける見通しができてきた。森林の持つ公益的役割を果たしていることに誇りを持ち、苦しくても大切に守り育ててきたものを、誇りを傷つけてまでゴルフ場にして欲しくはないと言えるわけです。

押田　ローマは滅びた。スポーツが盛んになったり、福祉とか、賭けとか、そんなことをやっていたから滅びちゃった。日本は同じことをやっているんだ。いま政府がやろうとしていることは同じことです。滅びへの道はもうやめよう。虚しい遊びはもう止めようじゃねえか、ということですね。

山田　どうもありがとうございました。

（この座談会は、一九八八年十一月四日夜、早稲田奉仕園にて行われた。）

II

響きあう心

現地からの報告

地球の大陸をおおっている土壌のうすい膜——私たち人間、またそこにすむ生物たちは、みなそのおかげをこうむっている。もし、土壌がなければ、いま目にうつるような草木はない。草木が育たなければ、生物は地上に生き残れないだろう。農業があってこそ成り立っている私たちの生活は、また土があってこそ可能なのだ。だが、土壌も生物のおかげを大きくうけている。土のはじまり、その歴史は、動物、植物ともちつもたれつなのだ。土は生物がつくったものだと言えなくもない……。

生物が土壌を形成したばかりでなく、信じられないくらいたくさんのいろいろな生物が、すみついている。もしも、そうでなければ、土は不毛となり死にはててしまう。無数の生物がうごめいていればこそ、大地はいつも緑の衣でおおわれている。

レイチェル・カーソン『沈黙の春』青樹簗一訳
（第5章「土壌の世界」より）

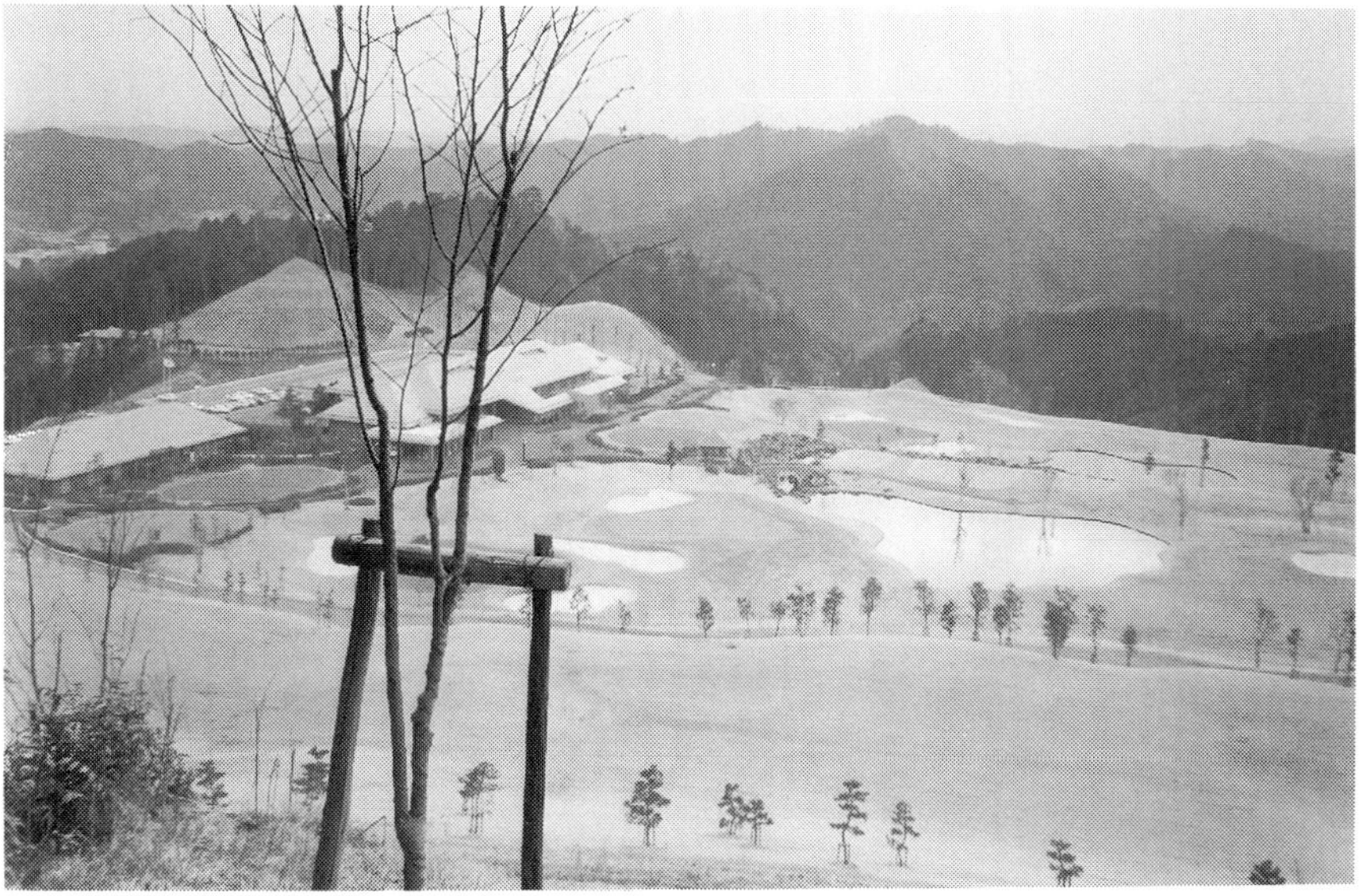

現地からの報告①

奈良県山添村からの報告

——山添の子どもたちに美しい水を

浜田耕作

小さな祈りが大きく拡がって　昨年（一九八八年）二月、私は村の中央部に計画された新しい二つのゴルフ場に生命の危機を覚えた。このまま進めばこの村は亡んでしまうと。生命に替えても私一人の運動になっても闘わねばならぬとの決断にせまられた。学徒兵として敗戦を迎え学業を棄て、就農して以来四〇余年、私を一番苦しめたのは水田の用水不足であった。この二つのゴルフ場の下にある広い村の水田への決定的な灌漑用水不足を考える時、あの田植時毎の水不足との苦闘はこのゴルフ場との闘いのためにあえて天が準備下さったのであった。

またゴルフ場に撒布される多量の有毒な農薬の地下水への浸透が、永久にこの村の住民の健康を侵かすことへの闘いの使命は、かつて私の身辺に起こった毒葡萄酒事件という一つの事件を通じて天が私に強く示されていたものであった。

◀浜田耕作夫妻

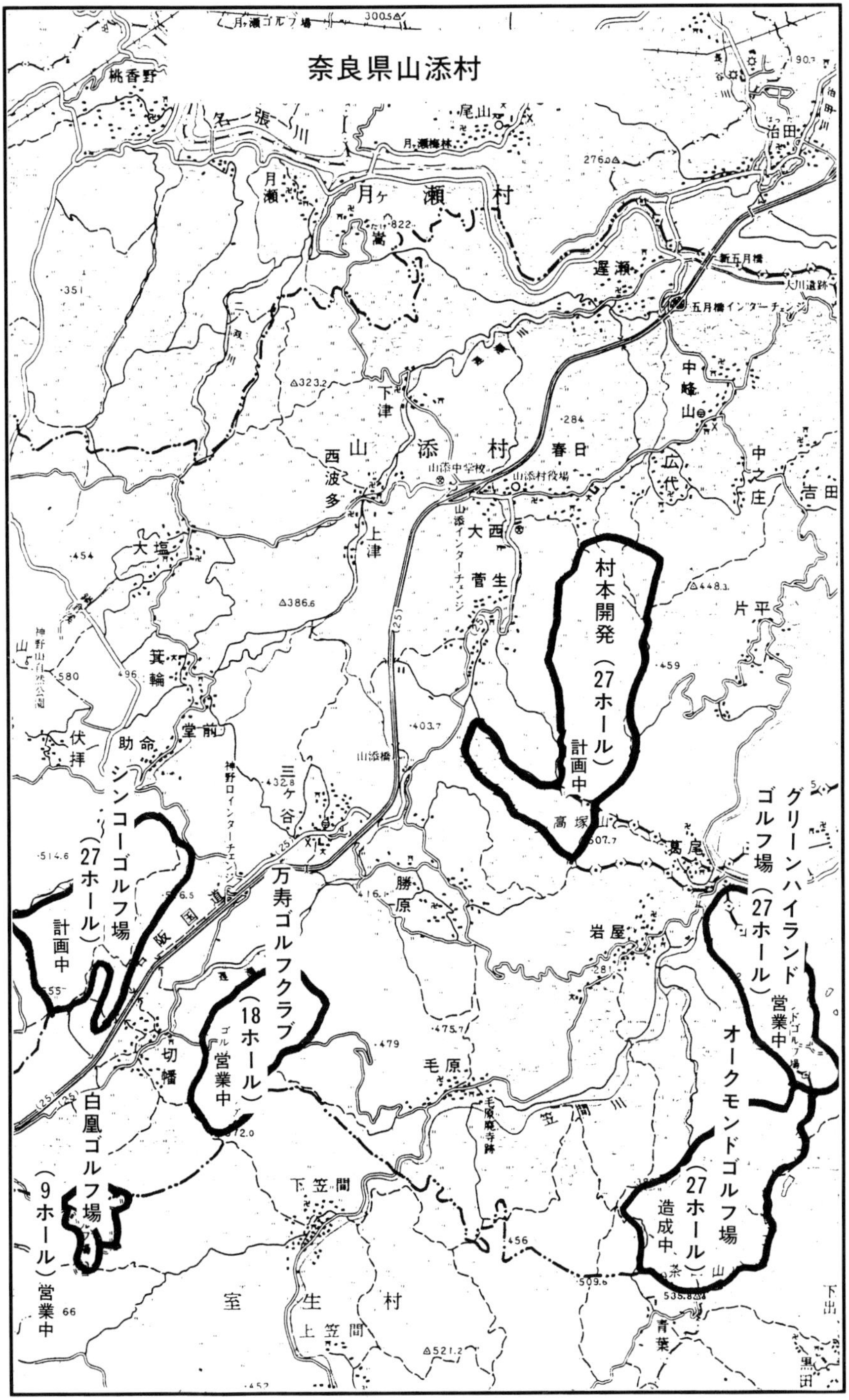
奈良県山添村
月ヶ瀬ゴルフ場
桃香野
名張川
尾山
月ヶ瀬梅林
治田
月瀬
月ヶ瀬村
嵩
遅瀬
新五月橋
大川遺跡
五月橋インターチェンジ
中峰山
下津
山添村
春日
山添中学校
山添村役場
西波多
広代
中之庄
吉田
上津
山添インターチェンジ
大西
大塩
菅生
村本開発（27ホール）計画中
片平
箕輪
神野山自然公園
伏拝
助命
堂前
山添橋
三ヶ谷
神野ロインターチェンジ
高塚山
葛尾
グリーンハイランドゴルフ場（27ホール）営業中
シンコーゴルフ場（27ホール）計画中
万寿ゴルフクラブ（18ホール）営業中
勝原
岩屋
名阪国道
切幡
毛原
毛原廃寺跡
笠間川
オークモンドゴルフ場（27ホール）造成中
白凰ゴルフ場（9ホール）営業中
下笠間
室生村
上笠間
青葉
下出
黒田

一九六一年三月二十八日の夕、私と家内はあの戦後の三大毒殺事件としても有名な名張の毒葡萄酒事件に遭遇した。あの事件で犯人が秘かに混入した毒物は農薬。私の村の特産物、お茶の殺虫剤テップ剤であった。その農毒入の葡萄酒で婦人会員一八名が乾杯して、その中の五人の若いお母さんが亡くなられた。他の女性会員も全員名張市の病院へ救急車で送られたが、たった一人私の家内は奇蹟的に助かったのであった。ちょうど次男の妊娠中で、赤ちゃんの健全な誕生を願って完全な玄米菜食を実行していたからであった。

私たちはこの毒葡萄酒事件を機にこうした食生活と農業を教えて下さった恩師小谷純一先生の御導きもあり、新しい農業への出発を決断させられた。農薬との闘い、有機農業へのスタートであった。有機農業こそ本来の農の道。あの夜、家内が五人の方と共に亡くなっていたと思えば、私はゴルフ場に使用される多量の、しかも有毒な発ガン性の農薬と闘わざるを得なかったのである。

私と共に早くからゴルフ場の問題に大きい危機感をいだいておられた、お茶や椎茸栽培農の同志、またゴルフ場の下流の簡易水道のある集落の代表や水道組合の役員の方々を中心に多数の方々が立ち上がって下さって、「山添村の水と農業を語り合う会」を結成した。昨年三月の春分の日、大阪大学の山田國廣先生、植村振作先生を山添村へお迎えしての第一回学習会が、ゴルフ場との闘いの発端になったのである。

また、昨年大阪大学を辞められて環境監視研究所の所長になられた中南元先生は山添村の川で少年の頃泳がれた方、関西の有機農業の集会でお会いして以来、山添村の無農薬の米作りの御指導をいただいていたので、ゴルフ場の農薬の調査を自発的に実施して下さることとなった。五月の第一回の調査で、一昨年開場した万寿ゴルフクラブの排水口からＥＰＮが検出されたという結果は全国に直ちに報道され、このことはゴルフ場への関心を大きくゆり動かした。行政も国会も動かざるを得なかったのである。

昨年六月十五日、私は日本消費者連盟の年次大会へのお招きを、同じ奈良県で一緒に有機農業の運動をやってきた戸谷伊佐子さんからいただいた。この日の二人の提言で、ゴルフ場問題を消費者の立場でも大きくとりくんで下さることとなり、昨秋の十一月の全国集会、また、今年四月の第二回のオリンピック青少年センターでの集会に拡がっていったのである。

全国の闘いと手を携えて　三月の旗上げ以来、私は昼食も取り得ない日々が続いた。農家である私の帰宅時に、電話のベルは鳴り続いた。半時間以上にも及ぶ問い合わせはざらであった。北海道から福岡県まで、手紙での連絡も全国各地に拡がっていった。来訪者も連日、山梨県甲府市水道局、石川県のＪＲと町の第三セクター方式による開発団体、全国最多ゴルフ場県・兵庫県の川西市会議員団、岡山県備前市の方々、和歌山県日高川漁業組合などなど。京都府相楽郡和束町からは、下流の集落から二五名も

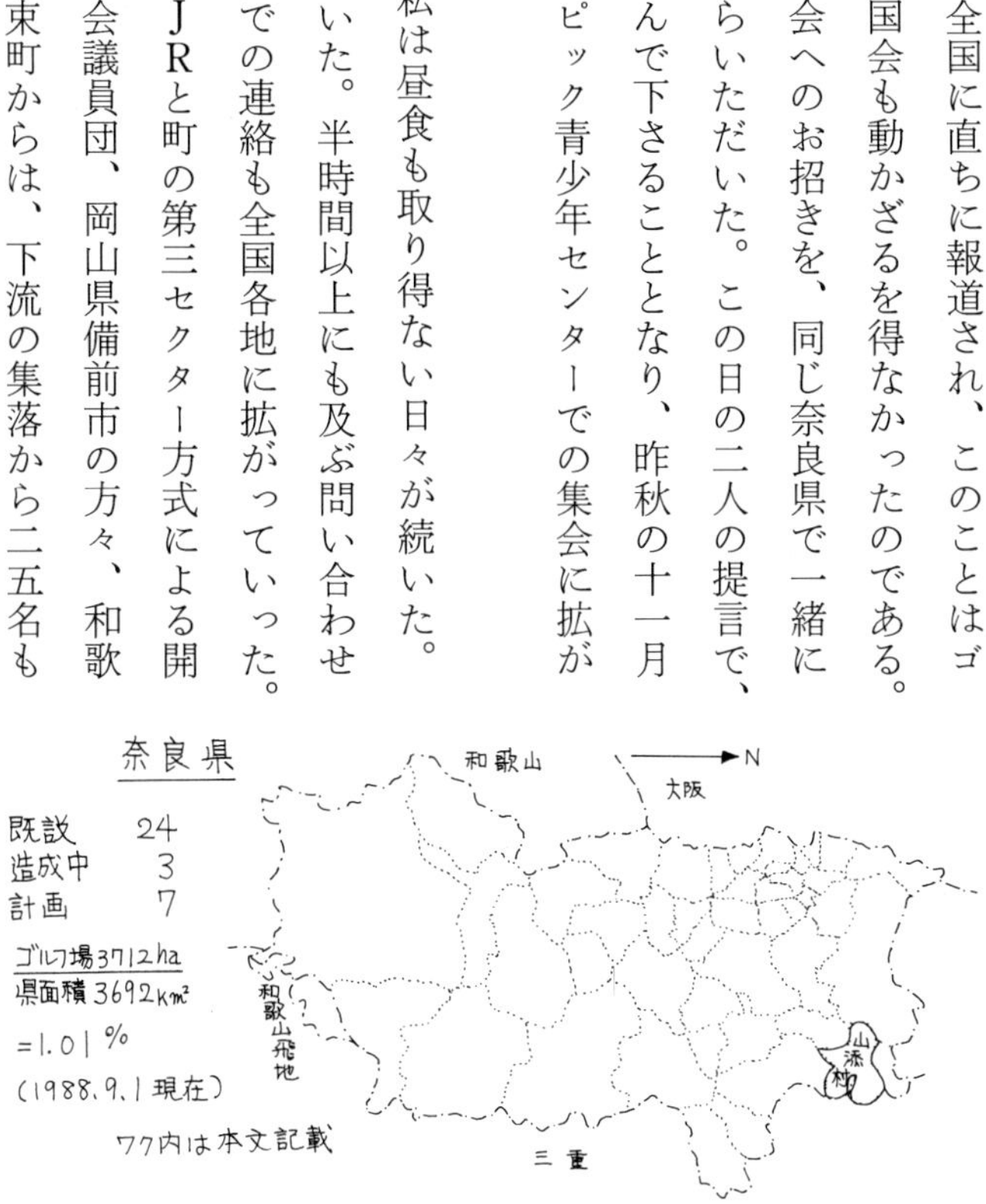

夜、大挙して拙宅を訪問されて、山添村の同志たちとの話し合いを機に、見事にゴルフ場計画はストップをしたとの報告に思わず万歳を唱えたこともあった。今年に入っても、三月十六日、秋田県のあの有数の米作地帯大潟村のゴルフ場反対集会に、中南先生と共にお招きをいただいた。このようにこの一ヶ年ゴルフ場との闘いは、大きく拡がり着実に反対の実効を上げて下さっている。

山添村での一ヶ年の闘い　私たちは石にかじりついても村のまん中の二つのゴルフ場、村本開発、シンコーのゴルフ場の阻止を至上命令として闘ってきた。村本開発との闘いのキーポイントは、多くの地権者がおられる菅生集落の七〇余戸の動向にかかっている。昨年秋、菅生の将来を憂うる同志たちは、「菅生の水を美しくする会」（代表・脇中俊康氏）を結成されて全戸に近い署名運動に成功して下さった。また、中南先生や中地重晴さんの水の調査の第四回（十二月二日）の結果で、菅生の水道水から発ガン性の懸念されるオキサジアゾンが検出されたとの報告は、この集落の飲み水への関心をいやが上にも高からしめた。村本開発は、いま大きい苦境に立たされている。また、もう一つ、シンコーゴルフ場も私たちの運動の高まりの中で凍結状態になっている。奈良県も今年になってゴルフ場に対しての新しい指導指針を作った。それによって既設のゴルフ場も大きい制約を受けることとなった。山添村での白鳳、万寿のゴルフ場の排水口からは、中南先生の調査によって多くの問題の農薬が検出され、また、度々

テレビなどで放映されているように赤茶けた排水が大きい関心を呼んでいる。あの汚い水の下流で数百人という村人が飲み水として簡易水道を利用している。もう一度あの遅瀬川をもとの美しい水に、まだゴルフ場の造成されなかった、以前の姿に復元しなければならない。私たちはそのため闘いを続けるのである。

山添村の子どもたちに美しい水を!! 私たちはゴルフ場阻止のための運動を始めた一ヶ年を記念して、この四月九日集会を計画している。講師と演題は、「ゴルフ場問題との一ヶ年」大阪大学・山田國廣先生、「山添村の農薬調査から」環境監視研究所・中地重晴先生、「ゴルフ場汚染と水生生物」奈良女子大学・清水晃先生、「地下水とゴルフ場」大阪市立大学・熊井久雄先生である。

ゴルフ場問題を各方面からご教示いただき、またこの一ヶ年を振り返って村人の方々からも充分にお考えを出していただいて徹底的に話し合い、論じ合い理解を深めていただく場としたい、と願っている。いま、私たちを取り巻く環境は、フロンガスによるオゾン層の破壊、地球の温室効果など二十一世紀へ大きな警告が発せられている。健康の源泉は、美しい空気と美しい水と健やかな土から生まれる健全な農作物である。日本中がリゾート、リゾートと狂っている現状を考える時、いま、私たちは本当に静かに静かに二十一世紀の村の子や孫のためにいかにあるべきかを考え、行動を起こさねばならない。

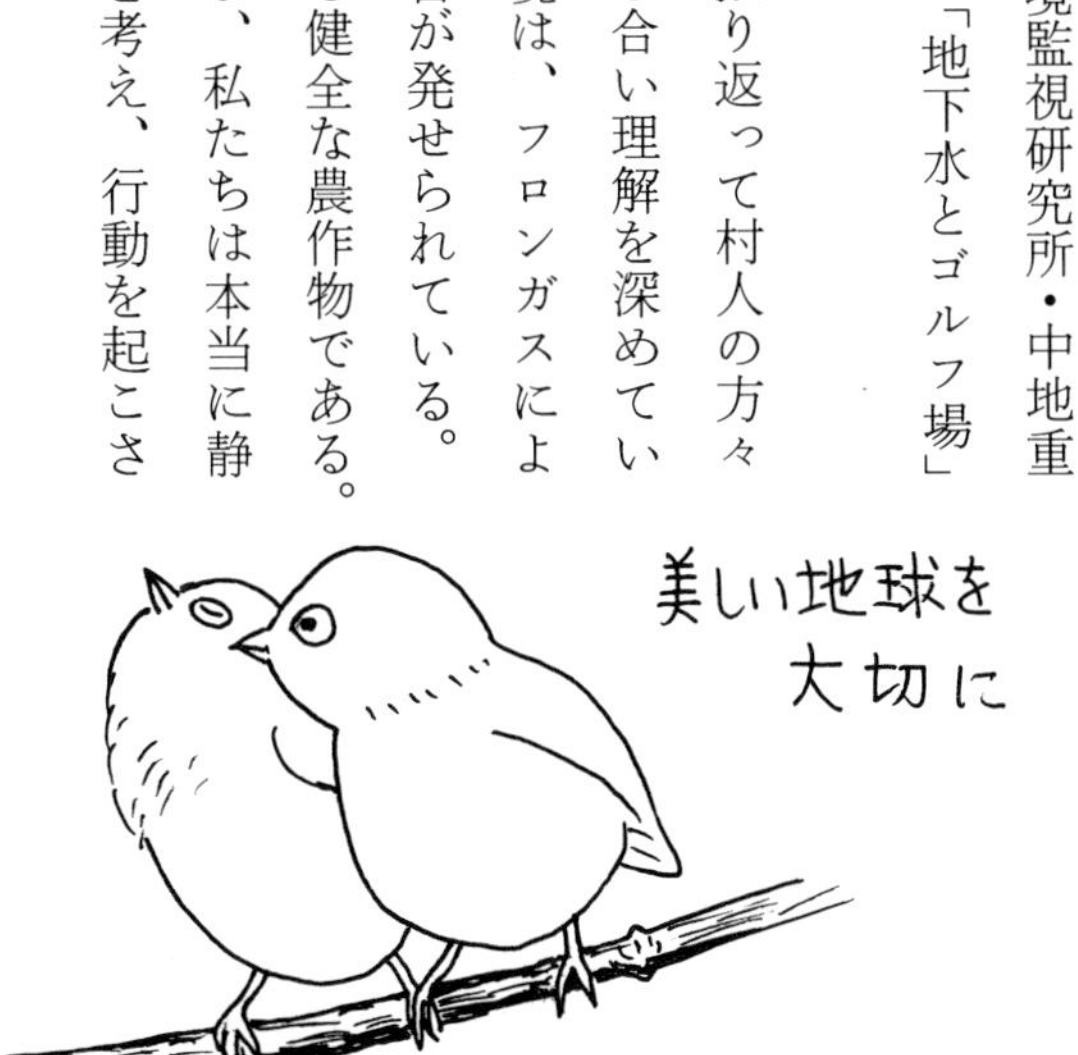

（日本野鳥の会出版物より）

山添村の子どもたちに美しい水を
日本の二十一世紀のために美しい水を
世界の子どもたちのためにかけがえのないこの地球を守らねば

◇　◇　◇

一九八八年十一月四日、五日と東京でゴルフ場問題全国交流集会が開催された。上京に際して、浜田さんは環境庁長官と会うため陳情書を提出した。以下は、その時の陳情書と環境庁長官の返答である。

浜田さんは、村本開発に対しても要望書を提出したが、同会社からは文書による返答はいまだにない。

陳情書

ゴルフ場の環境破壊と汚染について

大臣には環境庁長官に御就任以来、我が国の、又大きくは地球の環境を守る為に御献身頂きまして深く感謝を申し上げます。

扨《さて》ゴルフ場の環境破壊につきましては、大きい社会問題となって居ります。広大な山林を開発して芝生にしてしまうゴルフ場は、私達国民の生命の根源、飲み水の水源を、根底より破壊してしまいます。

この事は、まさに国民の生活権、生存権を侵すことであります。

一、ゴルフ場は国民の命を育くむ水源を破壊します。

一、ゴルフ場による保水力低下は農業用水を枯渇させます。

一、ゴルフ場に散布される大量の農薬と化学肥料によって住民の健康が侵されます。

一、ゴルフ場の異常増水によって下流住民の生活財産が侵害されます。

一、ゴルフ場の開発は、住民の合意のないままに強行されています。

以上の如くゴルフ場乱開発は、私達住民にとって子々孫々に至るまでの生活と生存の基本を脅かす重大問題です。

何卒この私達の苦情を御考察頂きまして、ゴルフ場問題についての徹底した環境調査への指導監督と共に、ゴルフ場開発の規制への法の整備を講ぜられます様、御願いたします。

一九八八年十一月四日

ゴルフ場問題全国連絡会議

国務大臣環境庁長官　堀内　俊夫　殿

浜田　耕作　殿

私は、国務大臣環境庁長官として国務に邁進できますことは貴殿をはじめとし、関係各位の常々の御支援御協力の賜であり、厚く御礼申し上げます。

今般、貴殿から「ゴルフ場の環境破壊と汚染について」の御陳情がありましたが、本問題については私も強い関心を有しているものであります。

現在、ゴルフ場の開発については各地方公共団体の要綱(奈良県においては「ゴルフ場開発事業の規制に関する要綱」)等を中心に地元において地元の皆様の生活の場の保全等を常に念頭におきつつ、自然環境の保全や災害防止等を含めた幅広い観点から運用されているものと理解しております。今後ともこの問題については第一義的には地域の実情に即して十分な検討の上で、適切に取扱われるべきものと考えております。

また、御指摘の農薬による環境汚染防止については、安全性が確認され登録された農薬を適切に使用することが基本であり、環境庁としてもこの面の所管省である農林水産省とも十分連携をとる等、現在適切に対処しているところであり、その他の御指摘の事項についても関係省庁や関係地方公共団体とも連携を密にしながら、適切に対処してまいる所存です。

どうぞ御理解を賜わり、今後ともよろしくお願い申し上げます。

昭和六十三年十一月九日

国務大臣環境庁長官　堀内　俊夫

要望書

貴社は、山添村に於きまして、種々建設事業を通じ御尽力頂き感謝申し上げます。

扨貴社が現在計画を進めて居られるゴルフ場の開発に就きましては深く憂慮するところであります。

其の造成予定地は、波多野地区の馬尻山と称し、地区住民の生活の根幹を支える重要な地域であります。

この樹林地の開発はここを水源とする水田用水や、生命の根源である飲料水、及び下流地域に集中する公共機関、学校、保育所、への重大な悪影響が懸念されます。

この度十月十七日付にて(別紙)

「ゴルフ場問題についての私達の考え」を以って、

全村民のみなさんに訴えました通り、まさに重大な環境破壊であります。

貴社のゴルフ場計画は、私達住民の生活を、生命の源である水を、汚染し、水源を荒廃させることによって根底から破壊してしまいます。
この事は私達住民にとりまして生存に関わる重大問題です。私達の切なる声に耳を傾けられ人間愛の本源に立ち返って、ゴルフ場造成の計画を直ちに凍結し、根本的に見直される様要望します。

一九八八年十月二十二日

山添村のゴルフ場開発の凍結を求める住民

代表　浜田　耕作(印)

村本不動産株式会社社長

村本　豊嗣　殿

現地からの報告②

長野県富士見町からの報告

押田成人

一〇年前は、村人の全関心が湧水直上の開発を計画していたドーユー興産の仮処分問題に注がれていまして、町営のゴルフ場のことは聞いていませんでした。たとえそのことを聞いたにしても、大きな沢（切掛沢）の対岸でもあり、二キロ程離れていることもあり、「冥想の地が遊楽の地になって残念だ」、位にしか思わなかったかもしれません。

実際に町営ゴルフ場は一〇年まえにできました。六年前、このゴルフ場の直下に土砂流の大災害が起こりましたが、直下の村の田畑は流され、鉄道の鉄橋とそのそばの町道は決潰し、レールは飴のように垂れ下がり、富士山の須走《すばしり》のような情景が壮大に展開しました。

その時、開発一般のためであるという認識はありましたが、この町のゴルフ場がそも

◀小泉湧水を水源とする清流

そも火山灰土砂流の溜ってできた場所で、大災害の主犯はこのゴルフ場であるということには、私を含め誰も気付かなかったのです。いまになって、情報と認識に欠如していたことに驚かざるを得ません。

今回も、一年前から境地区湧水直上の新しいドーユー興産の計画、すなわちゴルフ場計画に反対してきたわけですが、昨年(一九八八年)の晩夏、法律家グループの要望によって、この地帯の地質や水理の専門家の意見を求めた時、町のゴルフ場のさらなる九ホール増設計画についても、ドーユー計画と同様に懸念していた湧水減量、水質汚染の問題が考えられること、そして殊に土砂流の恐れがあることを指摘されました。そして緊急にこの町の九ホール増設問題を会で採り上げることになりました。

そうしているうちに今度は、隣接国有林の営林局による別荘造成の計画が浮上してきました。ところがこれがたまたま、火山灰土砂流の溜った場所(溜っているからこそなだらかな場所)であることが分かってきたのです。富士見町行政が、六年前の大災害について少しも責任を感じていないのと同様(すべては大雨のためとしていた)、長野営林局も情報と認識の欠如した、まったく無責任な計画を立てているわけです。「南麓を守る会」を中心にした住民の工事差し止めの再三の請求に少しも耳を傾けません。

私たちは過去において、倫理なき企業のでたらめさと暴力とを嫌という程体験してき

土砂流が生じ
湧水が涸れ

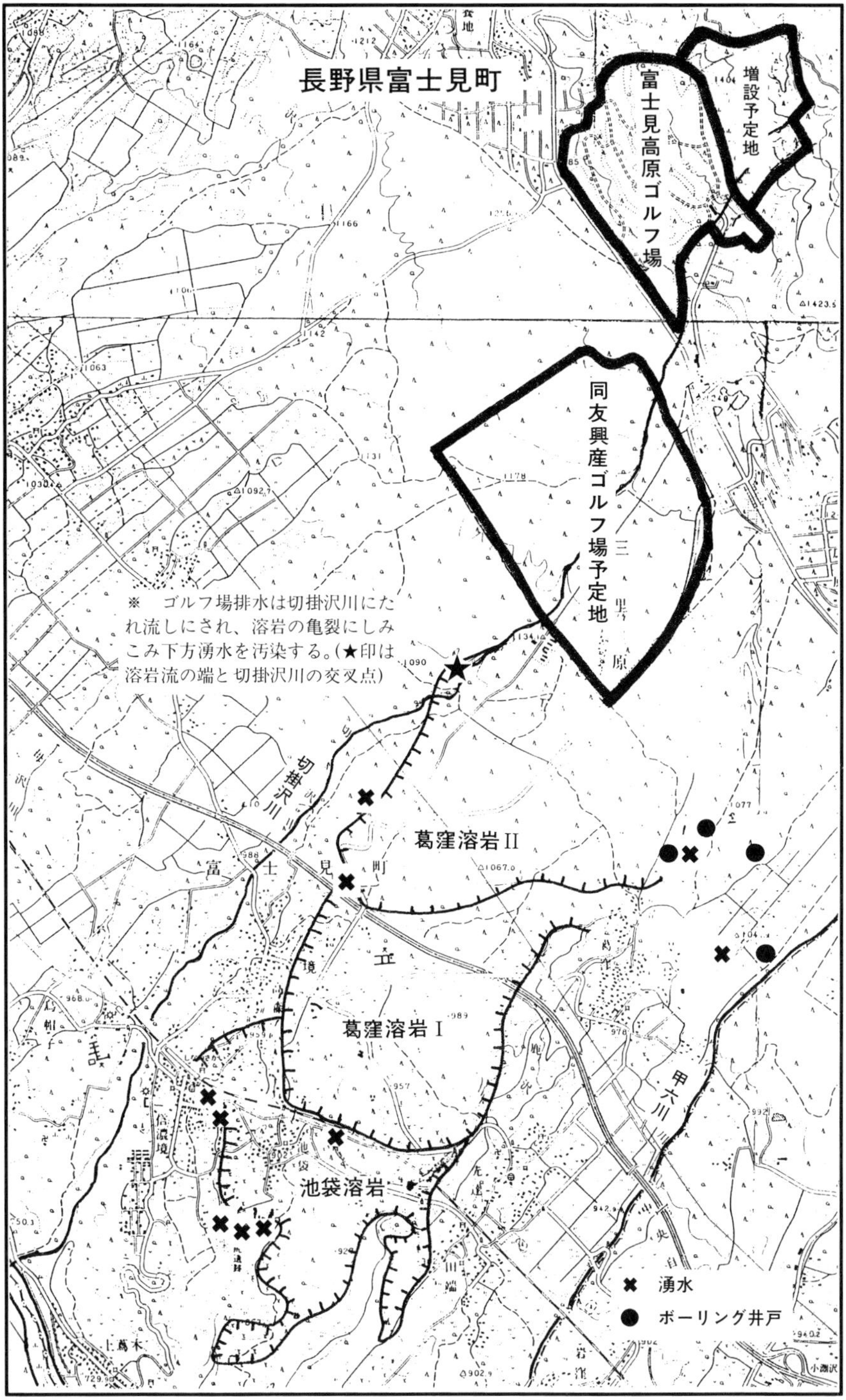
長野県富士見町
富士見高原ゴルフ場
増設予定地
同友興産ゴルフ場予定地
三里原
※　ゴルフ場排水は切掛沢川にたれ流しにされ、溶岩の亀裂にしみこみ下方湧水を汚染する。(★印は溶岩流の端と切掛沢川の交叉点)
切掛沢川
葛窪溶岩II
富士見町
葛窪溶岩I
池袋溶岩
甲六川
✖ 湧水
● ボーリング井戸

たわけですが、リゾート法が公布されてからは、こうした悪企業の黒いものが、そのまま行政に移ったかに思われます。

二年程まえ、西ドイツの村を訪ねた時、いまになって発掘されてくる第二次大戦中の黒き罪悪をいろいろと耳にしましたが、かつてヒットラーが政権を執るまえは、その地方の村々に「魔法使い」と呼ばれる婦人がいて、村の生活のあり方、行政に暗い影響を与えていたが、ヒットラーが政権を執る頃に、そういう存在の黒いものが村からふと消えて、ヒットラーとその周囲の人々に吸収されていった、という不思議な直感があったと聞かされました。

それに似たものをいま、私は感じます。

私たちの認識も甘く、そのため行動の仕方も甘かったのですが、そもそも、この八ヶ岳南麓の現に開発されている横帯状の全地域は、シダ類の生える保水地帯なのに、それが見事に剥がされてきたのです。しかも、それをうなされたようにやっているのです。この開発地域には、いまも「水源涵養保安林」、「砂防指定地」の県の鉄の立札が厳然と立ったままです。私たちに対する個人的いじめも何度もありました。私たちの会に属する町民の名簿を提出せよという要求もなん度かありました。ヤクザのようにです。

これは町のゴルフ場の問題、これはドーユー興産の問題、これは営林局の別荘造成の

◀押田氏の教会

長野県富士見町の押田成人氏

問題、と区別することができない、――いや、これは富士見町の問題、これは山添村の問題、これは信楽町の問題、などなどと区別することができない一つの共通の問題があります。一つの主体が現在の動きの背後にあります。第二次大戦突入まえと酷似した情況があります。

しかし、これと呼応するかのようにもう一つの現実もあります。住民同士の間に起こったように、住民と行政関係者などとの間で真心のひびきあいが始まりました。なん人の行政関係者が自ら住民の許に正しい情報を運んでくれたでしょうか？　県の行政監査官は、なん度も現地を見にこられました。営林局との間の話し合いのとりもちもしてくださいました。県の生活環境部は、公正、厳正に町行政に臨まれるようになりました。法律家たちは自分たちの方から馳せ参じてくださいました。

一方、私たち自身の中に、支援団体との間の絆、報道陣との間のつながりを積極的に立ち切ったり、自己中心的になって冷水を注いだりする者たちが現われています。

現在のゴルフ場を始めとする、日本全国乱開発阻止の運動は、あらゆる職種、立場を超えた人間そのものの、いよいよ深みに根ざす真心のひびきあいでなければならないのでしょうし、そして蛇を見分ける洞察を持たねばならないのでしょう。

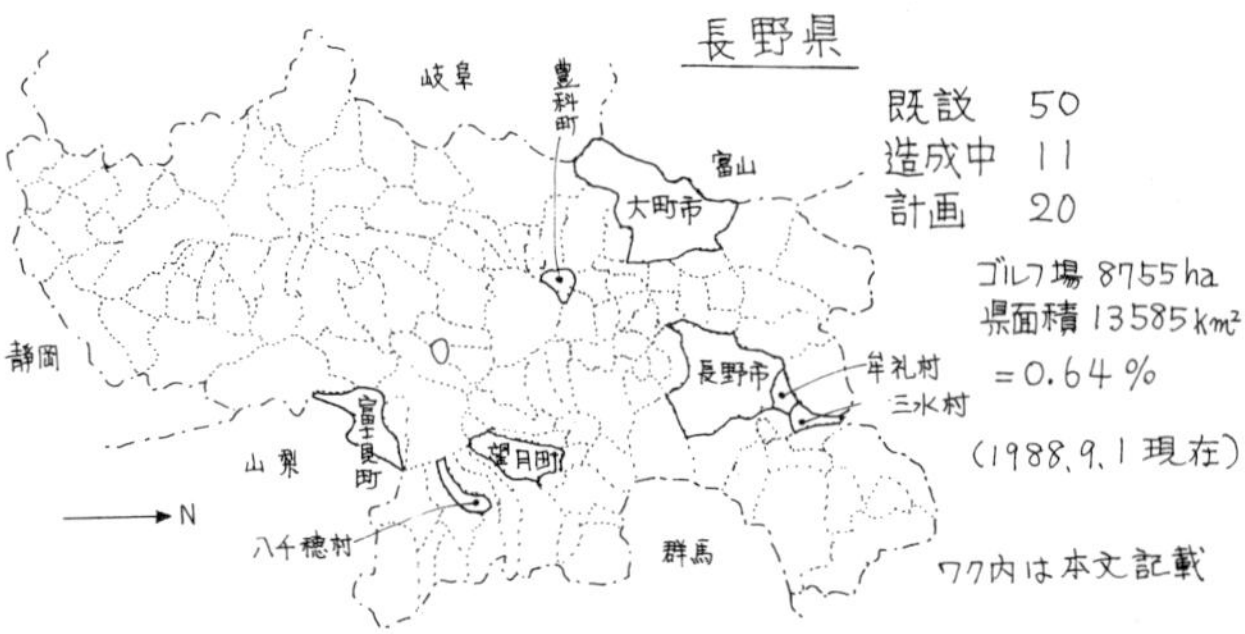

「八ヶ岳南麓を守る会」から長野県知事に対して、ゴルフ場建設に対する陳情書及び質問書が提出された。以下の文は、その一部と、長野県知事からの回答である。

八ツ岳南麓を守る会から長野県への陳情書及び質問書(抜粋)

長野県知事　吉村　午良　殿

八ヶ岳南麓、山梨県境から立場川に至る鉢巻道路添いの開発は、県が手がけたものでありますが、この地域の多くの部分は下方の諸湧水の、涵養林であると思われます。

下方住民は、これら湧水を、あるいは飲料水として、あるいは生活用水、灌がい用水として、永年に亙って生活して来ました。

また、ある地区では、森林造成によって水害から居住区を守って来ました。二百十年程前から、八ヶ岳の禿げた部分への植林が始まり、祖先達の絶大な努力によって、現今のような環境状態に改良され、そうして初めて水害の難が去り、湧水の量が安定しました。

ところが、十数年前からの八ヶ岳南麓の開発に伴い、現在多くの緊急な問題が惹起してきています。私達は、時を失わず本年三月、現地住民を代表して、富士見町当局に公開質問を行ないましたが、その回答は、住民の不安と不信を募らせるばかりでした。
今ここに、町政監督の立場にある県当局に対して、無思慮な開発計画が性急に進められている事の真相を伝え、且つ現在のこの事態に、いかに対処すべきかを確認するために、
左記の通り、質問を兼ねて陳情致します。

二、同友興産株式会社に関する問題〔一、は省略〕

(1)右の会社は、別荘地開発にからんで富士見町の境地区、落合地区等の関係する一般地域住民が全く知らぬ内に、境地区の高森区の幹部との間で、小泉湧水の水量の半分を、秘密裡に売買契約した会社です。この事を知った境地区の高森、信濃境の住民は、昭和五十九年の暮れに、長野地方裁判所、諏訪支部に提訴し、二年半後の昭和六十一年四月に、次の判決が言い渡されました。　以下判決主文
「一、債務者らは別紙水系図記載、諏訪郡富士見町境字大泉九二三六番地から湧出し、同図面青線部分を流れる、いわゆる小泉湧水、及び流水の現状を変更し、又は変更するための工事、その他の行為をしてはならない。
二、債務者らは、債権者らの前記湧水及び流水の使用を妨害してはならない。
三、申請費用は、債務者らの負担とする。」

＊（右の主文中、債務者らとあるのは、秘密契約をした当事者たちで、すな

わち同友興産株式会社、代表取締役の五百木一郎と判決当時の高森区長であり、債権者らとは、高森区及び信濃境区の住民四十八名を言う。）

右のような判決にも拘らず、同会社が本年三月に至り、新たに富士見町に提出したゴルフ場開発計画図によると、その計画面積の約二分ノ一が、大泉・小泉の湧水の涵養林相当地域に重なっており、この計画が実行に及ぶ場合、湧水の量と質に対する影響は、確実に現われると見なければなりません。

この計画は、裁判の判決を無視し、住民の誠意を真向から否定するものであります。県当局におかれては、このように不誠実な会社の計画を、受理されませんよう、誠意を込めて、要請致します。

(2)昭和六十二年、同友興産(株)が住民に示した計画(図面ナンバー2)によれば、上蔦木共有林(富士見町境字柳久保壱弐〇四番参弐と参参の土地)の一部がゴルフ場の第一期工事、残部が第二期工事としていますが、この共有林の賃借権は、既にこの時点で同社の手中に有りませんでした。長野県法務局の書類により確認したところ、昭和五十八年二月二十八日受付け第九五二号として、賃借権は、愛媛県川之江市川之江町壱七弐番地、国光産業(株)に移っていて、その原因は「昭和五十八年弐月二十八日売買」と記されています。六十三年に同友興産(株)の下請けとして、大成建設株式会社が富士見町に提出した書類のゴルフ場予定地は、上蔦木共有林を含めています。

県当局は、この一連の事を、どのように認識されますか。

(3)昭和六十二年四月二十日、右のゴルフ場建設のため、県当局に環境アセスメント調査を申請した会社名は、ユニ・ドーユー(株)です。同社の代表取締役は、ユニ・チャーム(株)の社長であって、同友興産(株)とは、同一会社では有りません。ところが、同年十二月の県への届出は、ユニ・ドーユーから同友興産(株)に変わっています。

実は、(2)で述べました、上蔦木共有林の新賃借権所有者の住所がユニ・チャームの筆頭株主の住所と同じ、愛媛県川之江市川之江町壱七弐番地であることを知りました。

同友興産(株)は、何故、この土地の権利を売らねばならなかったのかを、知りたいところです。県当局の所有している情報を提供して下さい。

また、県当局は、ユニ・ドーユー(株)から同友興産(株)への事業継承を、いかなる理由で認められたのですか、お答え下さい。

(4)同友興産(株)が、この数年の間、借受けたいとし画策している、富士見町烏帽子区の山林、数万坪の中で前述の第一期、第二期工事計画の区域外と見られる、約二万坪が含まれています。同社が土地を借用すべきいかなる目的が在るのか、また同山林が、今回の開発事業に関わり無く、指定枠外と思われる部分の土地の取得行為について、県当局に対しては、その件の報告がなされていますか。

(5)右に述べた如く、同社は計画の実態を、明らかにしないまま、秘密裡に土地の売買や貸借の取引を行なっているのであり、この事は大きな社会問題であります。国土法にも抵触しかねない、これらの行為は、県当局の厳しい監督と、早急なる規制の手段を講じられるよう、お願い致します。

三、ゴルフ場に関する問題

(1)同友興産が言及したような高級ゴルフ場は、現在の日本において、健全なスポーツの場と言うより、企業間の接待の場と言うのが実状でしょう。高価な会員権を、個人で買う者は、ほとんどおりません。また近年は、賭け事なども多く行なわれているとも聞いています。遠い祖先から営々と受継いで来た大切な土地を、そうした遊興の場に提供し、挙句に、地域住民の生活と遺産が犠牲にされるような開発を、許されて良いのでしょうか。

(2)ゴルフ場の急増は、現今の開発業者間にある、一獲千金の指向によること大であると思われます。たとえば、三十億円を投資しても、一千万円の会員権を五百枚売れば、五十億円になるとか、十分な資金が無くても、会員権を先に売れば良いとかと言う考え方です。現在、長野県には、営業中が五十、造成中のものが十、環境アセスメント調査に入っているのが十五とか言われています。狭い日本の、しかも、起伏の多い山間部に、これほどのブームを呼ぶ実態は何なのでしょう。これこそは、正に狂気の沙汰と言えないでしょうか。一度破壊した自然や環境を、取り戻せると言うのですか、それこそ至難の技です。

長野県におかれても、他県にみられるような、ゴルフ場等の大規模開発に対する、総量規制その他で、自然と環境を今以上に破壊しないような、政策を施して頂きたい。

ご多忙中、誠に恐入りますが六月二十日までに、ご返事いただければ幸いです。

昭和六十三年五月二十八日

八ヶ岳南麓を守る会
代表　小林　智男

（賛助団体）水を守る会、富士見町・町民憲章を推進する会
南八ッを守る会、山地環境研究所

（連絡先）長野県諏訪郡富士見町境八、七七七高森草庵内
八ヶ岳南麓を守る会事務局
Tel　〇二六六—六四—二五四六

八ヶ岳南麓を守る会
代表　小林　智男　殿

長野県知事　吉村　午良

回　答　書（抜粋）

昭和63年5月28日に御質問のありました項目につきまして、下記のとおりお答えいたします。

記

2　同友興産株式会社に関する問題〔1は省略〕

(1)

同友興産株式会社の計画については、現在、環境影響評価調査を実施しているところであります。環境影響評価は、その事業が環境に及ぼす影響について調査し、あらかじめ公害の防止及び自然環境の保全について適切な配慮を求める制度であって、一定の条件の整ったものであれば、何人の調査であってもこれを拒否するものではありません。

しかしながら、調査は、事業の実施を前提に行われるので、この調査において、用水の確保の方途を明確にする必要があります。

(2)　環境影響評価の調査を実施する時点では、事業計画地全域の自己所有若しくは借用を義務付けてはいません。理由は、前記(1)のとおり、あらかじめ、環境への影響を調査するものであり、調査の実施が事業の実施を担保するものではないからです。

(3)　同友興産株式会社から、現地法人を設立し対象事業を行う旨の説明があり、長野県環境影響評価指導要綱(昭和59年長野県告示第5号)第7条第3項の規定による環境影響評価に係る調査等実施通知書が、昭和62年4月20日付でユニ・ドーユー株式会社から提出されました。その後、昭和62年12月23日付で同友興産株式会社から、同要綱第26条第1項の規定による対象事業承継通知書が提出されました。
なお、土地の権利売買の理由等については、承知しておりません。

(4)　(5)
陳情書の記載の土地が、地代の他に一時金を支払って借受けする場合には、国土利用計画法第23条に基づく届出が必要となります。

無届で契約した場合は、必要な措置を行うこととなります。

3　ゴルフ場に関する問題

(1)

ゴルフ場については、利用者が年々増加し、ゴルフが一般的なスポーツとなってきていることは、事実であると考えています。

(2)

現在、ゴルフ場については、第3次建設ブームと言われ、数多くのゴルフ場が造成若しくは計画されています。また、ゴルフ場は100haを越すものも多く、山間部に造られるケースも多い状況です。

県においては、こうした現状を踏まえ、長野県自然保護条例の基準を改正し、本年六月一日から、ゴルフ場開発の規制を厳しくしました。

今回追加した基準は、まず、市町村全域の土地の利用と調和することを必要とした他、次の事項について強化しました。

・地形勾配が30度を超える急傾斜地においては、原則として土地の形質変更を認めない。

・移動土量が150万m³(一八ホール換算)を超える開発は認めない。

・現存する樹林は、開発区域の40%以上原則として現状のまま残置させ、その樹林は原則としてホール間及び開発区域の周辺部に二〇メートル以上の幅をもって残置させる。

・標高1,600m以上の地域においては、土地の形質変更を認めず、現存する樹林を現状のまま残置させる。

なお、数量的な規制の基準について合理的な数値及び根拠がないので、現状においては、総量規制は行わない考えです。

滋賀県信楽町からの報告

植西克衞

信楽町は、近畿のほぼ中央、滋賀県の南西部にあり総面積一六、三四七ヘクタール、人口一四、〇〇〇人、林野率八三パーセント、京都から一時間、大阪から一時間半でこられるという地の利と、造成しやすい丘陵地が多く、地価もそんなに高くないところで、一九七二、三年頃からゴルフ場が開発され出しました。

町内で八番目が、私の家のまえの水源地に計画されていますが、県の開発事前指導の段階でアセスメントを実施中です。

私の住む部落のもう一つの水源地に一九七二年頃ゴルフ場が開発されて、間もなくゴルフ場の排水口から赤茶けた排水が流出、むかしの清流が下流約五〇〇メートルにわたって汚濁してしまったのです。

信楽町は地場産業としては有名な信楽焼が年産百億円を超え、ほかに年産数億円の茶

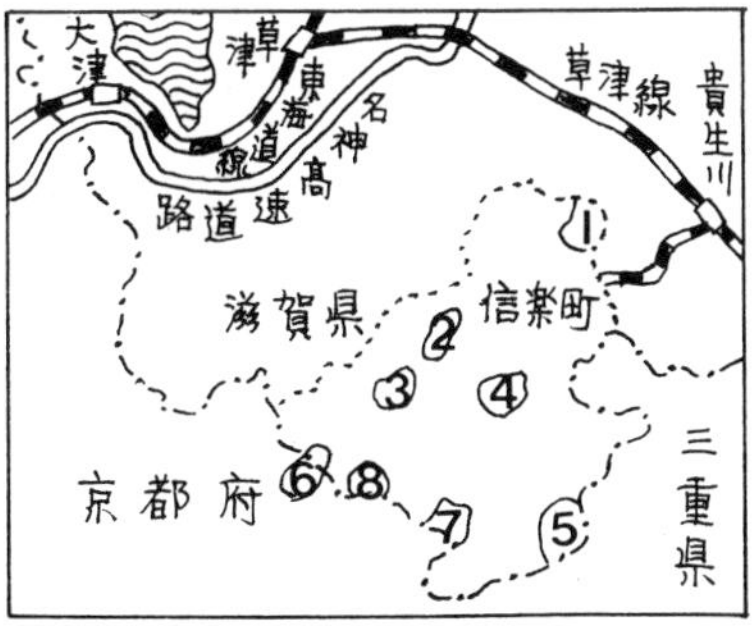

1	オレンジシガカントリークラブ	92ha
2	信楽カントリークラブ	132
3	滋賀カントリークラブ	73
4	紫香楽国際カントリークラブ	75
5	タラオカントリークラブ	165
6	協和ゴルフクラブ	44
7	ビッグワンカントリークラブ	122
8	アヤハ(申請中)	100

$$\frac{\text{既設ゴルフ場面積}}{\text{信楽町面積}} = \frac{703^{ha}}{16350^{ha}} \fallingdotseq 4.3\%$$

が目立つ程度で、町内には従業員五〇〇人以上の企業はありません。新卒者のかなりは町の外に職を求め、町内からゴルフ場に勤める若者はほんのわずかです。ゴルフ場開発は地域の過疎対策、活性化のためと謳われていますが、活性化に重要な役割を担う若者の喜んで就職する職場となっていません。ゴルフ場に勤める町内在住者の割合は、全従業員に対して一九八四年から一九八七年までが三六パーセントから三九パーセントで推移し、一九八八年にはゴルフ場の食堂など、関連施設の全従業員、アルバイトまで含めて七ヶ所のゴルフ場の合計が八六五名となっています。そのうち町内在住者が二五九名、二九・九パーセントで、退職する町内出身者の代わりを町外から求める傾向にあります。

ゴルフ場で使用される肥料、農薬、食糧品はほとんど町外、県外から納入されており、町の商工業に対する経済波及効果は少ないのです。

唯一のメリットとされる娯楽施設利用税はゴルファーの増加を反映して順調に伸びていますが、利用税の四分の一が町独自の財源と認められているだけです。一九八七年度は、利用税が二億三、六〇〇万円入りながら、国から交付税を六億八、二〇〇万円受けています。

信楽は滋賀県で五番目という一三、七〇〇ヘクタールの森林面積がありながら、町行政、町民の森林が持つ公益的役割に対する意識が低く、人工林も若齢林がほとんどで、

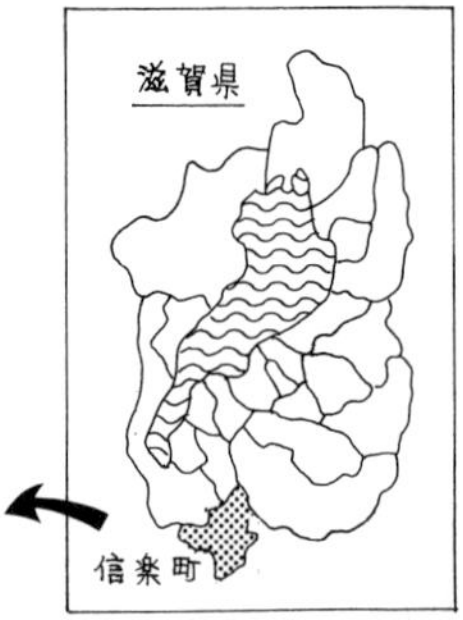

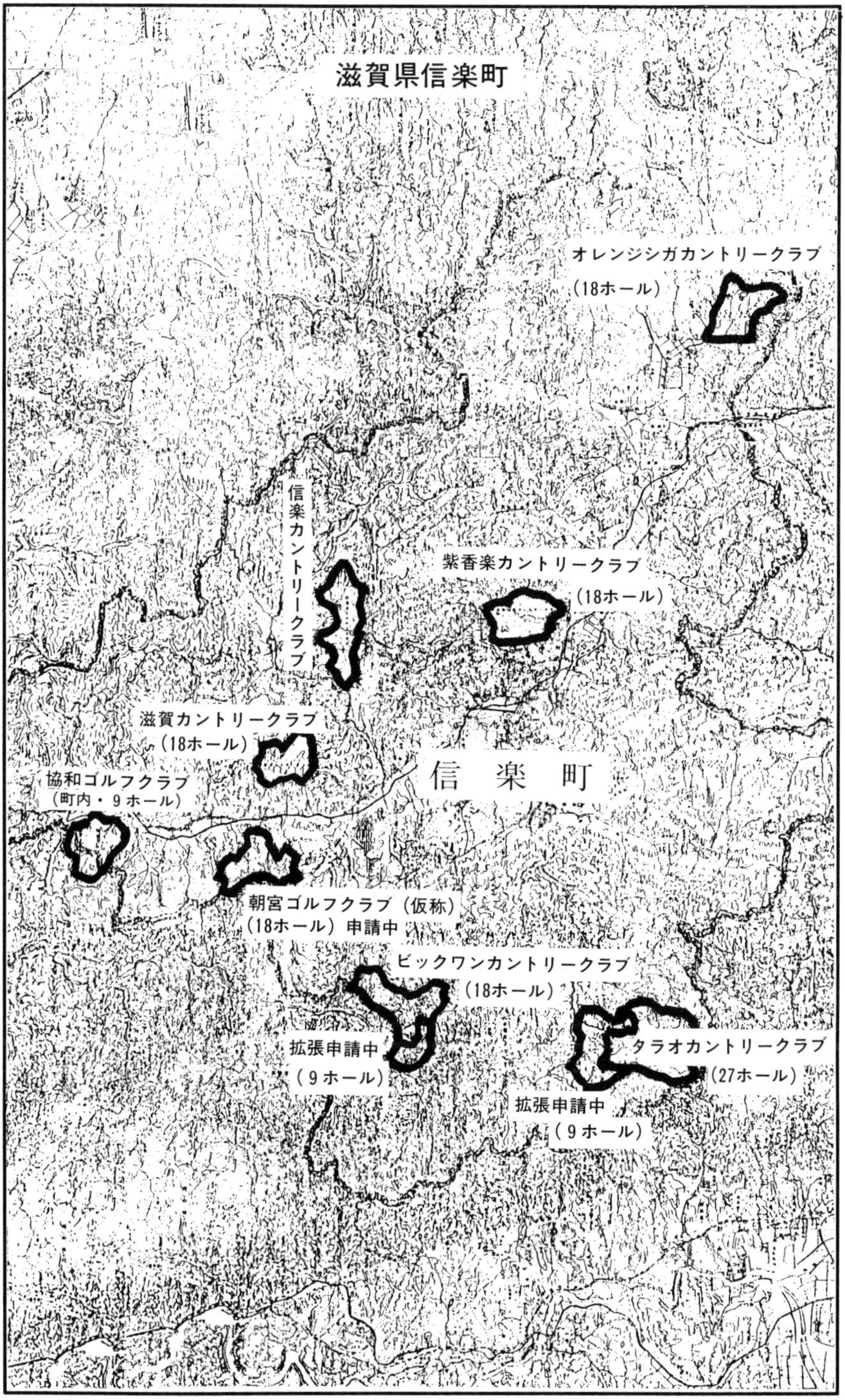

滋賀県信楽町
オレンジシガカントリークラブ
（18ホール）
信楽カントリークラブ
紫香楽カントリークラブ
（18ホール）
滋賀カントリークラブ
（18ホール）
信楽町
協和ゴルフクラブ
（町内・9ホール）
朝宮ゴルフクラブ（仮称）
（18ホール）申請中
ビックワンカントリークラブ
（18ホール）
拡張申請中
（9ホール）
タラオカントリークラブ
（27ホール）
拡張申請中
（9ホール）

林業地としての基盤が確立されておらず、最近の農林業不振で町民の手放した林地はほとんど町外在住者の手に渡り、大口はゴルフ場です。既設のゴルフ場は約七〇五ヘクタール、申請中の新設拡張ゴルフ場用地約二二〇ヘクタール、合計約九二五ヘクタールで町総面積の五・六五八パーセントに達しています。一九八八年一月、第二次信楽町国土利用計画が町議会で賛成多数で議決されました。それによると二〇〇〇年には一九八五年に比べ森林は一、六二三ヘクタール(一九八五年現面積比一二パーセント)農地八七ヘクタール(同一〇パーセント)を減少させ大部分をその他用地に転用、そのうちかなりはリゾートリクリエーション用地です。その中心は、ゴルフ用地でこれによりゴルフ場開発の窓口は開かれたのです。二〇〇〇年にかけて一二パーセントも減少させる森林一、六二三ヘクタールは県の計画の二七・九パーセントに相当します。

町内を貫流する主流の大戸川沿いに、その伏流水を取水する上水道の取水口が四ヶ所あります。渇水期や水需要のピークに達する時には、高台などの一部地区で断水したりします。上流にゴルフ場ができて、農薬、肥料が多量に使用され、河川が汚濁して上水道原水の水質悪化を招かないでしょうか?

町内の大部分は風化しやすい花崗岩地帯ですが、一九五三年八月の局地豪雨で山津波が発生、大戸川上流で死者四〇名余りを出す大災害がありました。もともと保水力の

「第2次信楽町国土利用計画」とは

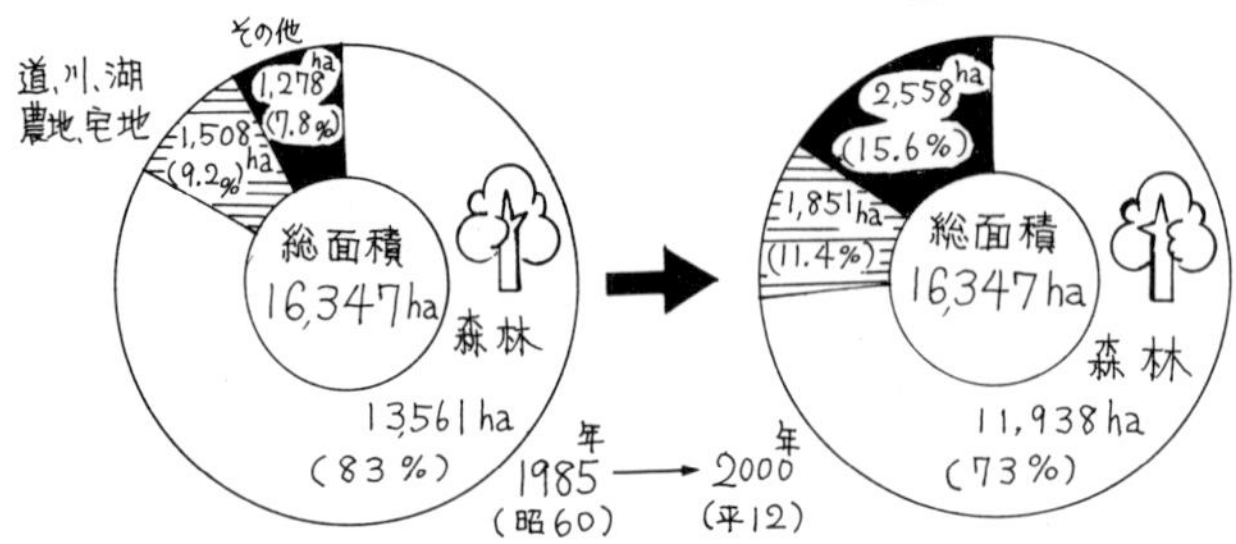

▲信楽町のゴルフ場排水口から流れ出た赤いヘドロ

弱い花崗岩地帯なのに、ゴルフ場開発によって大規模に森林がなくなります。このことによってさらに保水力が低下して異常出水、異常渇水を招く恐れがあるのです。これまで述べたように、信楽町の場合、これ以上のゴルフ場開発は町の活性化になんら貢献しないばかりか、住民の農林業生産基盤を奪い、その活動を妨げ、生活環境を悪化させ、次世代に大切に引き継がねばならない自然環境を破壊したりするデメリットの多い乱開発であると言えます。

ゴルフ場開発の申請を受付ける行政は、実情を正確に把握せず形式的な書類審査のみのおざなりの指導で、都合の悪いことは県と町が責任をなすり合い、滋賀県が環境行政の大きな柱とする環境アセスメントも欠陥が多く、本来住民の要望に応えねばならないはずの行政が住民の要望に応えないのみか、開発業者のため利便をはかっているのではなかろうかと疑いたくなる状態です。

信楽は京阪神の上水道源である淀川上流の水源地です。山をゴルフ場に提供せずに山を守り育てることが清流を守ることにつながっているということに、誇りを持って頑張っています。下流の京阪神の方々のご理解とご支援をお願いします。

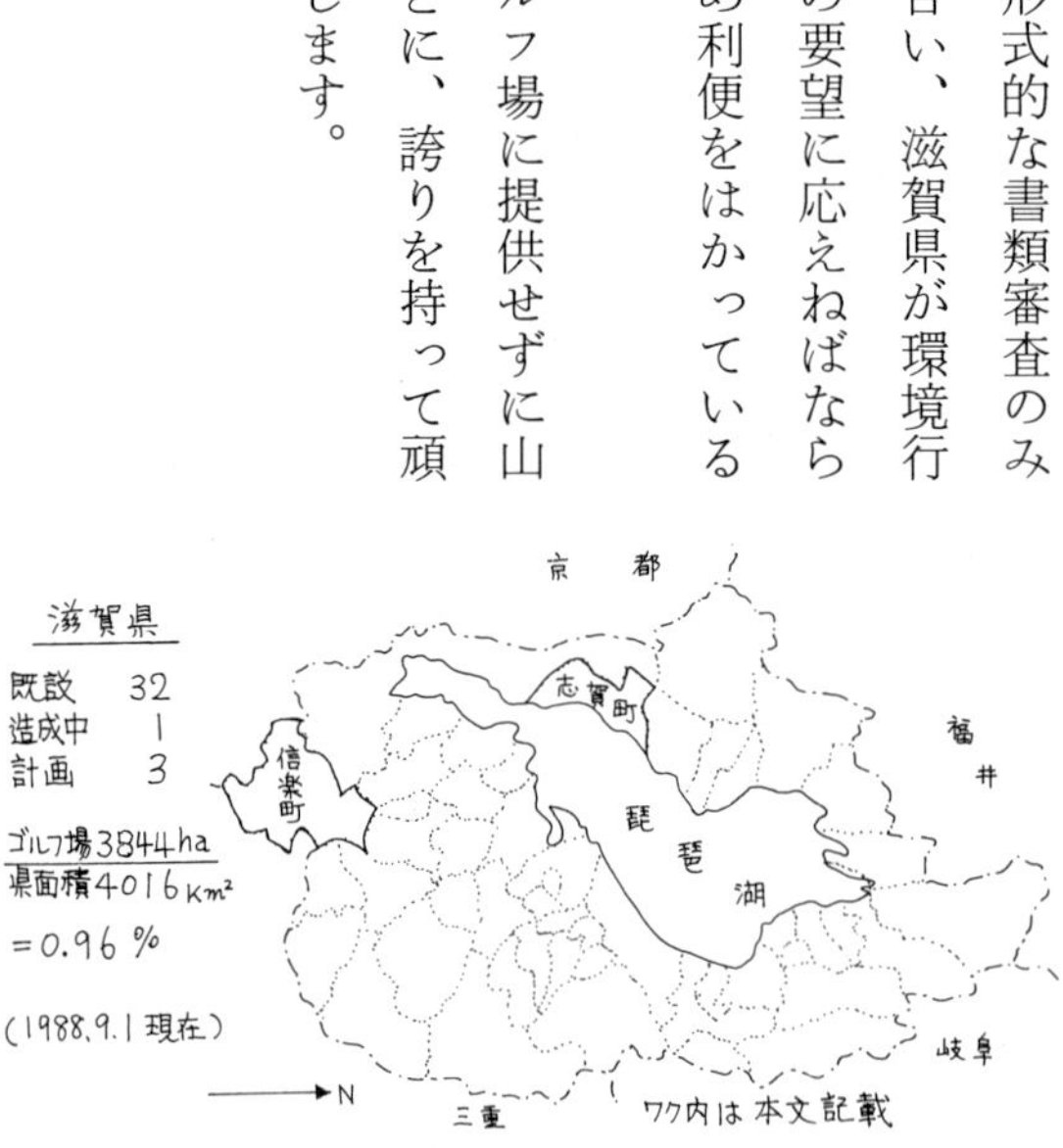

現地からの報告④

栃木県からの報告

藤原　信

私は栃木県自然保護団体連絡協議会の藤原です。私たちの協議会は栃木県内の二三の自然保護団体によって構成されています。

私たちの自然保護運動の中で、最近、特に自然環境を大きく破壊するゴルフ場問題がクローズアップされてきました。

栃木県のゴルフ場の数は、営業中のゴルフ場が八一ヶ所、工事中のゴルフ場が一九ヶ所で合計一〇〇ヶ所となっていて、全国で五番目ですが、現在申請中のものも入れますと、大体一五〇ヶ所くらいになり、この数は全国で四番目になると思われます。

このようにゴルフ場が増えてくる大きな理由の一つがリゾート法なのです。

みなさんご存じだと思いますけれども、一九八七年五月の国会で「総合保養地域整備法」、いわゆるリゾート法が成立しました。この法律は「良好な自然条件を有する地域

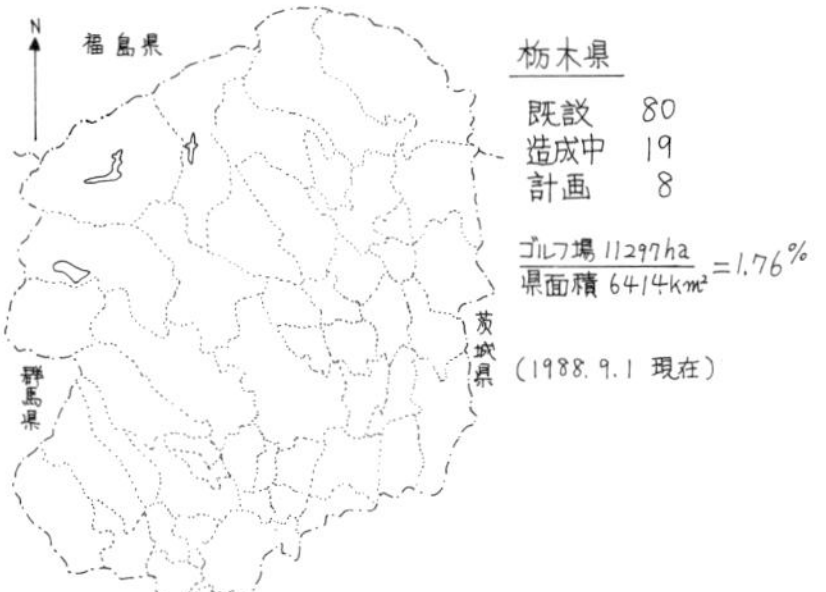

に、ゆっくりと滞在してスポーツなどを楽しめる施設」を民間の企業が作る、そのため、国や地方公共団体が広域的な総合保養地域を整備する、という好いことずくめの目的で提出されました。しかし、この法律の本当の狙いは、内需拡大とか民間活力導入を名目にして、不況で悩んでいた重厚長大の企業を建て直そうというもので、かつての列島改造政策が「自然資源」にも触手を延ばしたものといえます。

リゾート法では、東京都二三区の二・五倍にあたる「おおむね一五万ヘクタール以下」の特定地域に「おおむね三、〇〇〇ヘクタール以下」の重点整備地区を数ヶ所設定し、そこにゴルフ場、スキー場、テニスコート、その他のスポーツまたはレクリエーション施設、宿泊施設などを設置することになっています。

このような計画が、北海道から沖縄まで、東京都を除く四六道府県で七五ヶ所も計画されています。この開発面積を合計すると日本の国土面積の二〇パーセントを超えるというのですから驚きです。

一九八八年七月には、リゾート法適用の第一陣として福島県、三重県、宮崎県が、十月には第二陣として栃木県と兵庫県が、そして十二月には第三陣として群馬県が、相次いで基本構想の承認を受けました。

栃木県では、「日光・那須リゾートライン構想」というのが認められています。

これにより栃木県にも一七万ヘクタールの特定地域が設定され大規模な開発が行われ

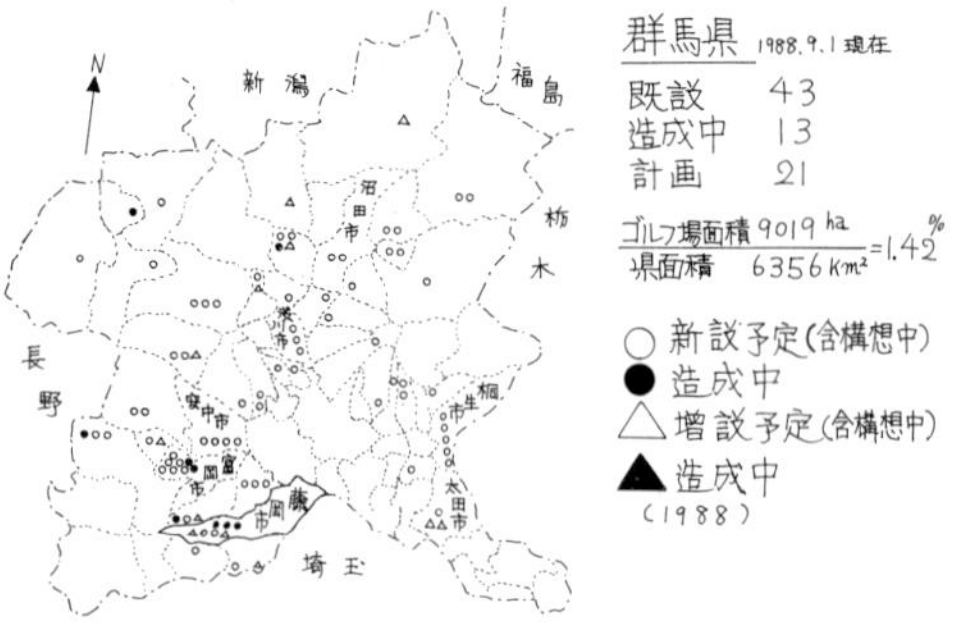

栃木県

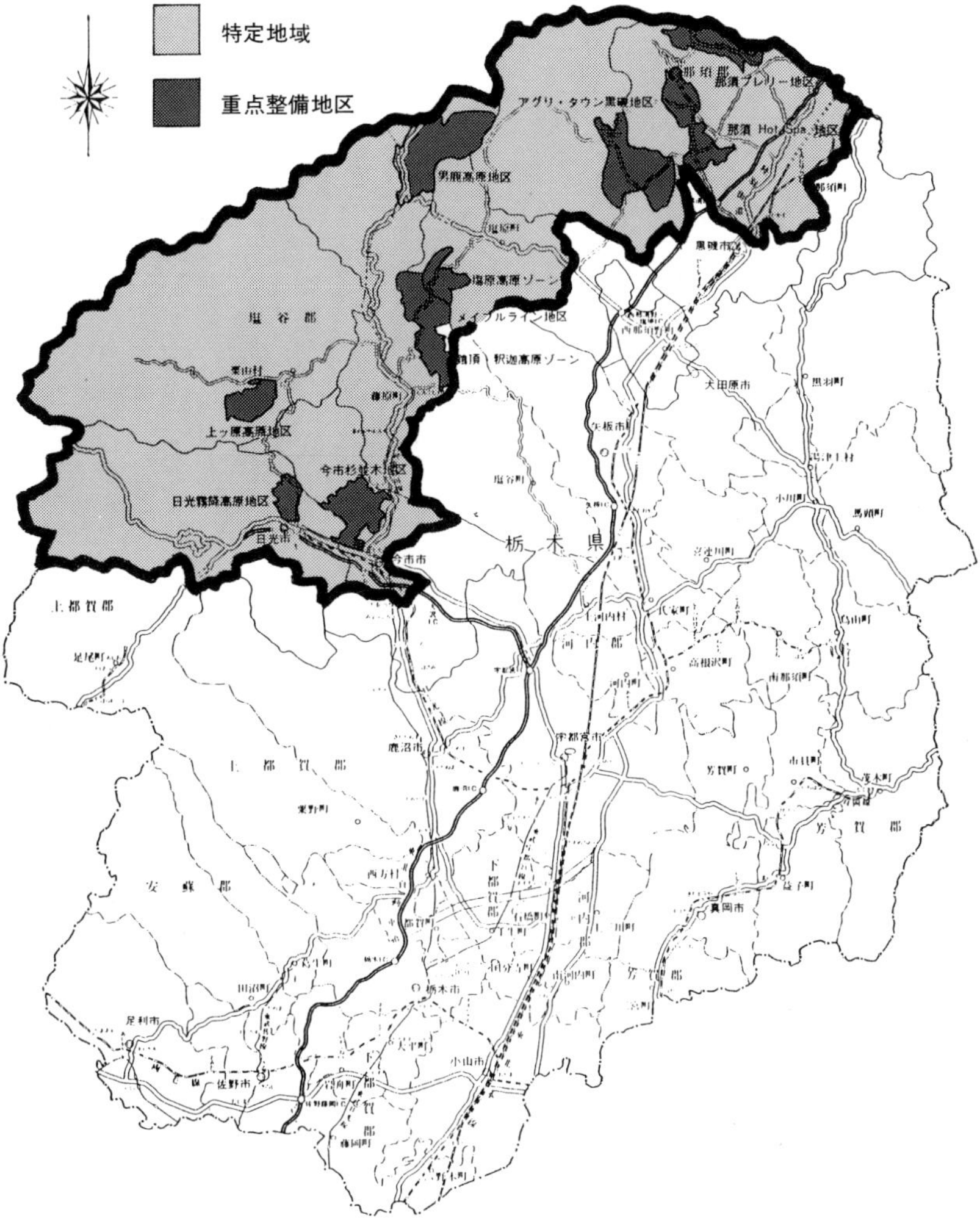

特定地域
重点整備地区
那須郡
那須プレリー地区
アグリ・タウン黒磯地区
那須 Hot Spa 地区
男鹿高原地区
塩原町
塩原高原ゾーン
メイプルライン地区
塩谷郡
栗山村
上ッ原高原地区
藤原町
今市杉並木地区
日光霧降高原地区
日光市
今市市
黒磯市
大田原市
矢板市
塩谷町
栃木県
上都賀郡
足尾町
鹿沼市
宇都宮市
河内郡
芳賀郡
真岡市
安蘇郡
下都賀郡
栃木市
小山市
佐野市
足利市

ることになり、奥地の自然度の高い地域でのゴルフ場開発が問題となってきました。ご存じのようにゴルフ場とスキー場とテニスコートを「リゾートの三種の神器」と言います。そしてそこを利用する人たちのホテル、会員制のコンドミニアムという宿泊施設、こういうものを一応揃えるとリゾートの一つのパターンができます。

栃木県でも同じようにゴルフ場とスキー場とテニスコートと、その宿泊施設としてのホテル、コンドミニアム、というようなものを加えた構想が県内に九ヶ所（合計一七、〇〇〇ヘクタール）設定されました。そのためにゴルフ場がさらに増えることになったわけです。

このリゾート法で問題なのは、重点整備地区で施設を建設する民間企業に対して、国が至れり尽せりの優遇措置を用意していることです。

税制上の特例としては、民間施設の特別償却や法人税の特別償却を認めるとか、特別土地保有税や事業所税を非課税にするとか、地方公共団体が不動産取得税や固定資産税などの地方税を免除した時には、国が地方交付税で補塡をすることになっています。民間企業が建設や造成などに充てるための資金の援助も、第三セクターという形で地方公共団体は協力することになっていますし、さらに、NTT株の売払収入による無利子の資金を借りて、地方公共団体が道路その他の必要な公共施設の整備に努めることになっています。

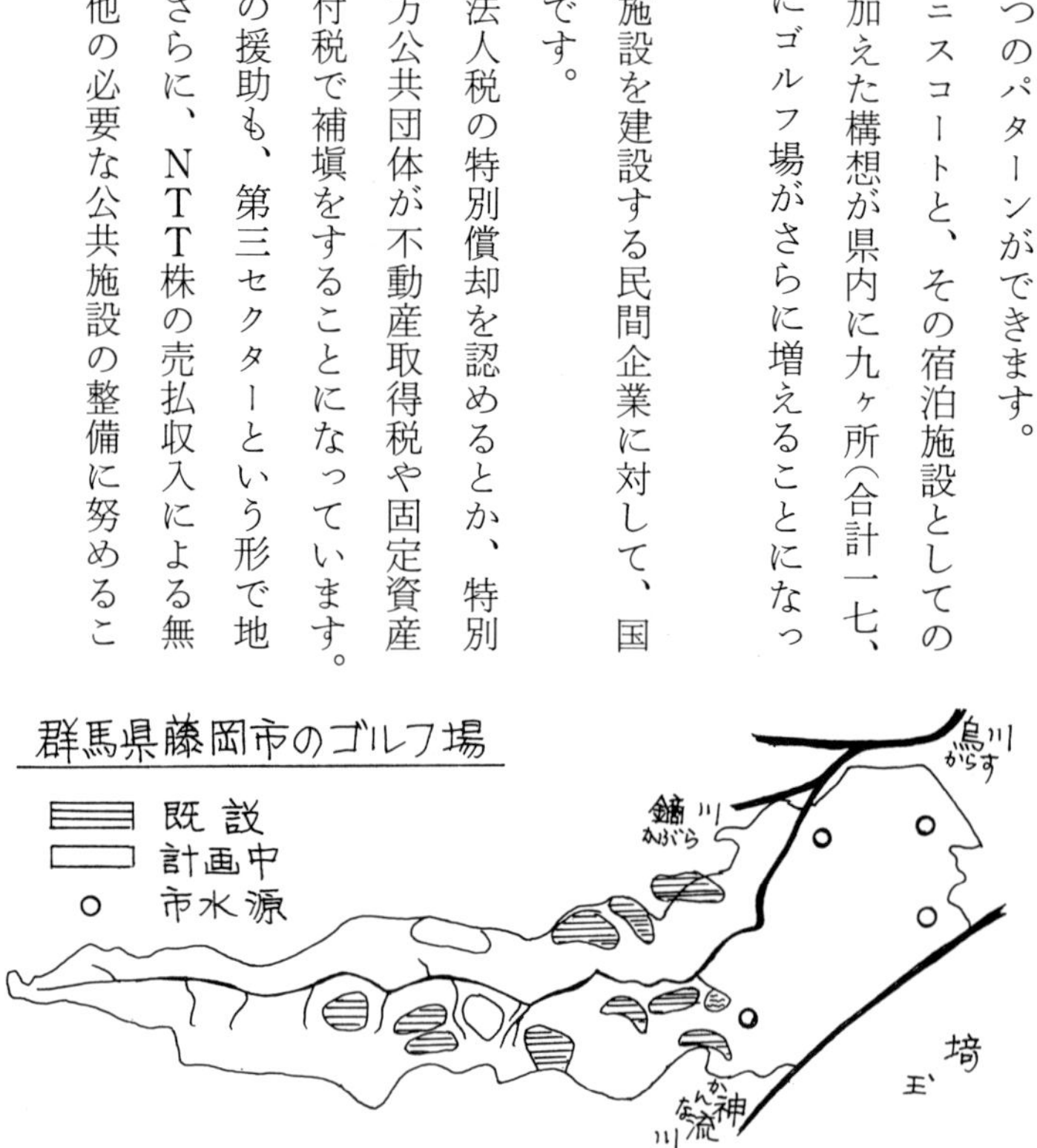

しかも、開発規模が大きいですから、税法などの恩恵に浴するこれら重点整備地区で開発にあたる民間企業は、そのほとんどが東京の大手企業などの大資本です。その上さらに問題なのは、この事業を行うにあたって第三セクターという形をとることです。第三セクターといいましても、地方自治体はせいぜい一〇パーセントぐらいの出資しか持てません。あとの権限は全部、事業主体である民間企業が握ってしまいます。にもかかわらず第三セクターという看板を付けた営利企業が、公共性のある機関のような顔をします。

そこでなにが問題になるか、と言いますと、このリゾート法の中の第一五条に「国は、承認基本構想の実施を促進するため、国有林野の活用について適切な配慮をするものとする」という条項があることです。

いままでは国有林は営利企業の開発の手の届かない聖域になっていたのですけれども、リゾート法によりますと、国有林の活用に対して積極的に国有林(林野庁)は協力する、ということになっていますので、これまで開発の手がつかなかった奥地の国有林が開発の対象になります。この参入の手段として、公共性を看板にした第三セクターという「隠れミノ」を使って国有林の開発が進む、というようなことになってきたわけです。

そこで栃木県の問題ですが、栃木県が策定した「日光・那須リゾートライン構想」によりますと、ゴルフ場が八ヶ所(合計五二二ヘクタール)できますが、そのうちの四ヶ所

（合計二九二ヘクタール）が、これまでは到達道路がなくて噂にもならなかった奥地の国有林に開設されることになります。スキー場も既設を含めて六ヶ所（合計一六〇八ヘクタール）できますが、これもすべて国有林の天然林が伐採されて開発されます。栃木県自然保護団体連絡協議会としては、基本的にはこのリゾート計画に対して反対するという見解を既に表明しています。ですからこれからも、この運動を続けていきますけれども、今日おいでになったみなさんも、これまでは民有地の開発ということでゴルフ場問題を採り上げてきましたけれど、これからは国有林もゴルフ場の開発の対象になるんだ、ということを充分注意していただきたいと思います。

リゾート法の第一四条では「農地法等による処分についての配慮」が規定されていて、一九八八年六月八日には、一九年ぶりに「ゴルフ場建設を目的とした農地転用の許可規制を緩和する」という趣旨の農政課長通達が出され、従来の規制を大幅に緩和して、これまでゴルフ場の建設が進まなかった農地の多い地方でのゴルフ場の造成を容易にしました。

国有林の場合は、さらに、ヒューマン・グリーンプランというのがあります。このヒューマン・グリーンプランというのは、「広大な森林の中での自然とのふれあいの場の創造」、「国有林野の積極的な活用」、「民間のノウハウ、資金等民間活力の積極的活用」、「地元雇用の拡大、地場産品の消費拡大等農山村地域の振興」をスローガンとし

ゴルフ場への農地の転用が進む

ながら、ゴルフ場、スキー場、テニスコートなどの造成に国有林を活用していく、という計画ですが、これは国有林独自でも全国に一四五ヶ所くらい考えられていまして、それのいくつかがリゾート法に相乗りするということになります。ですから、繰り返しになりますけれども、これからは全国各地で、自然度の高い奥地の国有林がゴルフ場やスキー場に開発されるというようなことが起こると思います。

一九八八年に栃木県自然保護団体連絡協議会は次のような見解を公表して、「日光・那須リゾートライン構想」についての懸念を表明しました。

① 重点整備地区の四四パーセントが日光国立公園区域内にあり、この地域が開発されると、国立公園の自然環境に大きな影響がある。

② 開発の規模が大きいので、主な事業主体は東京の大手企業が地元自治体と組んだ第三セクターになり、地元企業にはメリットがない。

③ 重点整備地区の四七パーセントが自然度の高い奥地国有林であり、第三セクターを「隠れミノ」とした大手企業による乱開発にさらされることになる。

④ 大規模な宿泊施設を伴なうゴルフ場、スキー場、テニスコートなどの造成により、奥地の天然林が大面積で伐採される。

⑤ ホテル、コンドミニアム、ペンションなどの宿泊施設の建設により、地元の旅館や民宿が打撃を受ける。

⑥　これまで到達できなかった自然度の高い地域に、地方公共団体が強引に道路を取り付ける工事を進める結果、自然破壊の発生が心配される。

⑦　地価の高騰により、地元住民に与える影響は大きい。現にリゾート構想の指定を見越した地価の高騰により、日光・那須地域が「監視地域」に指定されている。

⑧　ワンパターンの開発が各地に乱立するため、競争に破れたところでは、跡に荒廃した残骸を残すのみとなり、地元に自然破壊のツケを廻すことになる恐れが多い。

栃木県での「懸念」は、これからは全国各地で発生すると思われます。

このようなことのないよう、リゾート計画に反対して、これ以上のゴルフ場の開発を止めなくてはならないと思います。

（一九八八年十一月五日、於／東京・品川、国民生活センター）

現地からの報告⑤

埼玉県飯能市からの報告

石崎須珠子

「名もなく貧しく美しく」、「典子は、いま」などの名作で著名な映画監督・松山善三氏が、東京の西五〇キロの埼玉県飯能市郊外に、一三六・五ヘクタールもの巨大なゴルフ場を造成されようとしている。

県のアセスメントを受けるため彼が調査会社に作成させた「西武飯能カントリー倶楽部施設造成事業に係る環境影響評価準備書」には、市内で五年前から開場している武蔵丘ゴルフコースが載っていない。さらに、造成中の東都飯能カントリー倶楽部と、一九八八年十月にオープンした飯能グリーンカントリークラブが手つかずの〝山〟として扱われており、西武飯能カントリー倶楽部造成工事着工後は、野鳥や小動物の避難場所になると見なされている。また、〝環境保全上特に留意する施設〟図から、市立保育所、私立幼稚園、市立中学校、数多くの病院および医院、予定地のすぐ下流にある

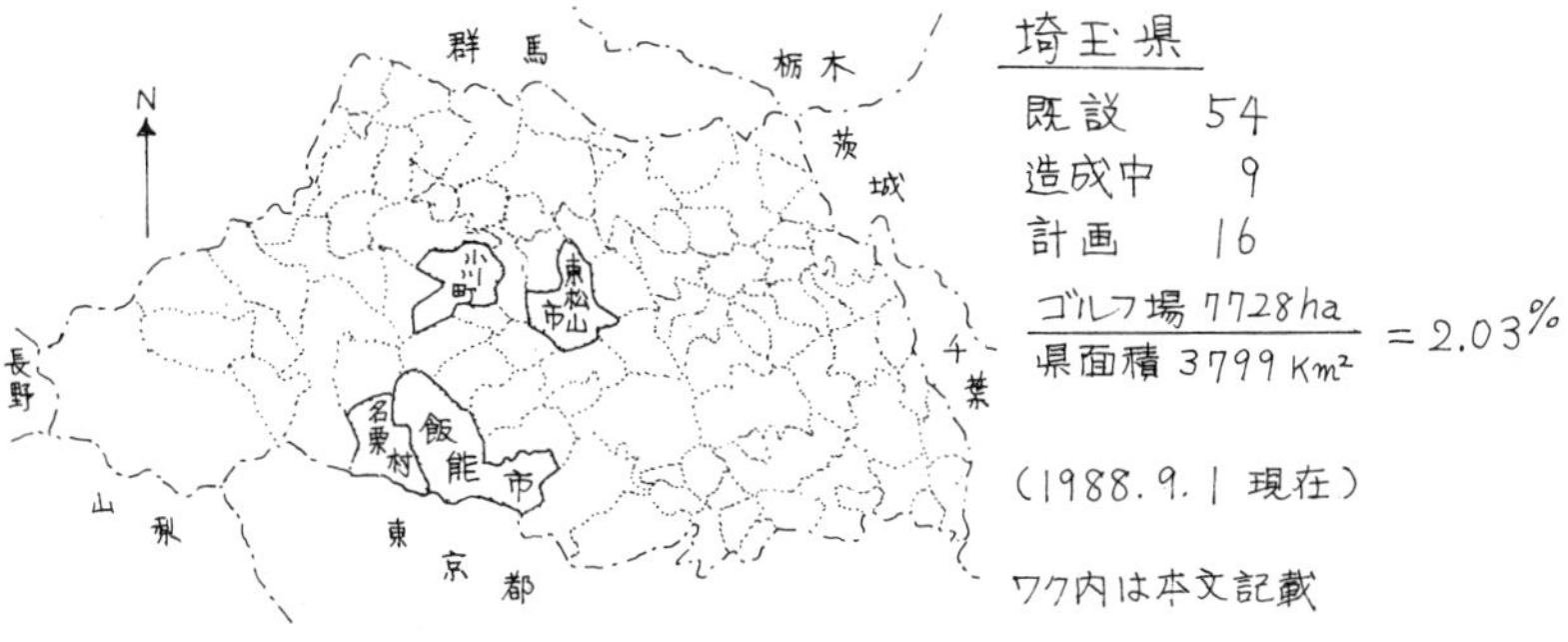

市立本郷浄水場と本郷配水場が脱落している。

この浄水場は、予定地直下の市立小岩井浄水場と共に、名栗《なぐり》川から取水し七万飯能市民のうち六万人に給水する最重要な施設である。予定地内に計画されている一六の調整池から名栗川へ流れ込む六本の支流、飯能グリーンカントリークラブから入っている四本、そして東都飯能カントリー倶楽部からの一本、計三つのゴルフ場からの一一本の支流の水が、ここで汲み上げられるからである。

ゴルフ場で多量かつ多種類使用される殺菌剤、除草剤、殺虫剤などの農薬、化学肥料、界面活性剤、芝着色剤などの各種薬剤は、浄水場で消毒用塩素と出会う。発ガン物質トリハロメタン以外にも毒物が発生しているかもしれないのに、詳細は分かっていないという。合成洗剤同様、水道水から農薬を除去することはできないのだそうだ。

上流の名栗村にもゴルフ場計画があり、現在、二つの候補地が調整中である。四つのゴルフ場からの廃液を飲むことになる飯能市民。原因は不明ながら、県平均より死亡率の高い市民のこれからの健康が案じられてならない。

だが、当準備書の問題点は、これにとどまらない。大阪大学の山田國廣先生、同じく大阪大学の植村振作先生、横浜国立大学環境科学研究センター加藤龍夫研究室の槌田博先生、東京大学の依田彦三郎先生ほか多くの研究者や科学者が、科学的見地からの誤りなどを数多く指摘されているのである。

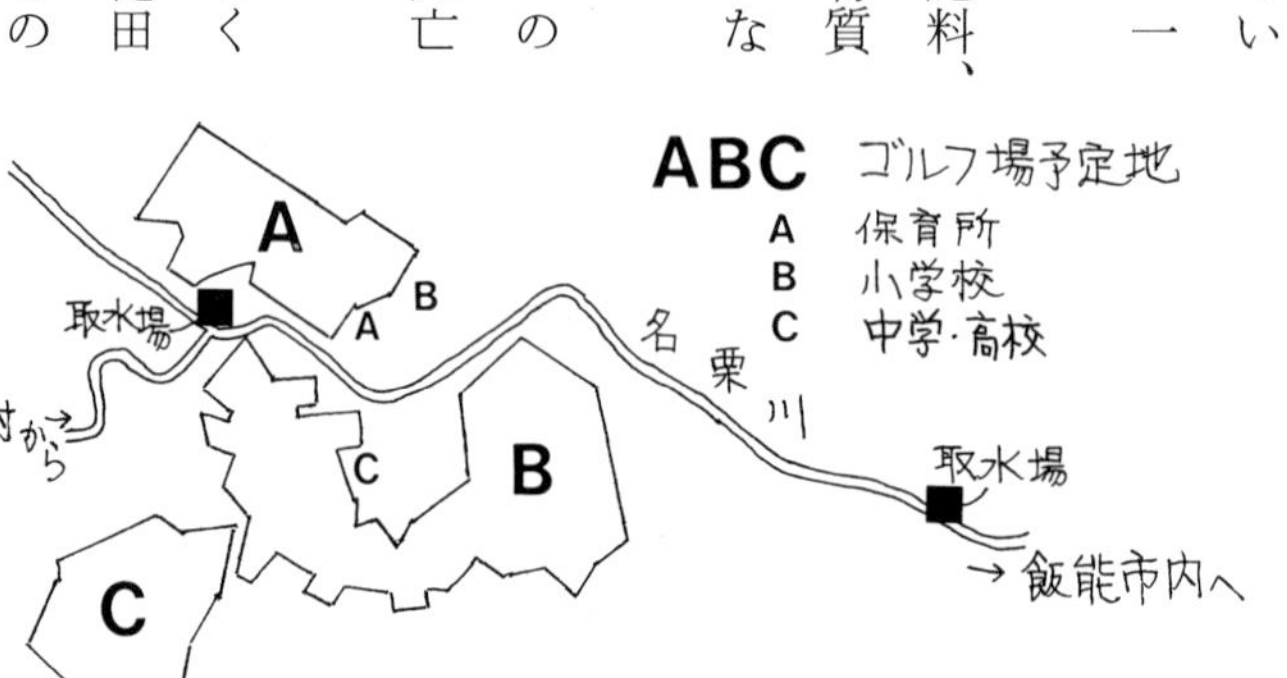

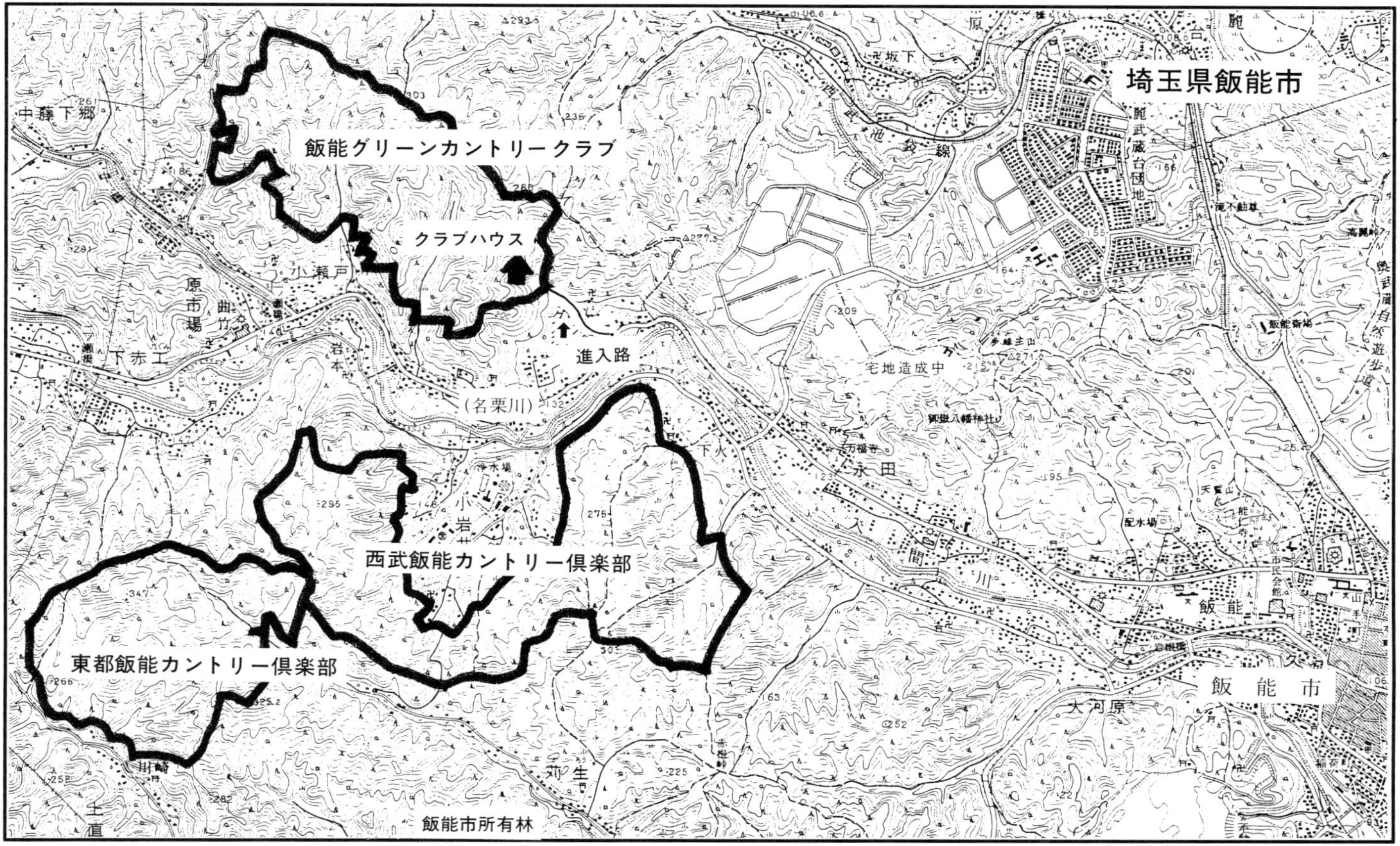
埼玉県飯能市
飯能グリーンカントリークラブ
クラブハウス
進入路
(名栗川)
西武飯能カントリー倶楽部
東都飯能カントリー倶楽部
飯能市所有林
飯能市
宅地造成中

山田先生は、造成工事における濁水の発生について、文献や奈良県山添村、兵庫県三田市の実例をあげて、準備書の評価がきわめて杜撰《ずさん》かつ楽観的なことを論破され、さらに、肥料撒布による汚染の予測計算式についても、この数倍の濃度の汚染が生じる可能性がある、と憂慮されている。また、使用予定農薬について、人畜毒性、魚毒性ともに急性毒性しか検討していないことに対して、注意を喚起されている。WHO（世界保健機構）と、EPA（米国環境保護庁）は、発ガン性、突然変異性、催奇形性などの特殊毒性について、「許容度は存在せず、安全な濃度はゼロ」と、明言しており、これらについても評価すべきなのに、無視しているからだ。さらに、西武飯能カントリー倶楽部で多量に使用する予定の農薬中、殺虫剤のトップジンMに突然変異性、催奇形性、残留性が、除草剤のCAT（シマジン）に発ガン性があることなどを指摘され、特殊毒性を有する農薬が水道水に入り込む恐れがあることを、警告なさっている。

また、植村先生は、この準備書の農薬の項が、農薬の物理化学や農薬による環境汚染のメカニズムの初歩的な知識をも無視した暴論である、と断定された。以下に理由を挙げる。

(1) 準備書が、「農薬は原則として水溶性のものを採用し、水で希釈して使用することとしているため、空気中への飛散・滞留はない」と結論している点について、農薬の空気中の滞留と水溶性とは本質的に関係がなく、空気中の滞留の多寡を論じようとするならば、農薬がどれだけガス化しやすいかを示す農薬の蒸気圧、撒布(噴霧)された農薬の粒径分布、撒布地からの塵・ほこりの飛散状況、農薬の安定性(分解性)などを考慮しなければならない。肝腎のことはなにも議論していない。

(2) 準備書が使用農薬を固定的に捉えて影響評価をしているのは、誤りである。防除目的の病害虫に薬剤抵抗性が生じ適用薬剤を変更しなければならなくなることは、農薬使用上の常識である。ゴルフ場では殺菌剤の使用が多いが、殺菌剤では特にその傾向が強い。このため、違った殺菌剤を次々と使わざるを得なくなる。

(3) 「下流河川において、年二回以上の水質検査を実施し」とされているが、水質検査の基準が不明。現在の水道法には、農薬についての水質基準はないため、たとえ実施したとしても、文字通りのはずれになるおそれがある。現行水道法に基づく水質検査は、農薬の影響を軽微に抑えるための保証にはならない。

さらに槌田博先生は、

(1) 準備書の農薬使用計画は、日本グリーンキーパーズ協会が調べた一九八二年度の使用実績と比較したところ、実際の撒布農薬量よりも少なめに見積られているようである。

(2) 天候の変動によって使用薬剤を変えなければならない。長雨ならば、除草剤の使用が減り殺菌剤の使用が増すというふうに。それらの幅を事前評価していない。

◀この学校もゴルフ場に取り囲まれてしまう

(3)　さまざまな理由で、実際の農薬撒布は計画と違ってくるだろう。準備書以外の農薬使用について、住民参加の協議の場を設けるべきだ。

(4)　使用を予定している農薬は、ほとんどが大気を汚染するのに、準備書は無視している。実際にイソプロチオランやCAT、MEPが大気を汚染することを横浜国立大学環境科学研究センターが、農場で測定を行い、明らかにした経緯がある。

(5)　農薬の流出濃度の予測式が間違っている。また、安全側で予測すると、予測濃度は準備書に載っている表3-2-9の約一〇倍となり、準備書の評価法によっても、無視できない値となる。

(6)　準備書は「水質管理には万全を期する」と記述しているが、農薬撒布時期の水質分析を行うことが水質管理の大前提にもかかわらず、農薬について触れていない。

(7)　農薬による土壌汚染について、準備書は「低毒性ならびに残毒性の少ないものを使用する」としているが、使用計画にあるチオファネートメチルは、土壌中でカルベンダゾール(MBC)を生成し長期にわたって残留するとされている。充分な検討の上でなければ、土壌汚染を惹き起こすことは考えられないとは結論づけられない。

(8)　農業用水への除草剤の混入量については、詳しい資料が分からないので、評価しておいた方がよい。

(9)　予定地周辺の井戸は、深いものでも四・五メートル、浅いものは〇・二メートル

◀ゴルフ場予定地を臨む

しかない。地表に撒布された農薬による汚染が心配だ。

⑽　動植物への影響について、「影響が少ない」、「最小限にとどめられる」と繰り返しているが、科学的議論の対象となり得ない。総じて、決めつけや不充分な議論が多く、環境の保全と安全を保証できる内容とは言い難い、と結論づけられた。

大手建設会社T社のベテラン設計マンも、「机上の計算通りに工事が進行することはまずないのに、この準備書には最悪事態や二次災害、予測のつかない事態の発生に対する具体的な対応が全く述べられていない」。「民家のすぐ裏の山を削るのは、無謀ではないか」、「こんなに急傾斜の山を削るのは、特に降雨時、土砂流出の危険性が高い」、「縮小モデルを作って、シミュレーションしてからでないと、着工してはいけない」など、現場経験から危惧を表明している。

今年二月一日傍聴した県環境影響評価技術審議会という県の諮問機関の委員会でさえ、「民家をぐるりと取り囲む形のこんなに危険なゴルフ場は初めて見た。どうして県は、こんなに危険なものを認めてしまったのか」と、発言された審議委員があった。

「現地は秩父古生層で、粘土質の土壌に比べ、農薬の吸着性・バリヤー性において劣る。ゴルフ場で使用する農薬は、ほぼそのまま地下水に入ってしまうだろう」、とおっしゃった。「毎月一回、井戸水の定期検査を義務付けよう。お金がかかり過ぎてできないと業者が言うなら、ここにはゴルフ場を造らせてはならない」。結局、この意

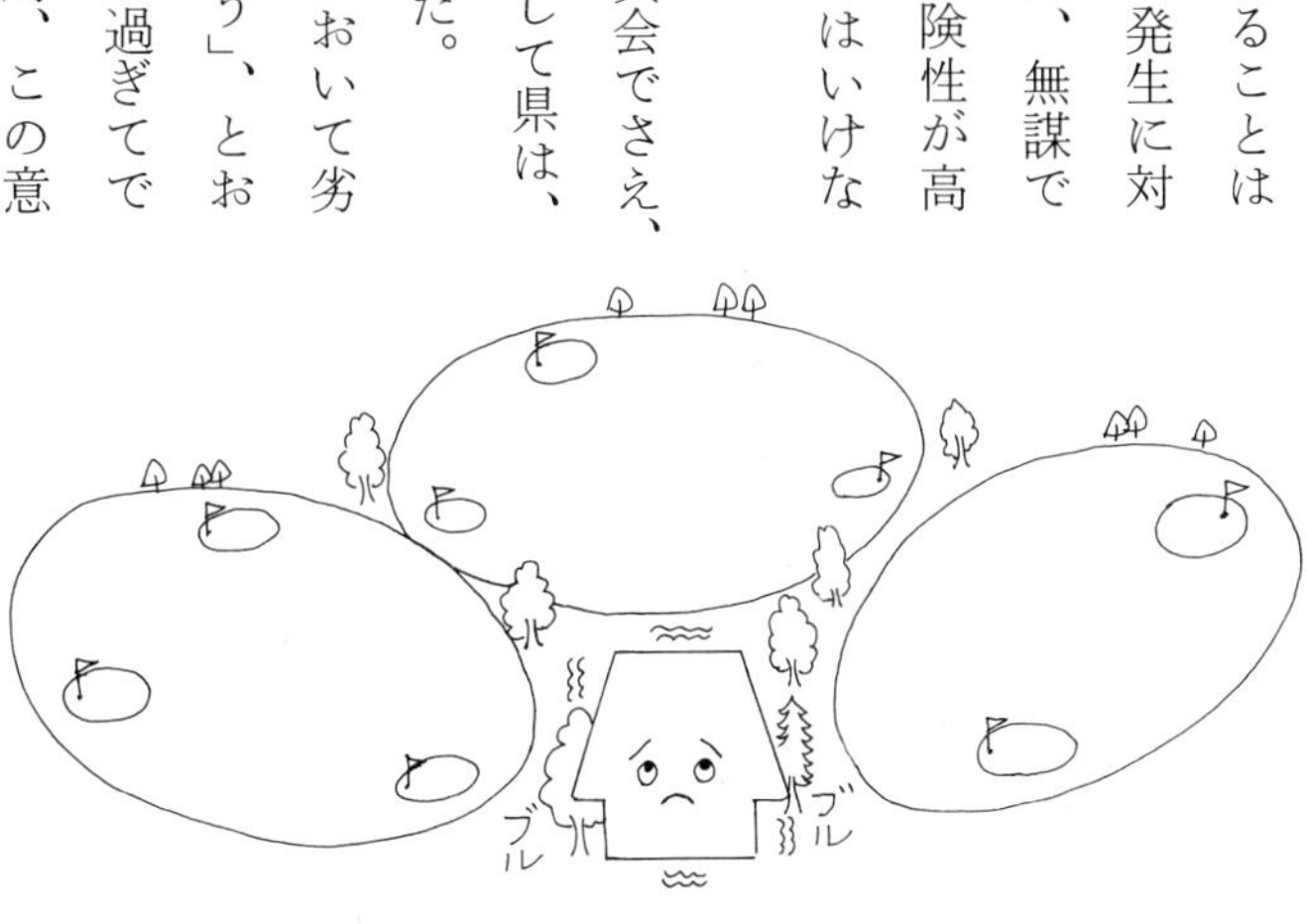

見は、知事への答申の中では、「(単に)定期的に水質検査を」、と薄められてしまった。こんなにも問題の多い準備書を、埼玉県環境部環境審査課は受理し、アセスメントはあますところ、環境影響評価書の縦覧だけとなってしまった。

イギリス、米国などでは、アセスメントの結果次第では工事をストップさせることもあると言う。自然破壊と公害を防ぐという趣旨から言えば、当然であろう。

しかし、日本のアセスメントは、飯能市の西武飯能カントリー倶楽部の例に見るごとく、工事着工のための手続きの一つに過ぎないのである。住民が提出する意見書や公聴会での陳述も、「県が住民の意見を聞いた」というアリバイ作りを手助けする以上の役割を果たさない。

似て非なるアセスメントは、もうたくさんだ。本来の意味のアセスメントを樹立しないかぎり、日本の山河の荒廃は止まらないし、公害も発生し続けるだろう。

さて、西武飯能カントリー倶楽部造成予定地は、急峻な山岳部である。この山頂を最高三八メートル削り、その土で谷を四九メートル埋め、フラットなゴルフ場にしてしまおうという巨大な自然破壊が進行中なのである。着工予定は七月。名栗川の対岸の飯能グリーンカントリークラブと予定地にほぼ包囲される一帯には、保育所(乳幼児数・六〇)、小学校(児童数・一四三)、中学校と高校(生徒数・一、二七四)があり、一、五〇〇人近い子どもたちが、一日の大半を過ごしている。集落は、小瀬戸(住民数・一

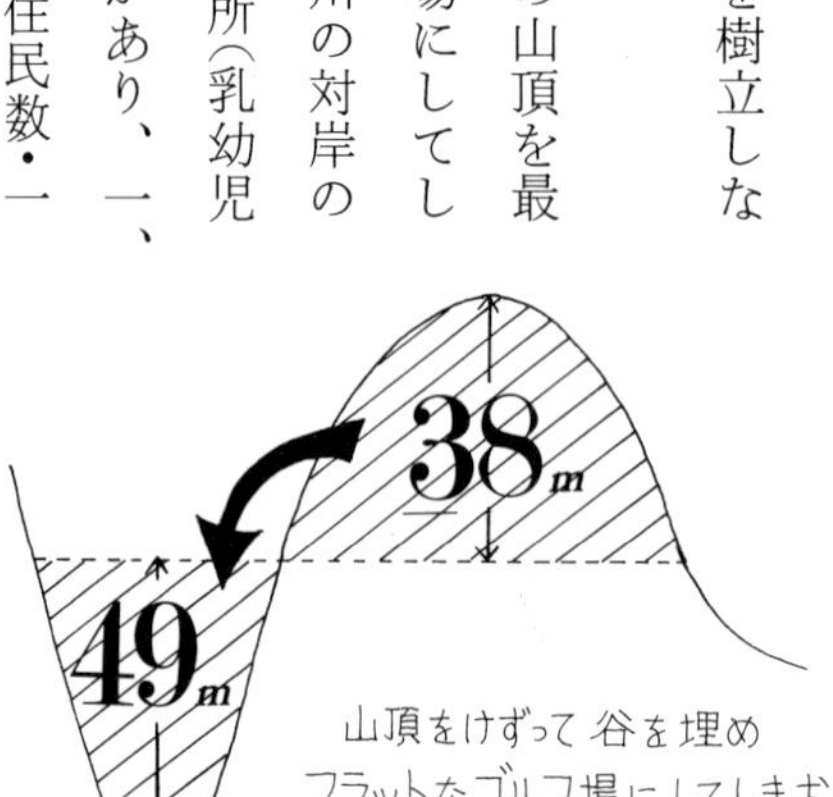

山頂をけずって 谷を埋め
フラットなゴルフ場にしてしまおう

三三）、久須美（住民数・九四）、小岩井（住民数・三四九）。このうち、予定地の真下に位置する小岩井集落が最も低地である。単独のゴルフ場による大気汚染、水の汚染、土壌汚染さえ心配なのに、予定地の南西側には、東都飯能カントリー倶楽部が隣接しており、子どもたちや地元民は、三つのゴルフ場からの複合大気汚染の中で暮らさなければならない。農薬による催奇形性や発ガン性、突然変異性などの特殊毒性は、放射能と同じように人を選ばない。しかも、若い人ほど危ないという。最近では、多発しているアトピーやアレルギーの原因が農薬にもあることが臨床的に分かってきた。薬学部にしばらく籍を置かれたと伝え聞く松山善三氏には、子どもやいのちを守り、自然と共存する仕事をこそ手がけていただきたいと願わずにはいられない。

名栗川は隣の入間市で、入間川と名称を変え荒川に注ぐ。昨年六月、入間市の隣の狭山市にあるメッキ工場からシアンが流出し、秋ヶ瀬取水堰で取水停止になった。新聞によると、一〇万人に影響が出たという。大久保浄水場から給水を受ける埼玉県広域第一水道利用者や、都内の朝霞浄水場利用者だ。その上流の飯能市のゴルフ場問題は、下流の都市住民の問題でこそあることを、このことからぜひ気付いていただきたいと思う。人体の七割は水である。水なしでは一日たりとも生きられないのだ。

現在のゴルフ場ブームは、おおむね山岳部に集中しているが、これは、林業不振と切り離しては考えられない。市面積の七割が山林で、〝西川材〟の生産地である飯能市の

場合もそうだ。安い輸入材に押され、国産材の売れ行きは低迷し続けており、山林の維持管理をしたくても経費が出ないという。山仕事の厳しさと将来への展望のなさから、若い人は山を去ってしまった。「山を守りながら食べていけさえすれば、売りたいはずがない」との山林地主たちの悲痛な声に耳を傾けない限り、山は売られ続ける。ゴルフ場ブームが去っても、ＩＣ工場や遺伝子研究所など良質な水を多量に使用する施設、さらには産業廃棄物処理場など、水源汚染の危機は強まる一方であろう。かつて「水源税」が提唱されたことがある。下流住民が、山林所有者に水源を守っていただくため、維持管理費を醵出し合おうという内容だったと思う。「水源保全基金」と言い換えてもいい。いますぐとりくまねば、都市は水不足と水汚染に苦しむことになるだろう。

現地からの報告⑥

信州安曇野からの報告

及川稜乙

「ストップ!乱開発　信州ネットワーク」が一九八八年十二月、県議会へ陳情にいったおり、参加一四団体のうちのいくつかは共同文とは別にそれぞれ用意した書面を提出した。――大勢の意見を集約し調整して、一つの大きな声にまとめることも大切だが、一人ひとりの小さな思いを消さないためには、こんなやり方もいいと思う――。そのときの私の陳情文はこう始まる。(私は陳情という言葉がきらいで、また内容もただの意見書といったふうなのだが、陳情書と書かないと議会事務局では受け付けてくれないのだ)。

長野県自然保護条例は次のように謳いあげています。
自然は、人間生存の基盤である。

澄みきった青空、緑の山なみ、清らかな水、信州の自然は、われわれが祖先からうけついだ貴重な遺産であるにとどまらず、すぐれた国民的資産であり、これを保全して後代に伝えることは、われわれに課せられた責務である。

しかるにわれわれは、ややもすれば自然の偉大さを忘れ、その恵みを濫《らん》費し、みずからの生活環境をすら悪化させようとしている。

われわれは、いまこそ、自然の価値に思いをいたし、自然に親しみ、自然を愛し、自然の保護とその賢明な利用を図りつつ、自然のもたらす恵沢を永遠に享受できるよう最善の努力を払わなければならない。

長野県民は、信州のすぐれた自然を誇りとし、これを保護する権利を有し、義務を負う。

ここに、自然と生活の調和を県政の基調として確立することを宣言し、太陽と水と緑の豊かな郷土の実現を期するため、この条例を制定する。

なんども読み返すに値する、なんと高い理想にあふれた美しい言葉ではありませんか。学校で先生たちが、毎朝子供たちに読みきかせてあげたらすてきでしょう。あまりにすばらしいので、ここでは長過ぎるとは思いましたが、割愛するにしのびず、前文を全文引用しました。

それに比べて、現実に私たちの郷土の身のまわりで進んでいる開発ぶりは目を覆う

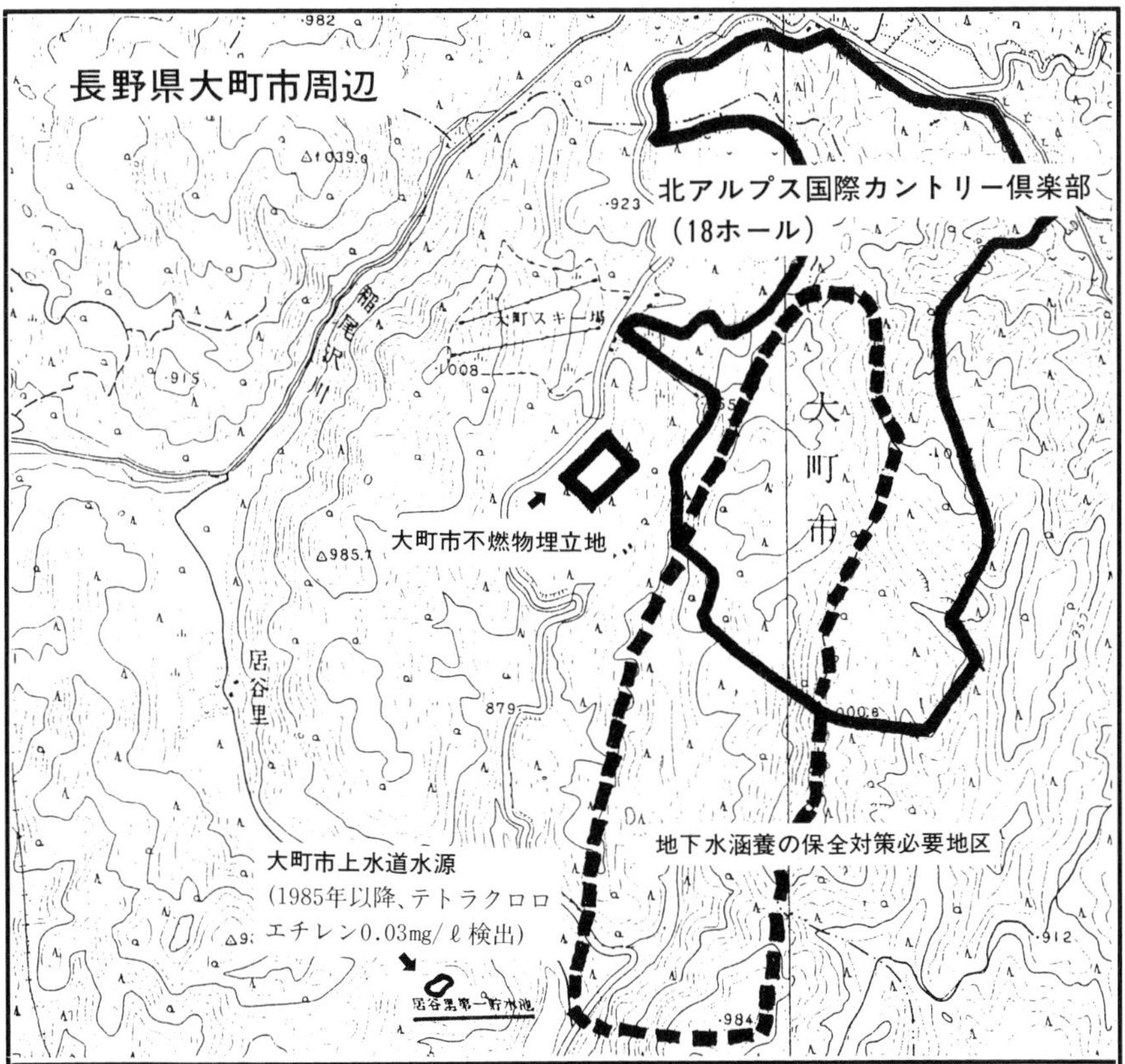
長野県大町市周辺
北アルプス国際カントリー倶楽部
（18ホール）
大町スキー場
稲尾沢川
大町市
大町市不燃物埋立地
居谷里
地下水涵養の保全対策必要地区
大町市上水道水源
(1985年以降、テトラクロロエチレン0.03mg/ℓ検出)

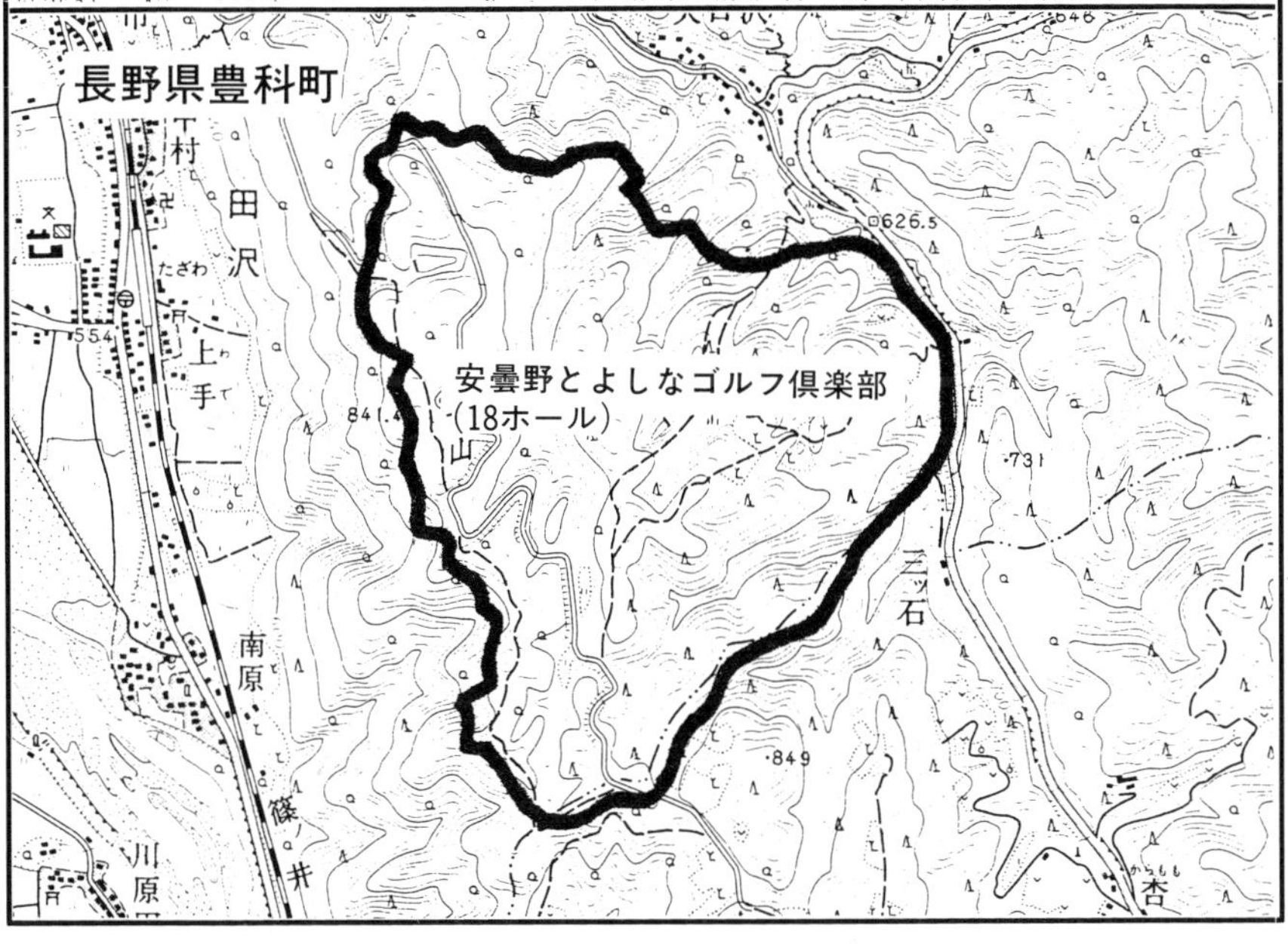
長野県豊科町
安曇野とよしなゴルフ倶楽部
(18ホール)
田沢
上手
南原
三ツ石
川原

ばかりです。ことに円高に象徴されるような経済大国とやらになってからの成金趣味まる出しのやり方は、乱開発を通り越して、大破壊と形容するにふさわしいものです。〔略〕崇高な理念に基づいたこのような条例がせっかく設けられても、条文を最低の義務ときめこんですれすれの開発をもくろむのは、事業によって利潤を得さえすればよいとする企業経営者の哀れな性です。〔略〕議員諸賢の踏襲される態度であってはなりません。

信州の憲法と呼びたいほどのうるわしい文章を、県会議員さんたちの多くはひょっとしたらまだ読んだことがないのではないかと勘ぐり、ではここでぜひ読んでいただきましょうと思ってわざと冒頭に載せたのだったが、その県議会を傍聴した人から伝え聞いたところによると、ネットワークの陳情はどれ一つ読まれることはなく、一括してぽいと「継続審議」に回されたそうである。

もう一つ。私の住む大町市の総合計画は、基本理念の第一章に掲げていう。

本市は天与の自然に恵まれ、市民はこの美しい自然の中に育ってきた。自然こそは市民の生活の糧であり、豊かな人間性を育てる場でもある。市民はこの恵まれた自然を守り、環境を保全し、更に、次代の市民にも素晴らしい遺産として引継ぐ配慮がなければならない。

◀大町市の居谷里《いやり》水源。市の不燃物処分場から流れ出たテトラクロロエチレンに汚染されている。水源上流に新しくゴルフ場造成計画が進んでいる。

自然や環境についての公的文書は全国どこの自治体をみても大同小異だろう。もっともらしい理念を並べ、修辞をつくし、行政はさも誠実にそれを守っているという。だが、実態はどうか。「自分のところだけ」、「ちょっとだけ」、「自然との調和に配慮しつつ」といいながら「経済活性化」のために切り売りし、その結果はこの列島全域から急速に自然の海岸線が消え、天然の森が減ってゆく。生命の誕生と維持にとって、かけがえのない大切な基本的資源が失われてゆく。

開発を助長するリゾート法と、その呼び水としてばらまく、ふるさと創生三千億円。前代未聞のこの悪政を、きちんと批判して、筋の通らない金の受けとりを断った首長はまだ一人もいない。それどころか、開発のお墨付きをえて欣喜雀躍、いまや全国津々浦々われもわれもと見境なしのリゾート・オンパレードではないか。指導者たちの言うこととやることとの落差が大きければ大きいほど、それに従わなければならない者たちの不信と失望は深まる。

わたくしたちが、大切に、そっとしておいた樹木《きぎ》が、
無神経に、切られてゆきます。

わたくしたちが、必要としない大きな施設が、

たくさん、建てられてゆきます。

わたくしたちが、祖先から引き継いだ遺跡眠る大地が、
機械によって、掻き回されてゆきます。

普段ならできないことが、
『この際…』とばかりに、あちらこちらで行われてゆきます。

家々に、署名簿が、回ってきます。
「私は、招致のために、積極的に運動します」という、内容の、回覧という形をとった署名は、一種の『踏み絵』です。

署名簿の中から、兵隊さんの靴音がするような、署名を、
わたくしは、拒否します。

『手をつなぎ長野に呼ぼう…』
でも、わたくしは、手をつなぐ相手を選びます。

国際的イベントの名のもとに、大切な樹木《きぎ》を、無神経に切ったり、自然の景観を台なしにしておいて、自然への配慮を十二分にしました、とか、文化遺産をめちゃくちゃにしておいて、地域の活性化などと、いっている方たちとは、決して、手をつなごうとは思いません。

かけがえのない自然や文化遺産は、未来の人々からの、わたくしたちみんなの預かりものです。

一部の方たちの名誉や利益のために、それらが、失われるとしたら…

世界の若人が集う、スポーツと平和の祭典のために、それらが、失われるとしたら…

大切なものが失われないように、見守ってゆかなければならないでしょう。

大切なものが失われようとしている、今、立ち上がった、飯綱、戸隠の仲間のみなさんに、しろうまの地よりメッセージを贈ります。

（しろうま自然の会　今井信五）

木を伐るにも節度がある

冬季オリンピックの国内候補地一本化競争に長野市が勝ち残って以来、「誘致に反対する者は県民ではない」といわんばかりの全体主義的風潮がますます露骨になってきた。高速道路と新幹線の建設計画がそれに拍車をかける。中央の大資本から地方の政治家、町の商店主に至るまで、スポーツや健康は二の次、関連道路やホテルや別荘整備だけが関心事なのだ。

長野市は、はやばやと市有地である市民の憩いの森を売りとばすことを決めた。

「ストップ！乱開発　信州ネットワーク」は、長野市とその近郊で危機感を抱いて立ちあがった人々が呼びかけ、昨秋九月結成された。既成の政党や団体の政治活動とは無縁だった人々が多い。

げんこつを振りあげることや、シュプレヒコールはきらい、会員の多少や、活動の年月の長短、その他一切の差を問うことなく、すべて一個人として対等に発言し、互いを強いることなく、自分の責任の範囲内で行動しよう。成文化された規約はないけれど、そのような思いを共有している。

ところで、この国の公害闘争、環境問題を考えるとき、私たちが糾弾しようとする相手、加害者の側に、なぜいつも行政がいるのだろう。なぜ私たちは直接に業者をでなく、行政を相手に闘わなければならないのだろう。そして行政の背後には、常に物言わぬ大衆がいる。意思表示をしないことで、大衆は中立を装っているつもりなのだが、それはただその時々の多数派に無条件でなびいているだけだということを自覚していない。

諏訪郡富士見町の「八ヶ岳南麓を守る会」は、十年来の水裁判を闘ってきたという実績を持つが、行政相手という点ではこれほどしんどいのもめずらしい。業者や町長や議会だけでなく、県企業局や営林署までが、入りみだれて開発に奔っているのである。

南安曇郡豊科町で今夏オープン予定の「安曇野とよしなゴルフ倶楽部」は、町や農協が強引に進めたので、信じがたいほどの無茶が通ってしまった。いま、工事のあとを見ると、鳥肌のたつ思いがする。ふだんでさえ、地滑りの恐怖と隣りあわせに暮らしてきた集落の、ま上はるか四〇度近い高い崖のてっぺんを大量に削って谷を埋め、急傾斜地に急ごしらえの取付道路がへばりついている。遠からず落石と崩壊の常襲地帯になるだろう。あの地附山の悲劇*が再現するかもしれない。しかし、いつか事故が起きたとしても、責任は誰もとらないだろう。経営者は工事会社に、工事会社は設計者に、設計者は調査者に、互いに責任をなすりつけ、声を揃えて、自分は法に定められた通り、環境アセスメントに従ってやったというだろう。最後に行政は、すべて住民多数の合意に基づいてやったことだというだろう。

〃とよしな〃の工事移動土量二四九万立方メートルは、松本浅間カントリークラブの三一七万立方メートルに次ぐ。一九八八年六月改正された県自然保護条例取扱要領では、

＊一九八五年七月、長野市で発生した地滑り。住家全壊五五棟、老人ホームの二六人が死亡。開設以来二十一年になる有料道路との関連について、県の検討委員会は一九八九年五月「影響は極めて小さい」と報告した。

一五〇万立方メートル(一八ホール換算)を基準値としたが、最近造成された一二ヶ所での平均は一一六万立方メートルであり、新基準を超えるものは三ヶ所にすぎない。

取扱要領改正部分のその他の事項を挙げれば、

勾配が三〇度を超えるところでは、原則として土地の形質を変えない。

標高一、六〇〇メートル以上では、土地の形質を変えないで現存する樹林を現状のまま残す。*

現存する樹林は開発面積の四〇パーセント以上を原則として残す。四〇パーセント未満の場合は四〇パーセント以上になるように確保する。

森林は原則としてホールとホールの間や開発区域の周辺部に二〇メートル以上の幅をもって残す。

などがある。わざわざ書き出してみせたのが気はずかしくなるほどの内容だ。つまり、これらは業者にとってまったく開発の足かせにならないばかりか、かえって最新の基準に合格したというやっかいな後楯を与えるようなものなのである。

環境アセスメント要綱に定められている、住民が意見書を提出する権利を唯一行使した豊科の例は、はからずも、アセスメントは開発のための免罪符にすぎないという世間の評を確認する形になった。あのような酷い造成を不合格にできないでおいて、この先、どこの計画に効力を期待しろというのだろう。アセスメントの精神はいいのだ

＊既設五〇ヶ所のうち、一、六〇〇メートルを超えるものは一例しかない。

ゴルフ場開発と地形・地質

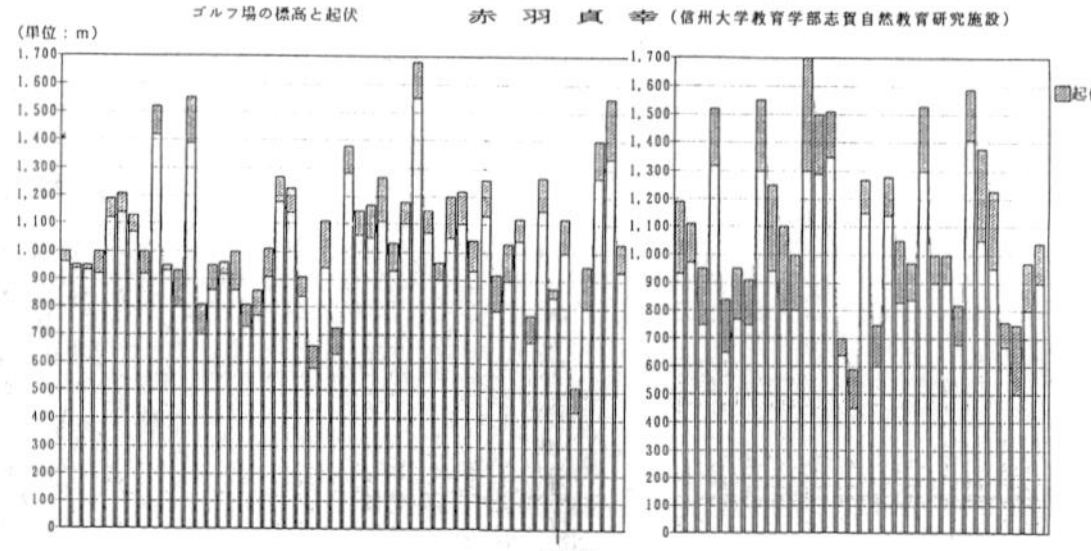

『環境科学年報』(信州大学第11号・別冊, 1989年3月) より

から積極的に関わるなかで改良していこう、というのは正論かもしれないが、はじめから負けるとわかっている、議論ともいえないようなことのために全力を使い果たして憔悴する愚は避けたい。

とはいえ、「豊科の町を愛する会」の人々が中心になってたくさんの声を集め、先鞭をつけてくれたおかげで、今日、県内各地のゴルフ場新設反対運動が一回り根強くなっているという実感はある。また、その豊科町をはじめ、八千穂村、牟礼村、望月町、大町市などの現地からの報告を中心にしたシンポジウムが開かれ、すぐさま一冊の本にまとめられたことも特筆されなければならない。その中には、いまいわれる問題点がほぼ出揃っている（『まほろば』一九八七年、教育と自治研究所）。

以来約一年半、新聞やテレビの積極的な報道姿勢もあって、いまや県民の大多数がゴルフ場建設には問題があると知るまでになった。とくに、今年二月下旬、信州大学の教官、十余名が一堂に会した講演会は、三五〇名の参加者が廊下にまであふれ、用意された資料は開演前に売り切れたほどの熱気で、もはやゴルフ場建設がだれにとっても避けて通れない問題であることを印象付けた。

昨年夏、三水《さみず》村＊の村長選挙で、ゴルフ場建設反対を主張した候補が勝ったことは、すでに全国に知れわたっているが、年末、その隣りの牟礼村では、村議会が、計画中の二ヶ所のうちの一ヶ所について、不適当との判断を示した。伊那市では市長も業者も、

◀立科町のゴルフ場計画地を見学

＊一九八九年六月、三水村の村松直幸村長は、村会全員協議会で開発中止を表明した。

地権者に反対が一人でもあれば撤回する旨の発言をした。立科町*では排水などの害をこうむることになる隣りの町の地区が反対決議をした。

これらの現状を解説者然として眺めれば、住民運動が起きているところは、どこも微妙な時点にさしかかっているといえようか。計画段階ですでに数千万円を投じているといわれるからには、開発側もそう簡単に退き下がるとは考えられないからだ。

しかし、私のいちばんの関心事は、問題点を勉強することでもなければ、運動（をもりあげること）でもない。問題意識を持ち寄って交流するなかから、いままで予想もしなかったような容易な形で、大勢の人たちとうちとけあえるという、その温かな豊かな思いである。都会も田舎もおしなべて経済至上観念にどっぷりつかってしまった私たちの社会で、心のつながりの感じあえる人々がまだこんなにもいたことが嬉しい。生きることの原点をみつめ直すきっかけともなる。

原発、ゴルフ場、リクルート……、問われているのは民主主義であり、自然環境とともに破壊されてゆく文化そのものである。それらはその大きな問題の入口の一つにすぎないのだが、民主主義だ文化だと気負って叫ばなくてもいい。

いいたいことを素直にいおう。

他人《ひと》の時間《いのち》を奪うことをやめよう。


*一九八九年三月、立科町議会全員による特別委員会は、町長の「断念せざるをえない」との経過説明を了承した。

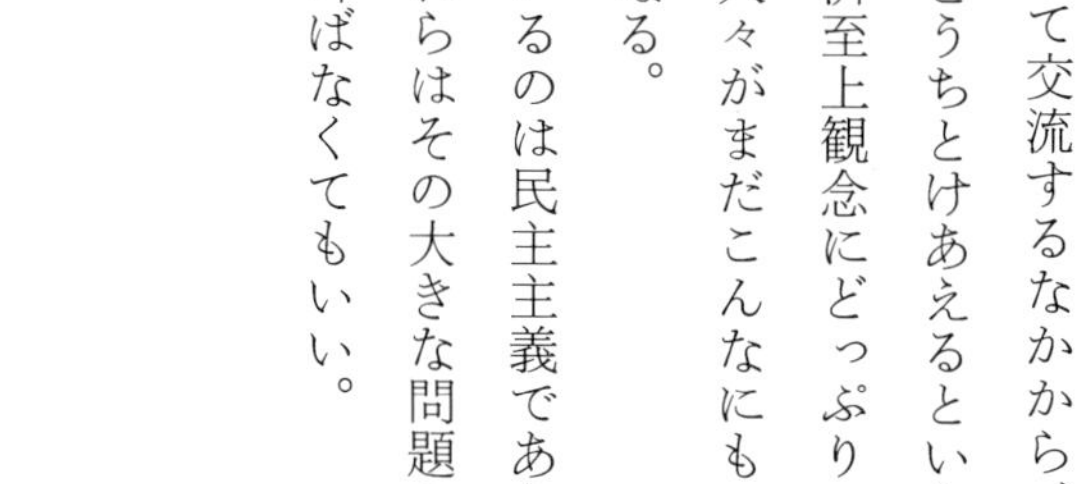

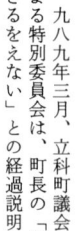

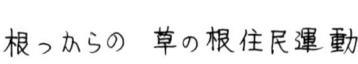

原発、ゴルフ場、農薬空中撒布などを問う信州の草の根運動と呼ばれるものの多くが、比較的土地のしがらみに左右されない転入住民の気楽さによるなかで、立科町の水と緑の会の女性たちは、みな根っからの土地っ子である。私にはそれがかえって新鮮で、たのもしく感じられる。一人ひとりがまぶしく輝いてみえる。信州のどこへ行っても、あのように美しい女性たちが満ち満ちていたら、男冥利につきるだろう。

むろんその時、女性たちが真に力をもったときには、信州の美しい山や川、森や町も息を吹きかえしていることだろう。

ストップ！乱開発　信州ネットワーク
代表　原　伊市　茅野市玉川三六二
事務局　江沢正雄　長野市小柴見四四三

水の汚れを心配する仁科の里の集い
及川棱乙　大町市社閏田四〇九五

▲安曇野とよしなゴルフ倶楽部取付道路（矢印）の土砂崩れ防止工事

現地からの報告⑦

富山県射水丘陵からの報告

鈴木明子

富山県に射水《いみず》丘陵という所があります。今日、いらしている方の中にはゴルフ場がすでにできて問題になっている地域から、これからという所までいろいろだと思うのですけれども、射水丘陵の場合は現在建設中が一つと、計画段階のものが二つありまして、他の開発計画を含めると、私たちが住んでいる町の面積の一〇分の一、約四五〇ヘクタールに及ぶ面積が開発されることになります。

私たちの運動は、この計画を知った、一九八七年の十一月末に、この丘陵地帯をそれまでよく歩いていた人たちが中心になって始まりました。今日ここでは、ゴルフ場建設を、自然保護の問題、とくに環境影響調査にしぼって言わせていただきます。

射水丘陵にゴルフ場などができるらしいという程度のことしか知らなかった私たちはとりあえず、計画がどんなものなのか知るために町に公開質問状を出しました。回答

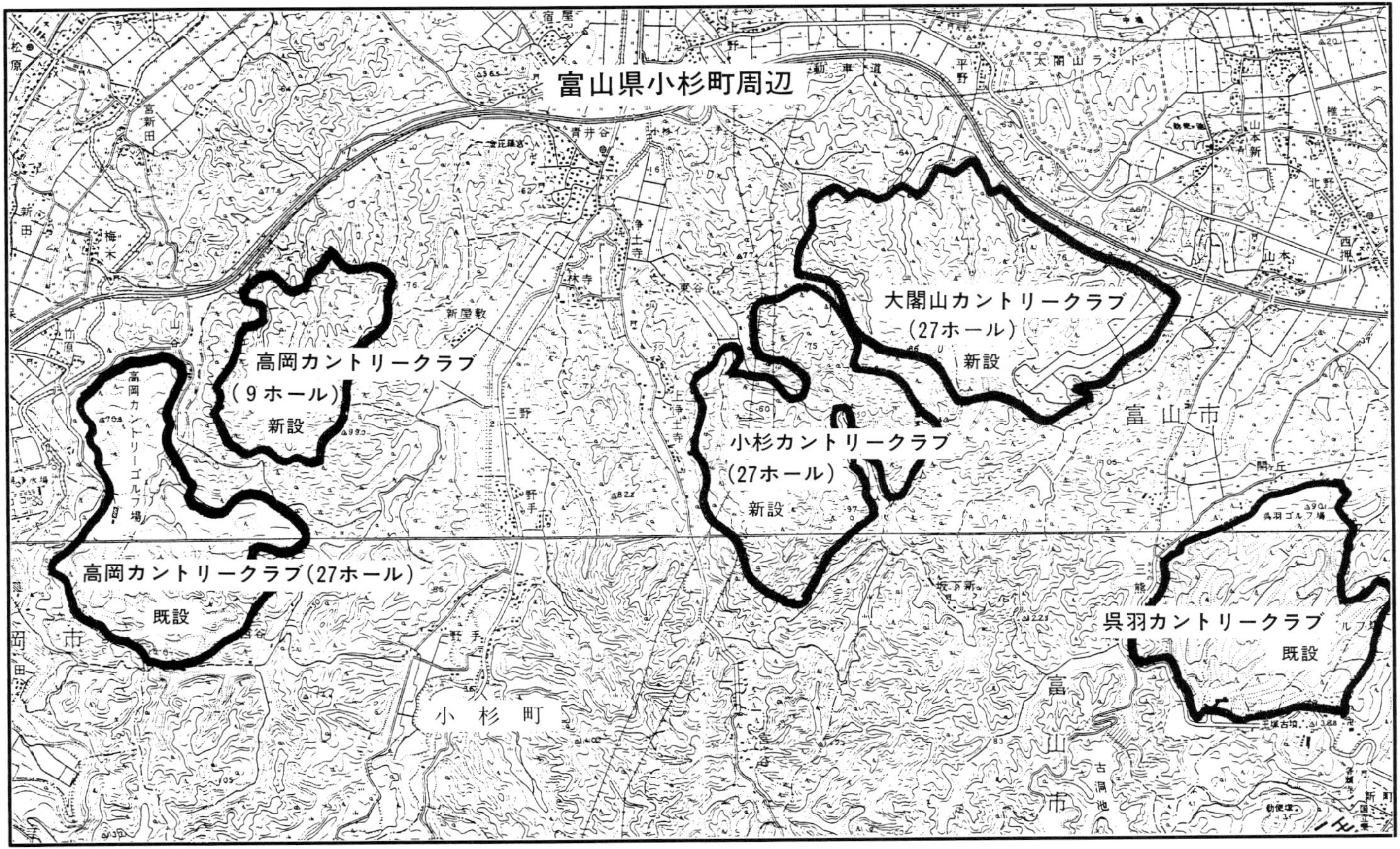
富山県小杉町周辺
高岡カントリークラブ
（9ホール）
新設
高岡カントリークラブ（27ホール）
既設
小杉カントリークラブ
（27ホール）
新設
大閤山カントリークラブ
（27ホール）
新設
呉羽カントリークラブ
既設
小杉町
富山市

は、町がこの計画に対して「地域活性化」の切り札として全面的に賛成していることを示していました。私たちの会には基金がないので会員の中の絵の上手な人がこういう絵葉書を作りました。射水丘陵にいる鳥とか植物なんかを描いていて八枚で三〇〇円。私、今日持ってきて売れればよかったのに、忘れてきてしまって……。郵送料込みで四〇〇円です。それからこれは私たちの会の会報です。「身近な自然も大切にされるように」という願いをこめて『どんぐり通信』といいます。もし興味がある方がありましたら、どうぞご覧ください。

射水丘陵は都市近郊とは言え、北陸地方の平地から低山帯本来の自然がまとまった形でよく残っている所なのです。一帯の森の中に大小あわせて一八〇を超える池沼や灌漑用溜池があります。県内の製鉄関連遺跡が集中していて埋蔵文化財として重要な所なんです。森と豊かな水という資源に育まれて、人も含めた、生き物たちが調和を保って共存してきた所といえます。いまは珍らしくなったホクリクサンショウウオも棲息しています。この森に棲む生き物たちの全容は分かっていませんが鳥や昆虫についての調査は、私たちの会のメンバーである専門家が長い年月をかけて行っていて、他のどんな調査も恐らく、この調査報告の正確さの足下にも及ばないはずです。例えば、県下で約七八種のトンボが記録されている中で、この丘陵だけで五八種、その中には全国的に激減しており、最近では県下でも発生地がほとんどこの辺にしか確認されて

絵葉書
フルキエリコ
と
モリウチユカリ
作画

いない、トラフトンボやチョウトンボなどが含まれています。そういうことで国際トンボ学会をはじめとして国内外の研究者に、計画の再考を促す要請文を町や県に送っていただきました。残念ながら、これに対する町や県の対応は冷たいものでしたが……。

昆虫や鳥の精度の高い調査から、この地域の生物相全体の豊かさが推測できると調査した人たちは言っています。

これは業者が出した、環境影響調査の報告書です。富山県の場合、環境アセスメントは条例化されていなくて、土地対策要綱の範囲内で県の指導によって業者が調査をしているだけ。それも生物的環境のみです。要綱や指針も示されていません。一九八四年から、県庁内で検討会は持たれているそうですが、具体的な動きにはなっていないのです。この調査報告書は現在すでに建設中のあるゴルフ場についてのものです。ひと晩だけという条件で入手しまして、ひと晩でコピーして。これ重かったんですが、富山から持ってきました。この杜撰《ずさん》さについては、私たちの通信に問題が詳しく指摘されています。例えば、発生期でない時に調査をしているのに、「ハッチョウトンボの定着するような環境は調査地内には見当らなかった」などと言っています。

調査をした人たちは県内の自然保護のリーダーのはずですが、このぶ厚い報告書の中でなにを言っているかというと、「この丘陵地帯は、まったく価値がない」と。

射水丘陵のトンボ

富山県には立山という立派な山があります。ここもリゾート法でホテルとかトンネルとかの計画があります。だからとんでもないんだけれど、先程から川西町とかいろいろなお話の中にもあるように、丘陵地帯というのはゴルフ場など一番の乱開発の対象になっている地域であると思うのです。ところがこの地域には雷鳥もパンダもいないんですね。だから「希少生物はいないじゃないか」、「トキもいない」ってことで、そうすると誰も守ってくれないのですね。しかしこの地域にもいろいろな生物が棲んでいまして、しかも私たちにとって身近な生き物たちの棲み家なんです。ところが彼らの中には名前を記載されることさえないままに絶滅する種類もあるという状況がある。そのことについては物を言わない彼らの代わりに声を大きくして言わせてもらいたいんです。

直翅類といって、バッタとかカマキリ、コオロギなどを研究している専門家の報告書によれば、射水丘陵から五五種が確認できたのだけれども、この調査の中では、たった一種しか確認されていません。調査は九月の五日間だけ。この季節、草むらで素人が見てもコオロギやバッタのなん種かは見つかるはずだと思うのです。それすらが確認されていないという非常に杜撰な調査だったわけなんです。この直翅類というのは、種類によっては、ごく普通にいるのですけれども、ある種はほとんど平地にはいなくなっていて、全然確認できないそうです。富山県は本州で植生自然度が一番、と言わ

足もとがやかましくなってきたな
—立山—

▶射水丘陵に生棲する生物（上・タヌキ、中・ミサゴ、下・アオバズク、撮影・松木洋氏）

れているんですけれども、その中でも全然見つからない。どこにいるかというと、河川敷か丘陵地帯にしかいない。そういう状態になっているということは、なにもトキじゃなくても、私たちが子どもの頃には見られた「普通の生物」も、絶滅しかかっている状況というのがある、ということなのです。

日本では「貴重な生物種がいる」というスローガンがないと保護しようという動きさえ阻まれる雰囲気がある。そして例えば「ホタルの里」作りとか「ツルのいる村」とかの看板を立てて観光地として宣伝することでしか、地域の保全が実現しないのは残念です。射水丘陵は長い歳月をかけて築きあげられた歴史の重みを持った、まとまった自然という意味で素晴らしいのだ、とここに集まっている研究者たちは言っています。その生態系のバランスを破壊することは、ヒトの生存も結局は危うくしていくのだと。世界の主だった生物学者たちも、「この生物世界の多様性を保全することが、いま、地球規模の最緊急課題である」という点で一致しているということです。生命の誕生以来の進化の過程を生きぬいてきた、どの生物種も平等に生存の権利があるはずです。例えば人間にとって「害虫」と呼ばれる虫も、複雑な自然界全体のまとまりの中で生きている。人間サイドで勝手に絶滅していい種であるなどと言ってよいものではない、ということです。だから、最も多様な生物相が棲む低山帯や丘陵地が、ゴルフ場開発などの乱開発の対象になりやすいという点から、環境アセスメントも、これを守れる

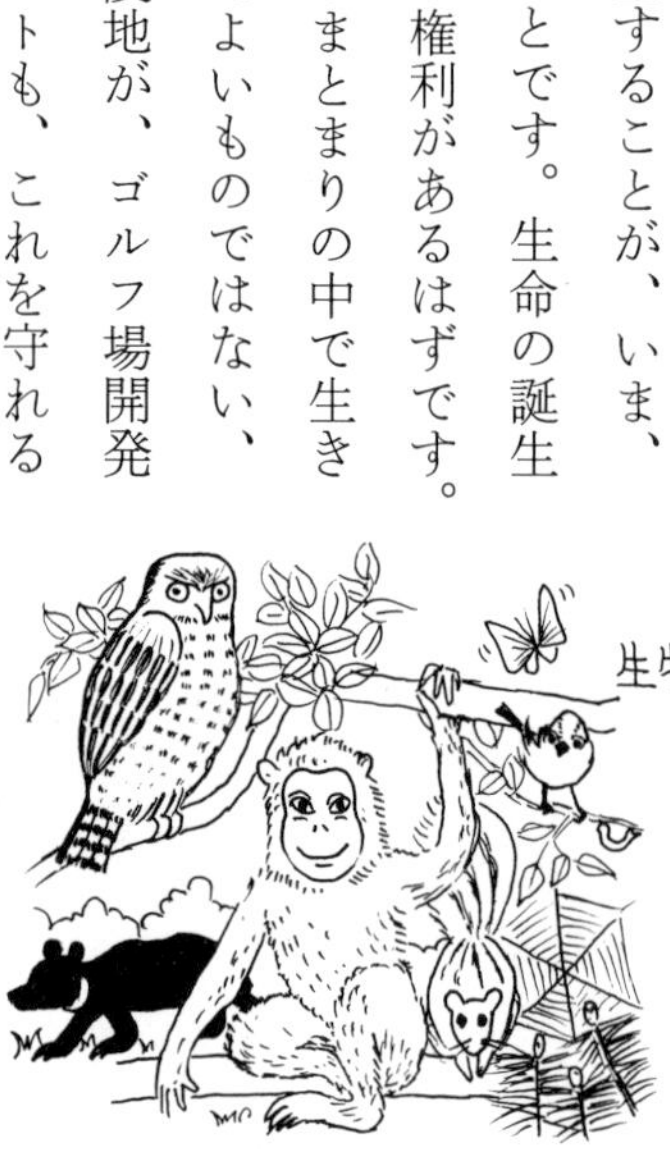

生物世界の多様性を保全する

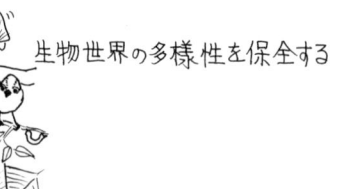

内実を備えていないとせっかく行っても全く無意味になってしまうと思います。現行制度では、保全の役割が果たせない。「希少生物」という言い方について、専門の先生に伺ったのですけれども、「学術的に貴重である生物」というリストを作ると、必ずそれがアセスメントに使われてしまうというのですね。結局それがいない所は開発していい、というゴーサインのために使われるという。でも、ある県にはどっさりあるが、隣の県では「希少」であるケースはいくらでもあるのだそうです。

さしあたって私たちの運動の場合、環境アセスメントを制度化することを、行政に対して要望していかなければなりません。その中身も、私たちの見たケースの場合は、生物への影響などについてのみで、しかもまったく不充分なものでしたが、ゴルフ場のような大規模開発に対する調査は、様々な角度から総合的に、さらに追跡調査も義務づけられなければならないのは勿論のことだと思います。また、私たち住民が計画の中味を知ることのできるのは、行政による開発許可が下りてからです。もっと早い時期に情報が公開されていて、住民による充分な検討が可能にならなければ、一層の禍根を残すことは明らかです。

住民側として、計画の中止や変更の余地が準備されている環境アセスメントのあり方を提起し、行政にも要望していくと共に、私たちが見たことを広く県民に知らせていきたいと思っています。（一九八八年十一月五日、於／東京・品川、国民生活センター）

◀射水丘陵、小杉カントリークラブ造成現場

現地からの報告⑧

岐阜県高富町からの報告

寺町知正

この数年来のゴルフ場ブームで、ある日突然身近にゴルフ場計画が耳に入ってきた、という人たちが多い。ゴルフ場ってなんとなくいやだ、でも良く分からないし一体どうしようと戸惑う。この間に計画は行政の手続きを終え、ブルドーザーの傍若無人さに慌てても、もうあとの祭り。

一九八八年十一月五日、東京・品川の国民生活センターで開かれた、第一回ゴルフ場問題全国連絡会の集会に、期せずして岐阜県内のいくつもの地域から参加していた。そして会場で知り合い、個別の地域で行政や業者と対応していても仲々らちがあかない、県などの交渉もまとまってやったほうが効果的だろう、ということで県全体を把握する集まりの結成が話し合われた。

そして、十二月三日、一三市町村の団体、個人の呼びかけで、「ゴルフ場問題岐阜県

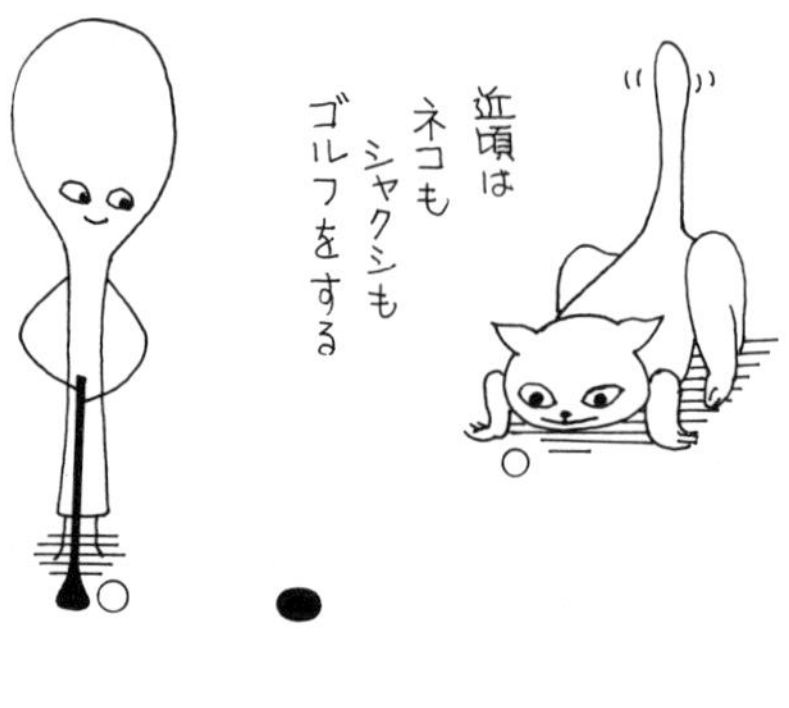

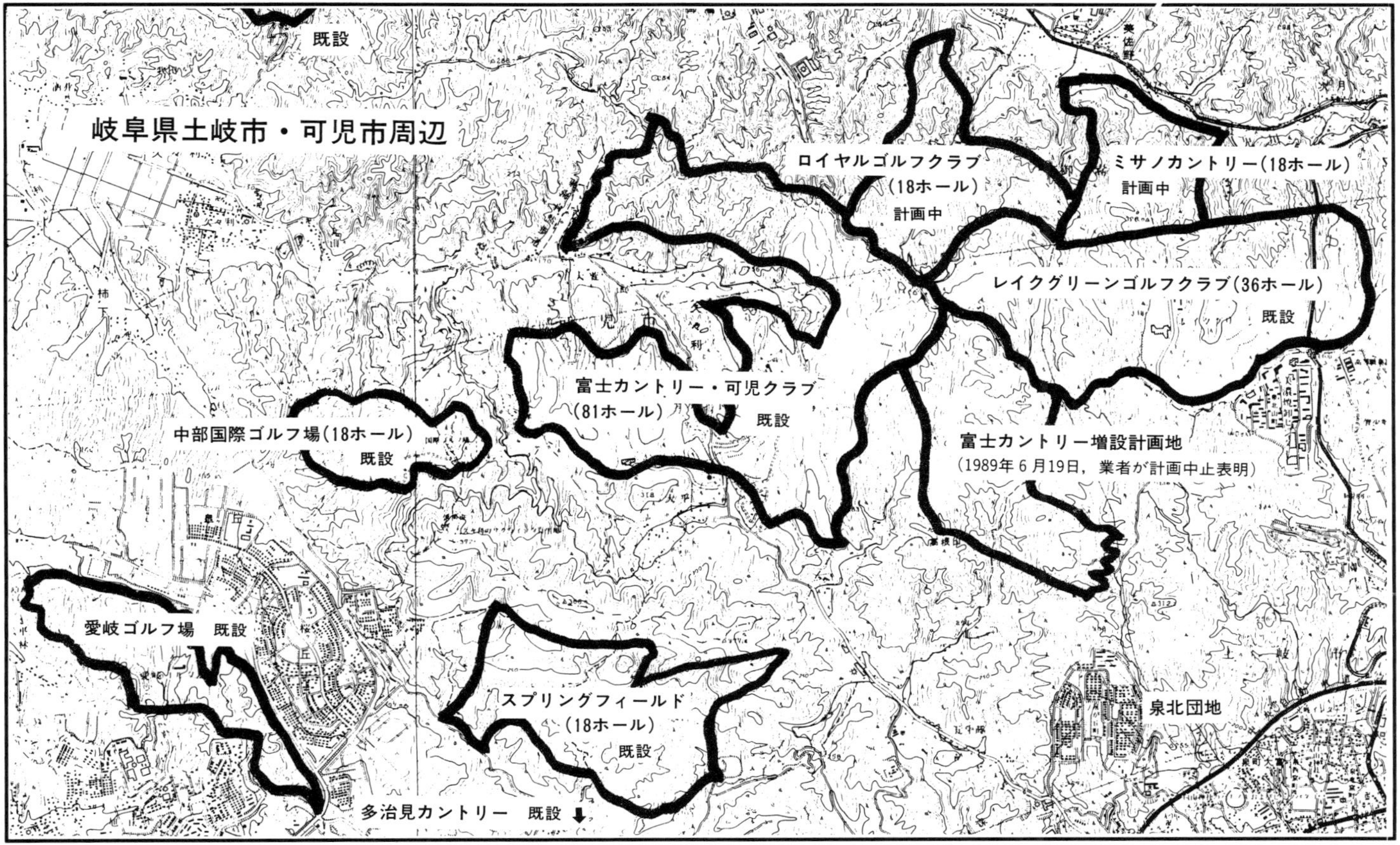

岐阜県土岐市・可児市周辺
既設
ロイヤルゴルフクラブ（18ホール）
計画中
ミサノカントリー（18ホール）
計画中
レイクグリーンゴルフクラブ（36ホール）
既設
富士カントリー・可児クラブ
（81ホール）
既設
中部国際ゴルフ場（18ホール）
既設
富士カントリー増設計画地
（1989年６月19日，業者が計画中止表明）
愛岐ゴルフ場　既設
スプリングフィールド
（18ホール）
既設
泉北団地
多治見カントリー　既設

ネットワーク」が発足した。これに前後して、ネットワークの事務局には県下各地から問い合わせが相次ぎ、ゴルフ場問題の広範さが表に出ると同時に、ゴルフ場に疑問を持ちながら、意見を表明し行動する人は圧倒的に少数者に押し込められており、問題の持つ根深さが見えてきた。

業者が、金にまかせて地域の有力者や行政を味方に付け、地域に金を落とす事で住民だけでなく地権者すら異論を唱えられないようにする構図を作り上げてしまっている。金の魔力と民主主義・自治意識の低さの表われというべきかも知れない。

岐阜県では、今年一月一日現在、既設五三、工事中一六、協議中三〇で合計九九ヶ所、このほか事前協議申請前のものを加えると一体いくつになるだろう。このうち、既設、工事中のものについて水系別にみると、木曽川水系・二九、土岐川水系・一五、長良川水系・一五、その他・一〇となる。

ここでは、既設のゴルフ場だけでも全国一の密集地帯と言われる岐阜県東濃地方の実状(前頁地図参照)について、土岐市の永田智嗣さんに伝えて戴き、次にゴルフ場ブームの象徴として、いままでゴルフ場のなかった地域に発生した新規計画ラッシュの岐阜市北部について触れ、岐阜県下の概況のあと今後の展望について記そう。

可児市、多治見市、土岐市の三市の境界の一画に住んでおります。隣接する既設ゴ

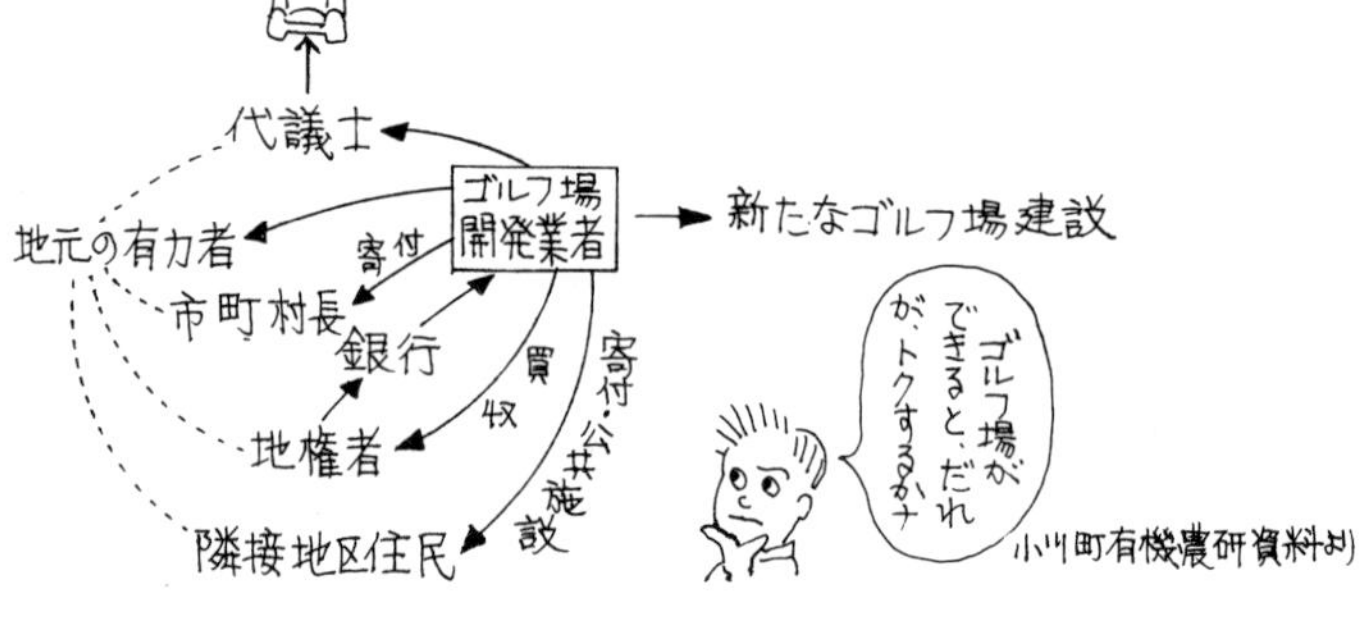

ルフ場六ヶ所だけでも、おおよそ一、〇〇〇ヘクタール(一九八ホール)、半径四キロメートルの中にすっぽり入ってしまう程密集しております。その上に、計画されているゴルフ場が四ヶ所五二〇ヘクタール(七二ホール)。既設、計画中合わせると一、五二一ヘクタールあまり(二七〇ホール)。

当地区は、明治の初め陶土の乱掘と燃料の乱伐がたたり、日本三大禿山のひとつに数えられました。その弊害に気が付いた先人は、一〇〇年の歳月と莫大な資金と人々の情熱とにより、貧弱ながらも禿山に森林を蘇らせました。だが、いまはその山に木の姿はなく植林顕彰之碑がゴルフ場に囲まれてポツネンと立っているのみです。わが子と共に歩いた、どこまでも続く細い道や野鳥たちがついばんだであろう野生の小高い柿の木、やっとたどりついた栗林はどこへいってしまったのか。われわれにはもう故郷はどこにもないのだ。こんなささやかな自然への親しみが村の活性化とやらから見ればゼイタクなのだろうか。であれば、あのゴルタリアンたちは、いったいいなんだろう。私は、日本人が、日本がキライになった。

故里喪失

一方、私の住む高富町は岐阜市の北続き、市の中心部から自動車で三〇分という都市近郊地域で、兼業農家がほとんどだ。南北に九キロメートル、東西は七キロメートル、

◀植林顕彰之碑

総面積三九平方キロメートル（三、九〇〇ヘクタール）。八六年五月、五六〇ヘクタールの山林における松枯れ防除の農薬空中撒布の実施に当たり住民の反対が起き、その年は計画縮小、八七年は全面中止になった。また、二〇年近く続けてきた、水田空中撒布も八八年中止になった。

そして、数年前、松枯れ空撒を実施した山を造成、八八年九月「岐阜国際カントリークラブ」が仮オープンした。今春本オープンの予定。理事長は代議士、理事に町長や県議が連なる。オープン直後、県議会で造成に当たっての違法工事が明らかになり、ゴルフ場への取り付け道路の一本が使用禁止になっている。

また、「市洞」地区では、事前協議が済み、地権者との契約が進められている。区有地が多く、区長や有力者が説得に回り、いまでは約一割の人が判を押していないだけと言う。業者は「判を押していないのは、貴方だけですよ」と言い、次のうちでも「貴方だけですよ」と言うので、みんな動揺している。集落の三方がゴルフ場で囲まれてしまうので、もし本当にできたら、ここを逃げ出すという人もいる。文字通り〝ゴルフ場に故郷を逐われ〟ようとしている。これに対する質問に、町は「予定地周辺に住む人々の生活権や居住権を脅かすことはない」と突っぱねるだけ。そして、町の将来計画について「ゴルフ場等の建設についてはこれを否定するものではありません」と言う。

事前協議の済んだもう一つの地区「東深瀬」は、地権者の二割が強く反対しているので

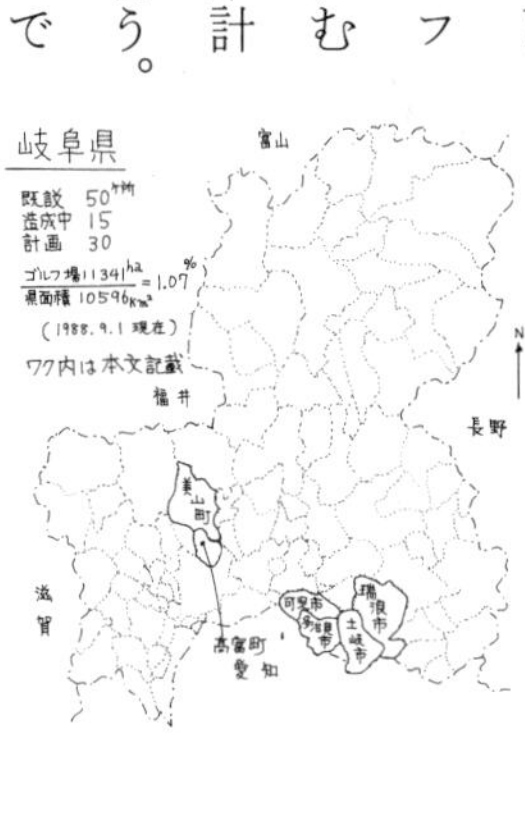

仲々進まない、というのが大方の予想。が、業者の切り崩しは予断を許さない。現地に事務所も構えているので、団地に変更の腹積もりとも言われる。

そして、今年一月になって、町の最北部の「きじ洞」地区でも、地元説明会が持たれた。まだ、町内で知る人も少ない。車で縦断しても一〇分そこその小さな町に四つのゴルフ場、町面積の一四パーセント、そして全水田面積に迫る。町の水道は、全て伏流水を水源としているが、どのゴルフ場もその上流にある。

さらに、高富町の北に位置する美山町では、両町の境界に沿うように三つのゴルフ場計画。うち一つは、造成中。半径数キロの圏内に七場、一二六ホールとなってしまう。半年前は、ゴルフ場などみんなの意識にも上らなかったのに、一転ゴルフ場だらけとなってしまう。

ところで、ネットワークに寄せられた情報から、いくつかのパターンが類型化できる。「計画の進行度」からは、ひとつは既設のもの。農薬や水害などの不安であるが、既に営業しているものについて、クレームは言いにくい。ゴルフ場での松枯れ空撒については、二年前から、岐阜県下で大幅に減った。いくつかの地域が協定書を結んでいる。二つめは申請前後のもの。共・区有林や組合林が予定地の主体である時、役員が勝手に、あるいは強引に進めていく。また、地区説明会などの開催を聞き付けて住民が早めに表立って動き出した所は、計画の進行が抑制、遅延されている情況が多い。三番

◀岐阜国際カントリークラブの遠景

目に、許可直前や造成が始まってから住民が気付いたところは、押し切られてしまう。中には、行政不服審査請求をしているところもある。

「計画の由来」からは、新しく計画が降って涌く所が多いが、五年前、一〇年前に工場誘致や団地の計画があり、用地の買収がされた所で、それから迂余曲折を経てゴルフ場に変身するという、まさにブームに便乗した金儲けというものもある。また、なん年も前に一度流れた話が、浮上してくる。それは、オーナーが同じ場合もあれば、変わっている場合もある。予定地も、全く同じだったり、少しずれていたりなどである。

「運動面」からは、市長が進めていることだからとか、地域全体のためだからと、少数の声を村八分的な脅しで、潰してしまう地域がいくつもある。一方、順調に声が広がり、行政が、造るのは難しいと認める所も出てきている。また、自治会などの単位で反対を表明している地域もいくつもあり、心強い。逆に、推進側が「公民館を建てさせろ、ゲートボール場を造らせろ」などとゴルフ場業者にたかっているところもある。

こういった実状に対して県の行政は、〃環境アセス〃や〃基準〃は逃げ道になることもあるので、一概に是非を断定できない、心情的には一市町村に一つくらいはという思いもあるというニュアンスだ。リゾート開発に熱い期待を寄せる、市町村の行政や地域の人たちには、ゴルフ場計画は拡大し続けている時だけが経済的に先行き安定しているように見える、ということに気付かない。ゴルフ場が、リゾートが飽和状態になっ

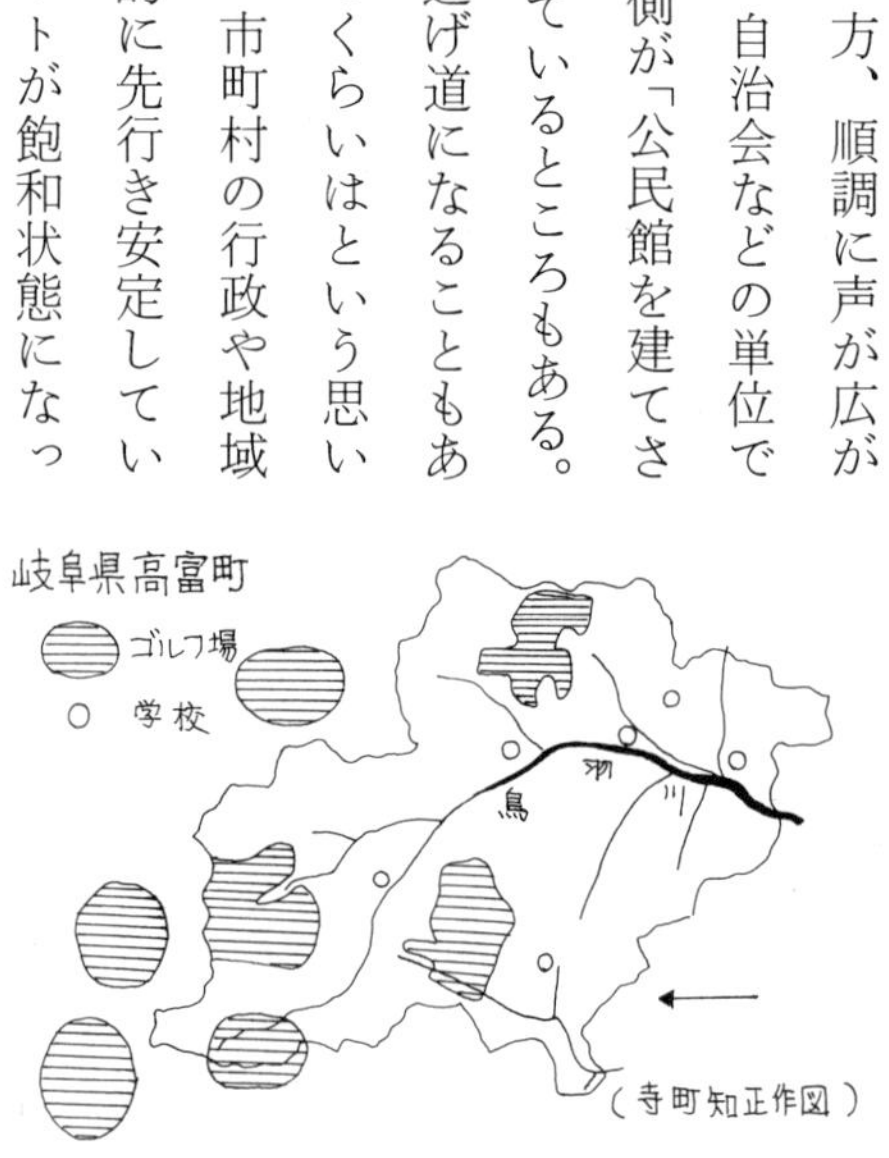

た時の尻拭いを業者がやってくれると勘違いしているようだ。リゾートクラブの実態について理解すべきだ。ゴルフ場建設について県は、市町村の判断で決める事だと言い、市町村は県が許可するからだと言う住民不在のいたちごっこ。県にしても、市町村にしても、固有の地方自治体としての責任と展望の欠如。行政区ごとの取り組みとともに、冒頭に記した、行政区を越えて水系別のとりくみも今後の重要な課題だろう。

私たちは、今年三月岐阜県議会に「ゴルフ場のための土地利用の制限(規制)に関する請願」を出した。請願趣旨は、「新規及び建設中のゴルフ場の計画を凍結すること」、「既設のゴルフ場は、自然環境保全、農薬汚染、安全な水源・水量の確保、有効な排水処理施設の設置などの問題点の解決が図れるように改造し、運営を改善すること」の二点だ。昨年十二月末、署名運動を始めた時、業者の駆け込み申請を予想した。案の定、各地で「岐阜では四月からゴルフ場の計画が凍結になるから、いまのうちに判を押さないと」と地権者をせきたてる業者が相次いだ。

請願理由の中の農薬や環境問題を、ともかくいくつか記そう。

一般農地では、農薬を撒布したらその後は農地に入らないのが普通だ。また、農薬撒布後の農産物は、それぞれ出荷停止期間が定められている。しかし、ゴルフ場では利用者がプレーしているすぐ横で、日常的に農薬が撒布されている。農薬撒布後は、相当期間の入場・利用は規制されるべきだ。

現在、ゴルフ場の建設の許可に当たっては、個別のゴルフ場計画について個別の法律のチェックがされるだけだが、いまのゴルフ場ラッシュを考える時、複数のゴルフ場による環境破壊・汚染、防災などへの相乗的な影響の検討がされるべきだ。

市町村における「地域活性化」の意図、趣旨はなにか。それは、自治体の本旨であるところの、住民に利益や便宜を提供し住民の福祉に貢献するために地域のイメージを明らかにし、地域の個性化を図り、地域らしさを発揮するということだろう。それによって、人と人とのふれ合い、ものとものとの交流を促進し、地域を活き活きとしたものにしようということだ。ここで、多くの市町村は、地域資源としての「山林」、「土地」をゴルフ場に利用しようと考える。しかし、ゴルフ場建設が本当の意味で、住民福祉の向上に役立つのか。

地域が「活性化」しないのは、農林漁業や地場産業に明るい未来がないからだ。農林漁業を守り、自然を守ることは、地元の人にはもちろん、下流に住み街に暮らすものにとっても、将来の健康で安心した暮らしを約束する事だ。「活性化」は、全体のビジョンのなかで、山林や農地や水の持つ「公共性」を高く位置付け、県民や、下流県が、社会的合意を持ち、相応の経済的負担をすることによって第一歩とすることができる。

また、中京、京阪神などの大消費地に近く、森林資源をはじめ広大な空間を持つ岐阜県は、この地理的特性を活かして、「山」の資源や環境を十二分に生かした産業や生活のありようを模索し、提供することができるのではないか。これからの未来の生活スタイルは、自然回帰や自然が持つ本物らしさを強調したものになるだろう。自然環境に直接接近できる質の高いサービス、良質な生活環境を立地要因とする活動、自然を活かした高付加価値の産業などが求められている。

自然環境を破壊し、農薬漬けで健康を害し、生活を脅かすようなゴルフ場を造っても、未来は拓けてこない。

請願について「凍結」ということは難しいと、紹介議員を受けてくれた会派は少なかった。住民の気持ちとしては、「凍結」しか認められない状況だということを理解し、言葉にこだわらず行政や業者との仲介を期待したものだ。結局、この請願は継続審議となった。

ところで、昨年来の、県単位での農薬指導要綱作りのブームにのって、岐阜県でも今年四月からの実施が、明らかにされた。野放しだったものに、農地並、一般作物並のことを規定しただけで、なんら、住民の不安を解消するものでないことは、全国共通している。農薬規制のポーズだけでゴルフ場問題の持つ重大性に目をつぶり、地域の将来を見ない姿勢は批判され、いずれ悔やまれるだろう。

住民の、地域での不安を訴える声に、土岐市の北に位置する瑞浪市の市長は、議会で

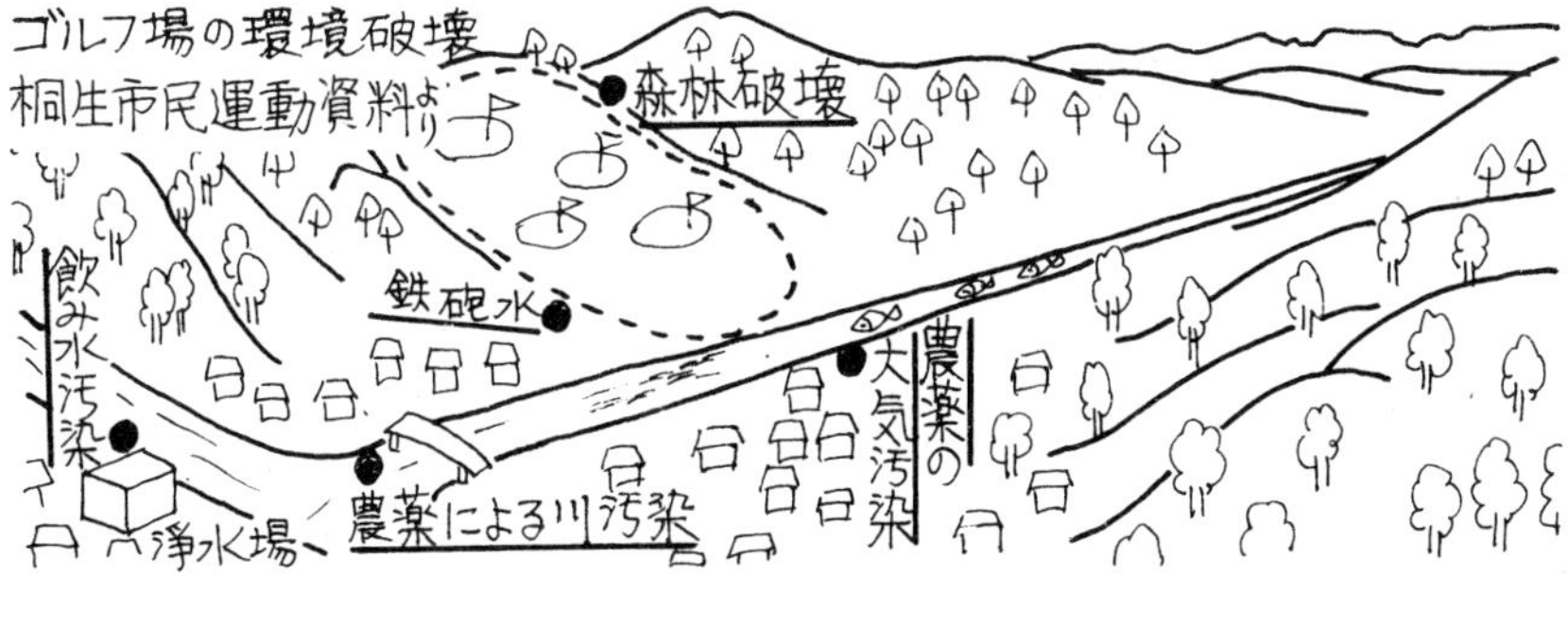

「事前協議の申請書に、市はゴルフ場は必要ないとの意見書をつける」と表明した。

ところで瑞浪市は、数年内にゴルフ場が一三場になる岐阜県最多記録の自治体。

また、一年前から反対・推進両派の請願が議会に出されていた。土岐市では、一九八九年六月十九日、業者が計画の申請を取り下げる文書を市に提出した。

遂に中止になったのだ。

ゴルフ場問題岐阜県ネットワーク

（事務局）

岐阜県土岐市泉ヶ丘　三―三　A―二三四　永田智嗣　Tel〇五七二（五五）一六二四

岐阜県中津川市子野　九九三―一三　佐伯昭二　Tel〇五七三（六六）六三〇八

岐阜県山県郡高富町西深瀬　二〇八　寺町知正　Tel・Fax〇五八一（二二）二二八一

三重県からの報告

坪井直子

三重県下では、一六年前にはゴルフ場は一五であったものが、現在は四一ヶ所、造成中およびすぐ着工予定のもの一一ヶ所、手続き中のもの四ヶ所、市町村同意済みのもの二一ヶ所、計画中二五ヶ所にも上ります。

ゴルフ場建設反対運動が起きているのは、名張市のすずらん台住宅、上野市と青山町です。名張市と上野市の境近くにある、すずらん台住宅は高台にあり、住宅区画二、三八六、現在約五〇〇戸、約一八〇〇人が入居、その住宅東側の上野市側丘陵状斜面約一〇〇ヘクタールに、一八ホールのゴルフ場開発が五陽開発により計画されています。

開発事業事前協議書が、住民にゴルフ場建設の具体的な概要を説明しないままに区長の印により住民の賛成を得た、として提出されました。提出後に工事協定書を結ぶた

めに、業者による説明会が開かれ、住宅地横の山が切りくずされること、二〇数軒の住宅はゴルフ場フェンスより数メートルしか離れていないこと、住宅地内の生活道路がゴルフ場への進入道路になる事が分かりました。

緑豊かで小鳥のさえずる静かな環境が壊されると、住民の間に強い不安が広がりました。昨年（一九八八年）三月中旬に、奈良県山添村で、ゴルフ場問題の学習会が開かれ、すずらん台から数名の主婦が参加、初めてゴルフ場が、大量の農薬、肥料を使うこと、環境変化による保水力の低下、これらの原因により水や大気の汚染、川の自浄作用の低下をきたすこと、公共性の問題、住民不在の誘致などの問題が明確にされ、すずらん台でゴルフ場反対運動が行われる事になりました。

ゴルフ場に関する基本協定同意書は、住民の総意が適確に把握されないままに提出されたとして、三月三十一日ゴルフ場開発事業不認可要望書に二四六名の住民の署名を添えて三重県知事に提出。四日名張市長に、ゴルフ場建設に伴なう生活道路への車の侵入反対の署名（一六七名）を提出。五月、名張市長に「ゴルフ場問題を考える会」の要望書を提出、および会見。六月十二日、「ゴルフ場の問題を考える集会」を「名張水の会」とともに開催、毎日放送により関西方面へテレビニュースとして放映されました。すずらん台自治会も一九八八年四月まで、一区であったものを四区に分割、改めて、ゴルフ場問題に対する審議をすることになりました。

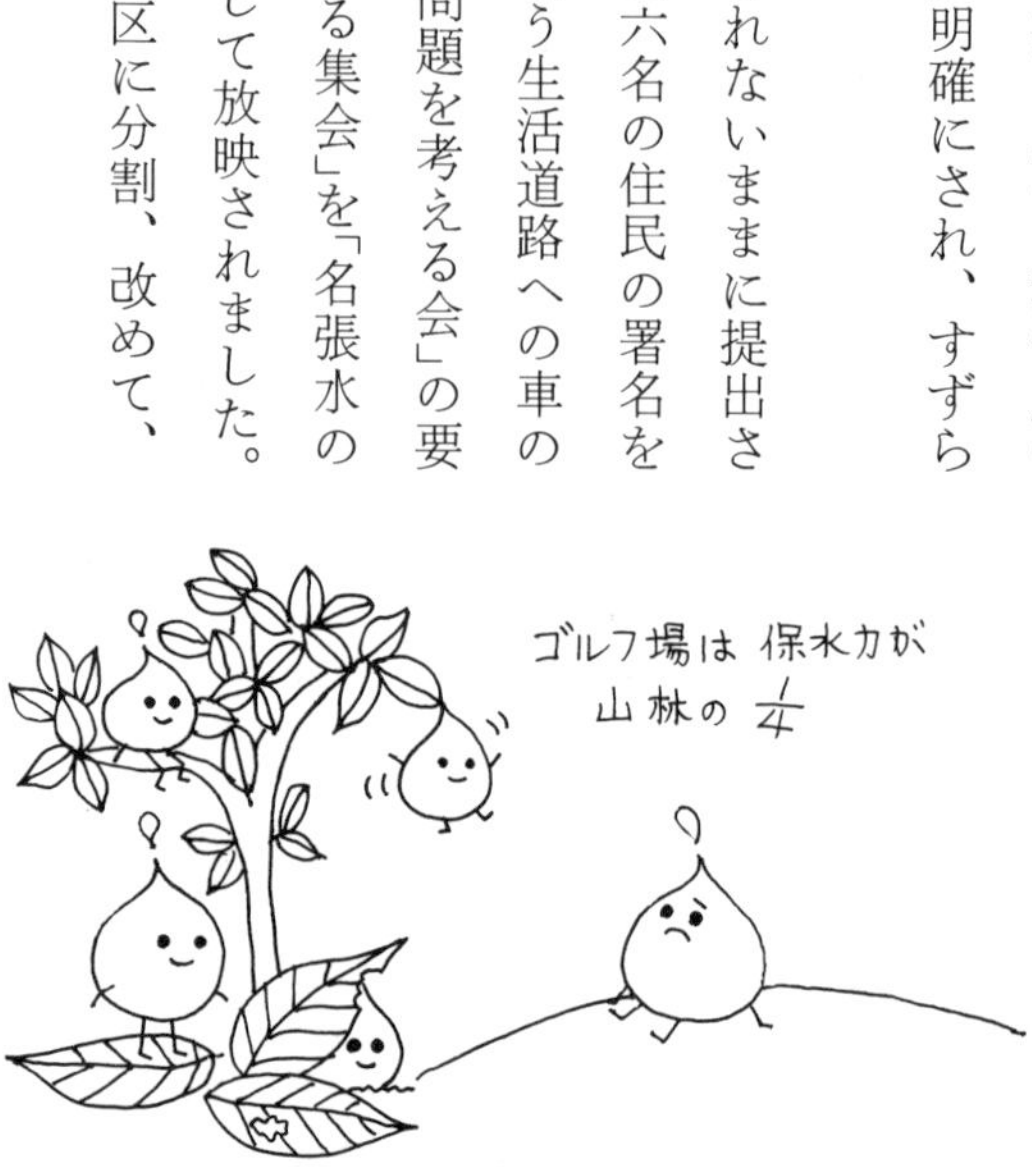

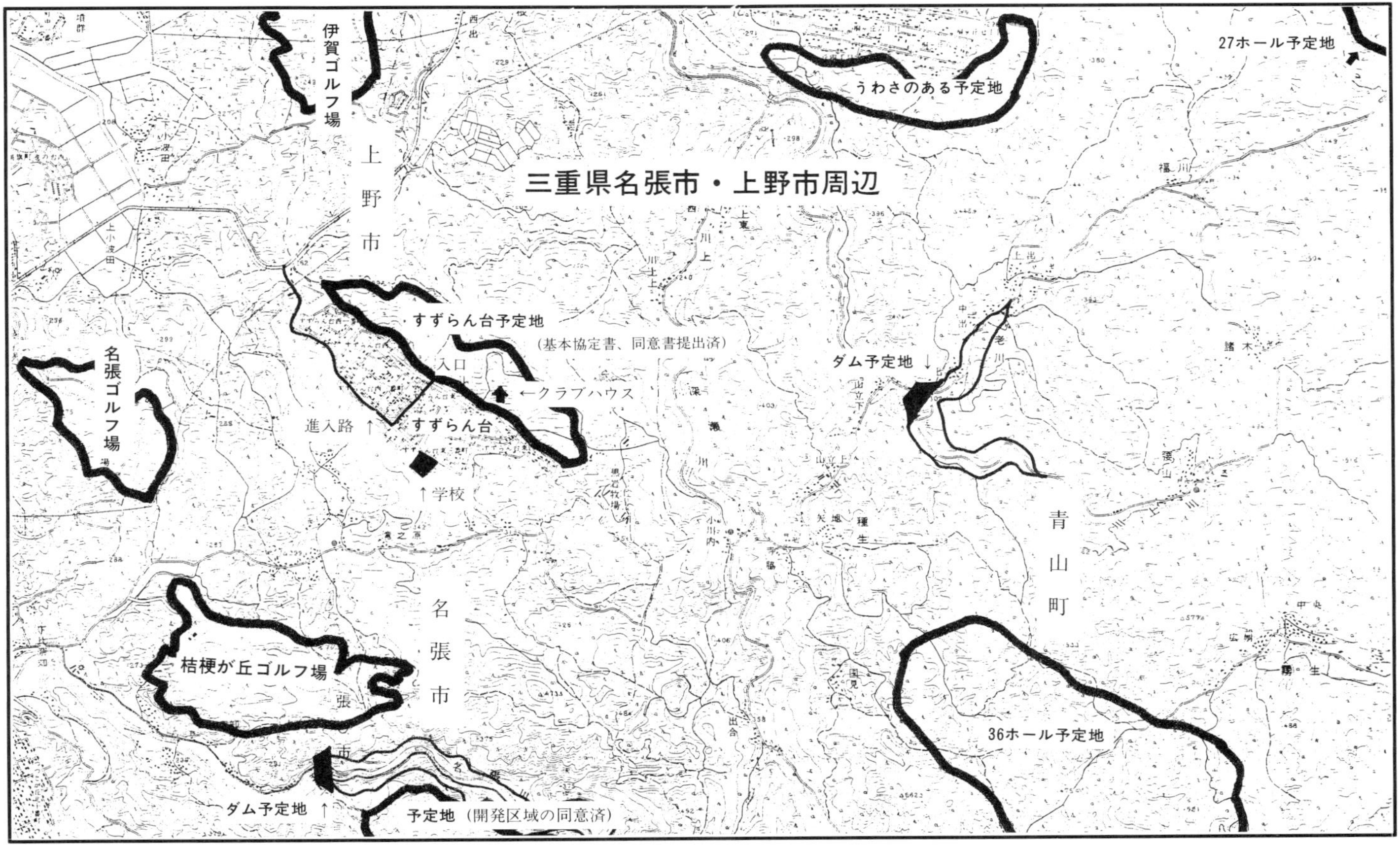
三重県名張市・上野市周辺
伊賀ゴルフ場
上野市
うわさのある予定地
27ホール予定地
名張ゴルフ場
すずらん台予定地
(基本協定書、同意書提出済)
入口
←クラブハウス
進入路 ↑
すずらん台
↑学校
ダム予定地 ↓
青山町
名張市
桔梗が丘ゴルフ場
36ホール予定地
ダム予定地 ↑
予定地（開発区域の同意済）

一区は住民投票の結果、ゴルフ場建設反対を表明、三区自治会も住民投票によりゴルフ場反対を決定、同住宅地周辺の自然を環境保護地区に指定することを求める要望書を、三重県知事、名張市長に対して提出、残り二、四区もアンケートや住民投票で住民の意見を民主的に集約する準備に入っています。

四区は同意書を提出した前区長が顧問、前役員が区長となっている区ですが、この区においてもアンケートで住民の意思を尋ねた結果、大方の住民はゴルフ場開発に対し、強い不安を抱いていることが確認されました。これから、民主的に住民としての意向を区との意見としてまとめる作業に入ると聞いています。

このような状況の中で、「ゴルフ場問題を考える会」は基本協定の同意書の白紙撤回に向けて、団地内に情報の提供と、ゴルフ場建設反対の説得にあたっています。この運動に対し、業者とゴルフ場誘致派は「農薬は危険なものではありません」とか「除草剤はどの位の毒性があるのか？　実は砂糖や、塩より安全なのです」と書いてあるビラを全戸配布したりしています。このビラは埼玉県の鳩山ニュータウンでゴルフ場反対運動を切りくずすために配布されたり、甲府市の水道局で水道水源問題懇話会が開かれた際、ゴルフ場建設賛成派から配布されたビラとまったく同文のビラです。農薬工業会、ゴルフ場協会、グリーンキーパーズ協会が協同して住民説得の資料を作ったり、情報を交換したりしているとのことです。すずらん台自治会総会の席で前区長よりゴルフ場建設の際の条件として、集会所建設費として三、六〇〇万円を業者より提供してもらうとの話が出されたり、山添村ではゴルフ場排水の受け入れの同意書を取りつけるのに、各戸にお金が渡されたり、村に迷惑料として大金が支払われたり、ゴルフ場誘致のために業者は必要経費として大金をあてているようです。

千葉県香取郡の前町長、平野毅氏が暴露した事実として、「ゴルフ場誘致の協力金として二億円を提供すると申し込まれたが断わった」との記事が、一月『毎日新聞』に報道されました。巷の噂話として聞いた時の金額が同じく二億円だったので、こういう話も相場があるものかと、庶民感覚にはほど遠い額に驚きました。

現在、名張市では事前協議の済んだゴルフ場が、二ヶ所あります。ゴルフ場による環境破壊・水汚染の危機感が名張市民にはまだなく、名張市内に計画中のゴルフ場建設に対しての反対運動は起きていません。しかし、近々着工予定の比奈知ダム建設とともに、ゴルフ場排水による川の汚濁・水質の悪化、比奈知ダムの富栄養化の問題、川の自浄能力の低下による上水道の水質悪化が心配です。

隣の町、上野市と青山町の反対運動は名張市で行われた、「ゴルフ場問題を考える集会」に参加された数名の方たちから始まりました。名賀郡、青山町は人口九、五六二人、総面積一〇、八六八ヘクタール。そのうち耕地面積六三六ヘクタール、森林面積八、七五一ヘクタールの町で、農業、林業が主な産業の町です。この町に工業団地を造り、

◀造成中の工業団地

企業を誘致し、町を活性化しようという村の方針が打ち出され、住民の不安をよそに、ミルボンという化粧品会社（シャンプー、リンス、パーマ液ほか）と理研鋼機（サッシのサビ止めなど）オリンピア（厨房器具）などの企業の誘致が決定されました。

ミルボン化粧品は上野で現在営業しており、製造の際使われた釜の第一回洗浄水はドラム缶に詰めて、産業廃棄物として業者に処理を任せているということです。その会社が青山町で営業する時は、すべての排水は自社で処理して青山町の川へ流す、といいます。青山町の上水の取水口はこの工業団地の一キロメートル程下流にあります。

企業の排水による水道原水の汚染と、ゴルフ場建設による環境破壊と川の汚染を心配した住民によって「美しい青山町を守る会」が作られました。

現在青山町は既設のゴルフ場一ヶ所、基本計画が出されているもの二ヶ所、計画のあるもの二ヶ所となっています。役場の話では、基本計画書には開発区域内の住民の同意は出ていますとのことでしたが、「美しい青山町を守る会」のメンバーの居住する区での話し合いでは、賛成派の区長が反対派の地権者を暴力的な言葉で恐喝し、裁判事件にまで発展しており、区域内の同意がとれているというのもあやしい話です。

また同町霧生地区で、完全無農薬で農業をやってこられたというご婦人が、「業者の説明会に出たら、自分の所有する山がクラブハウスに予定されていてビックリしてしまった」という話を笑いながら話された。計画区域には、自生の美しい赤松がたくさ

んあり、ゴルフ場となりフェンスで囲われ、ゴルフをする人たちにしか見られなくなるのかと思うと残念な気がしました。

青山町を流れる木津川およびその各支流には、特別天然記念物であるオオサンショウウオが棲息しています。このオオサンショウウオは、世界自然保護連盟の指定した〝絶滅の危機に瀕した種〟にも入っており、現在は北米と中国大陸の一部、日本でも限られた地域にのみ棲息し、世界的にもその保護が強く叫ばれている貴重なものです。三年前の一九八六年にも産業廃棄物の不法投棄により多数のオオサンショウウオが死亡しました。名張川のオオサンショウウオも年々見られなくなっています。これ以上川が汚れてくるとオオサンショウウオの繁殖は難しくなるのではと思われます。この町には川上ダム建設の話も進んでおり、緑豊かで水清い青山町も大きく変貌してゆくのではと案じられます。

青山町の隣の白山町は、ゴルフ銀座の町です。既設四ヶ所、造成中一ヶ所、計画中二ヶ所で町面積の九パーセントはゴルフ場になってしまいます。白山町山田野のご婦人がゴルフ場建設に強い不安を持たれ、すずらん台まで相談に見えました。幸いにこの地区では同意がとれなかったようです。伊勢湾カントリークラブのクラブハウスは御殿のように立派で会員制ゴルフクラブの豪華さに驚きました。見学したのは一月でしたが冬枯れした芝の中、ホールのある着色されたグリーンの芝がひときわ目立ちまし

た。「ゴルフをする人の中から、着色をやめるようにという苦情は出ないのかしら?皆全然気が付かないで自然の緑だと思ってるのかな?」など思ったことでした。

この白山町では、伊勢湾カントリークラブ、三重白山ゴルフクラブが数キロ内にあり、大気の複合汚染の危険はないのかと心配になりました。この地区から津にかけては自生の松はほとんど黒く立枯れており、この地では松は自生できない環境のようです。松くい虫のためとは言え、むかしから日本の山々に嫌という程自生していた松が、名張でも、山添村でも赤く枯れた姿をあちこちで見受けます。白山町ではなん年か前に枯れた松でしょうか、黒い松が林立する様は、なにか異様な感じがし、古来日本の文化に重要な位置を占めていた松が自然からなくなっていくということは日本人の心の中からもなにかがなくなっていくということではないかしらと思ったのでした。

白山町の隣の街久居市、久居市に接する美里村そして津市、この地域には二つの既設ゴルフ場、二ヶ所の造成中のもの、三ヶ所の計画中のものがあります。白山町のゴルフ場も含め、排水は雲出川、岩田川、安濃川へ入ります。特に美里村に開発中のものは、津市の水道源水取水口のほんのわずかの上流に位置し、市民の不安がつのっています。

津の新町地区は現在でも度々浸水する所です。岩田川、安濃川上流に造成中のもの二ヶ所、計画中が二ヶ所となっていますのでゴルフ場がすべてできると、その影響は大

◀青山町で地元住民の説明をきく坪井氏(右)

きく、降雨時の急激な増水が心配されます。そのほかでは磯部町の方から「計画中のゴルフ場があるがどうにか止められないものだろうか？」と相談がありましたのでビデオや資料を送りました。が、その後ここの町長がゴルフ場に関連した汚職事件で逮捕され、一時中止の形となっているとの連絡が入りました。以上が私の知る範囲のゴルフ場に関する報告ですが、なにしろ五〇ヶ所程のゴルフ場建設計画があるわけですからまだまだ、いろいろな問題をかかえたゴルフ場建設計画があることと思います。気付いた方が一日でも早く、ゴルフ場建設に対する話し合いの場を持たれるようにと思います。

名張市すずらん台からの報告

高畑初美

名張の「ゴルフ場問題を考える会」の高畑です。私どもの場合は住宅のまったくの裏にできます。網のフェンス一八〇センチのみでまったく不合理です。山もなにもありません。ガスタンクも住宅の横にできていまして、その裏がゴルフ場になります。そんな中でいろいろと分かってきました。前区長が一九八八年一月の二十日、ゴルフ場建設の同意書を結んでしまいました。また現在、調停案が凍結状態ですが、いま白

紙撤回に向かって、いろいろビラを撒いて頑張っております。本当に瀬戸際です。調停案が結ばれる段階なのですけれど、前区長が同意書を結んだ時にそれが私たちの意思ではないために私たちは二日間ぐらいで二百名余の署名を集めました。その後またゴルフ場による道路公害反対ということで活動しております。その中で一九八七年の十一月くらい、鳩山ニュータウンのほうに「農薬は危険なものではありません」というビラが出廻ったと聞いておりまして、実は一九八八年に入って私たちの住宅のところにも、全戸配布で「農薬は危険なものではありません」というビラが廻ってきました。これは本当に見れば分かるように、書いてある内容は「安全なものは空気と水だけです」というのです。いま私たちが言っているのは「空気と水が危ない」ということで、私たちは闘っているのです。またその中に実は除草剤については「食べても砂糖や塩よりも安全です」と書いてあります。こういうビラを平気で撒くいろんな関係業者、本当に誠意もまったく見当たりません。これから全国に廻るので、気を付けてください(笑)。

鳩山ニュータウンのほうからいろいろ資料をいただいていましたので、私たちの対応はこういうビラが廻るということを前提に動いていました。その中で中南先生にこのビラに対する反論の原稿を書いていただきましたのを、発行させていただきました。旧役員の方が推進派で、業者とべったりしている事実も分かりました。そんな中で行

政はいくら反対署名を持っていっても「こういう同意書は通る」というのです。前の区長さん自らが印を押しているからです。書類を撤回するにはどうしたらいいか、やはり住民挙げて区長さんの手で白紙撤回するほかないのです。前の区長さんによって署名が破棄される恐れがありました。推進派の方でしたので……。そんな中で今度の現区長はしっかりした方がなっておられますけど、やはり推進派の方も私たちに対して非難のビラを撒かれます。また業者もこういうビラを撒いています。私たちは自分たちのカンパによって、一生懸命、ビラの撒き合いという形で頑張っております。どうぞご支援、お願いします。

（一九八八年十一月五日、於/東京・品川、国民生活センター）

現地からの報告⑩

兵庫県三田市からの報告

鈴木忍明

ゴルフ場日本一の兵庫県から参りました(笑)。兵庫県は県土が非常に広いことと、丘陵がなだらかであることと、京阪神から距離的に非常に近いということでゴルフ場がどんどん増えていったわけであります。一九八八年冬に美嚢郡吉川町の小畑町長がゴルフ場との癒着で汚職問題を大きく報道されましたけれど、その地域では全面積に占めるゴルフ場の割合は事前協議をパスしたものを入れると二一パーセントであります。それから加東郡東条町というところでは、やはり全面積にゴルフ場の占める割合が事前協議をパスしたものを入れると二八パーセントであります。

兵庫県はそのようにゴルフ場の多いところです。私が住んでおります三田《さんだ》市という所もまた、ゴルフ場開発に熱心な所であります。その三田市は水道普及率が約七八パーセントという、県下でも非常に普及率の低い所でありますが、私が住んでいる所では、

◀鈴木忍明《にんみょう》氏（方廣寺代表役員）

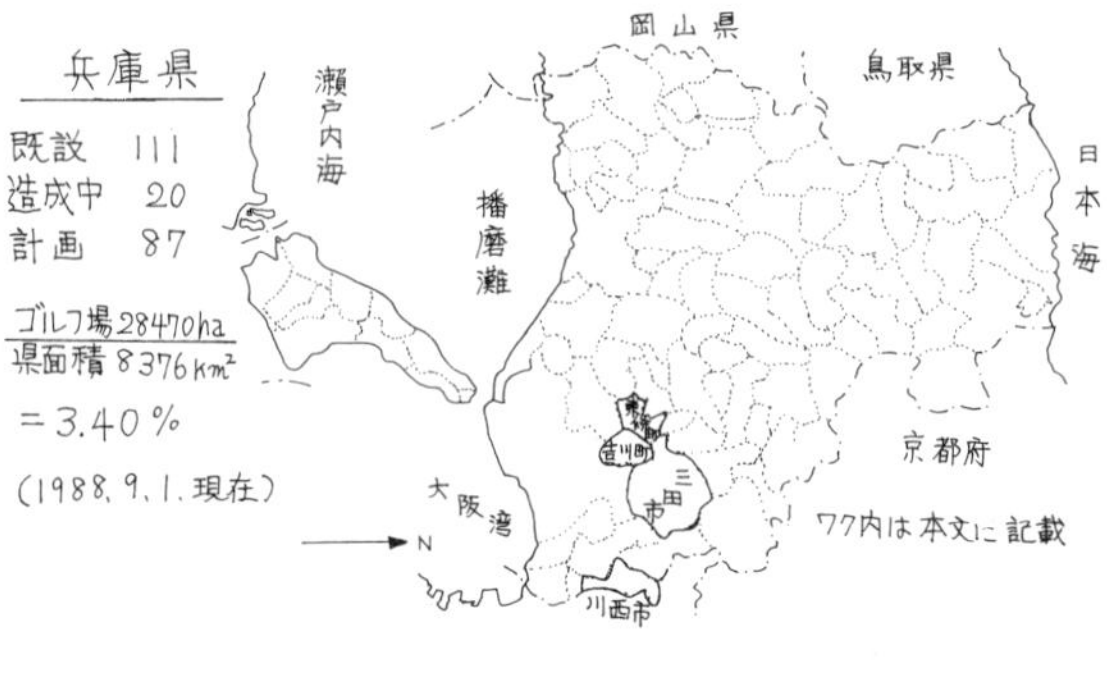

▲方廣寺

▲ゴルフ場造成中の震動によって崩れ落ちた土塀の白壁

まだ上水道も簡易水道もございません。地元の人たちは山から流れ出る水を直接あるいはその下流の周辺に浅井戸を掘って、そこから取水して飲み水、生活用水にしているといった状態の所であります。

そういう所でゴルフ場の計画が始まっていたのですけれども、私がそのことを初めて知ったのは、もうすでに事前協議が終わった状態でありました。しかし私は山村で生まれ山村で育ちまして、町まで一五キロもある非常に不便な所でありますが、そういうところの自然環境をなんとか残しておきたいという気持ちでおりましたので、これは大変なことになる、と思いできる限りの反対をいたしました。兵庫県と三田市と開発業者に対して、なん度も中止要求と陳情をいたしました。それからゴルフ場計画区域のほとんどが共有林でありまして、一部個人の山も含めて、それを年間いくらいくらでゴルフ場の会社に貸すわけです。そういうことから村の指導者に対しても「経済的豊かさを追求する余り、恵まれた自然を壊して住みにくい環境を子孫に残していくということをもう一度反省して、ゴルフ場中止のために考え直して欲しい」ということを要求いたしました。しかし村の指導者はまったく考え直してくれませんでしたし、行政も私たちの陳情を無視して一九八七年の秋、正式許可を下ろしてしまいました。

結局一九八七年の十二月から工事が始まりまして、重機がどんどん村に入り始めました。一九八八年の三月からはもう川が濁りはじめ、川の周辺の井戸も濁りはじめまし

大覚山方廣寺（方廣寺案内資料より）

由来　今から約三〇〇年前（江戸初期）中国福建省の黄檗山萬福寺から、はるばる来朝された中国僧隠元禅師が、後水尾法皇、徳川幕府の尊信を得て純中国風の本山を開創されました。（宇治黄檗山萬福寺）その時幕府の命を受けて建立奉行を勤められた摂津麻田藩（豊中市）の二代藩主青木甲斐守重兼公が所領の内最も幽寂景勝の地に黄檗山を摸して大覚山方廣寺の七堂伽藍を創建され師の黄檗二代木庵禅師を開山に仰ぎ御自身も落髪後二代住持端山禅師となり天和二年当山で遷化されました。

文化財　宗祖隠元禅師はじめ、木庵、即非、高泉、慧林、独湛、南源等中国僧の書になる聯《れん》、額、書軸をはじめ中国人による書画黄檗歴代の高僧の筆墨を多数収蔵している。

山内の景勝　当山は約二四〇〇〇坪の境内がその儘庭園であり三〇余町歩の裏山を背景に竜安寺式石庭、池泉廻遊の竜泉庭、芝生に包まれた虎月庭等あり、銘木しだれ桜と共に四季とりどりの花が咲き乱れ、静寂爽涼、誠に花鳥風月を楽しめる仙境であります。

桑鳩寺　郷土出身の現代日本代表的書家である上田桑鳩先生が当山の風光を激賞、師最期の雄渾な力作七〇

て、なん軒かの飲み水も濁りはじめたわけであります。飲み水を貰い水したり、それから車に乗って一キロメートルも離れた所へお米をとぎにいく、という家も出てきました。私は職業柄、このお盆には、棚経に回ったわけです。その時、川をのぞいたり井戸をのぞいたりしたのです。そのころは、お盆で帰省客があるわけですけれども、もう濁った水を飲むわけにはいかないというので、さっさと引き揚げるという人たちもありました。また川の水は側溝に入って、それから田にも入っていくわけですけれども、その側溝の周辺の井戸もやはり濁りはじめ、そういう状態の井戸が増えていっております。

それで一九八九年の秋に一応、工事は完成する予定ですが、完成までは水の濁った状態がずーっと続いていくわけなんですね。一九八八年の梅雨の時は、あちこちで鉄砲水が出て土砂が田に入りました。来年の梅雨には一体どうなるのだろうか？　という心配もありますし、それから来年の秋オープンしますと、川の水を直接飲んでいる状態ですので、農薬の入っている水を直接飲むことになってしまうのですね。これは本当に大変な問題だと思っております。

言い忘れましたけれども、地元住民にとって唯一の水源地である用水池の周辺を全部ゴルフ場のために開発しているわけなんですね。擂り鉢の底のような所に用水池があり、その斜面の部分を全部ゴルフ場に開発しておりまして、クラブハウスは用水池を

余点を遺し梵鐘再鋳寄進を全うされ、桑嶋寺の愛称と共に奎星会、飛雲会員の心の故里となっている。

見下ろす位置に作られる予定なんですね。環境影響調査は確かに行われたのです。だけれども百ヘクタール以下の計画であるというので、県としましても、突っ込んだ指導はできないという状態でありました。それで濁水は発生しないようにどういう処置を採るかということについて、アセスにはどのように述べられているかと言いますと、「仮設沈砂池から、暗渠あるいは仮設排水路によって調整池に水を入れるから濁水にはほとんどならないし、住民に与える影響はほとんどない」というふうに書かれているわけなんですね。ところが、造成区域内に仮設沈砂池は見あたりません。したがって雨が降りますと、皮をむかれた赤土の山から泥水が、直接川や用水池や農業用の溜池に流れ込んでしまいます。そして、たちまち川は濁流となり周辺の井戸が濁ってしまいます。私はたとえ環境影響調査が事前に行われても、対策が守られなければ全く意味がないと思います。一方、地元の人たちがそれに対してどういうふうに考えているかというのが大変重要なのですけれども、いままで非常に平穏な村でほとんど問題が起きていない村でありますから、なかなか、行政に対して文句を言えないわけでありります。水が濁って不自由な生活であっても、村がゴルフ場の誘致を決めたのだから辛抱しなければ、という考えで耐えているのが現状です。

（一九八八年十一月五日、於／東京・品川、国民生活センター）

兵庫県のゴルフ場

鈴木忍明さんは、兵庫県知事に対して、サングレートゴルフ場建設に関する不認可要望書を提出した。以下はその全文である。

三田市奥山に計画中のサングレートゴルフに関する不認可要望書

三田市奥山におけるゴルフ場計画の即刻中止を。

今年の四月、当地方の『六甲タイムス』紙に、「三田市奥山がゴルフ場として開発されることになり、県の認可を待つばかり……」という内容の記事が発表されました。私は驚きと同時に、誤報ではないかと記事を疑い、地元の人々に確かめましたところ誤報ではなく、しかも既にサングレートゴルフ倶楽部の名称までつけ、加えて会員募集等PR用のパンフレットを作成配付しているということが判りました。

また、地元では、地権者と役員以外の者はゴルフ場の計画について詳しく知らされておらず、充分な協議もされていないことが最近になり判りました。

何故に、そのような大規模な開発計画が地元で且つ最も近隣にあり、開発によって種々大きな影響のあると思われる方広寺へは全く知らされず、また、地元での充分な協議もないままに進められて来たのですか。

方広寺は、延宝七年（一六七九年）麻田藩の二代藩主青木甲斐守が領地の内、最も風光明媚の地に、宇治、黄檗山万福寺を摸して七堂伽藍を建立し、黄檗三大修行道場の一つとして花鳥風月を友とし、行雲流水に大悟の境地を求められた聖域であります。爾来三百数年、歴代の住職と数百萬の篤信者によって、法灯が連綿と継がれて来たのみならず、開創当時の宝物も多数蔵し、宗内・宗外を問わず一大名刹であります。特に昭和四十年以来、住職と京阪神及び地元の信者によって庭園が造られ、閑静な禅寺を愛し、安心を求める参拝者が年々増加しつつあります。

また、方広寺は野鳥愛護、自然保護のメッカであります。渡り鳥の宝庫であると云われ、愛鳥篤志家の調査でも、我が国では珍らしい大瑠璃鳥を発見したとの報告があった程であります。

さらに、方広寺は、世界的にも有名な前衛書道大家、故・上田桑鳩氏の晩年の作品が多数献納され、全国の書家から「桑鳩寺」として愛好されているのみならず、全国の多くの弟子達によって、珍らしい花木が次々に寄贈され、庭園完成に甚大な努力を払われ、まださらに、梵鐘再鋳にも全力を尽されました。

このように方広寺は大自然の恵みをそのまま大切に保全し、その環境の中で歴史と文化が育くまれて、今日の聖域が醸成されたと言っても過言ではありません。

しかるに、地元の有力者と業者は地域開発の名を借りて、自然と文化のこの聖域を無視した開発計画をすすめて来ました。

このゴルフ場建設は、方広寺に隣接する山々が殆んど開発される計画であり、そのことによって方広寺は次の如き開創以来最も重大且つ深刻な問題に直面いたします。

一、大規模な土工事により地下水脈が変わり、井戸水が渇れる危険があります。また、ゴルフ場のコース全域に使用される農薬、化学肥料が雨水、散水等で溶解し地下水へ浸透する危険性が充分にあります。特に方広寺の用水は全て沢の自然流水及び井戸水にて賄っている関係上重要な問題であります。さらに農薬・化学肥料の粉末散布及び液状噴霧は風雨によって、当寺院領域に落下し、飲料水である沢水及び大気が汚染されます。特に盆地であるため、これらの有害な大気は停滞して極度に汚染されてしまいます。

二、大規模な附近一帯の造成工事により自然の灌木は大半が伐採されて残り少なくなり、さらに農薬の散布によって、野鳥、昆虫が絶滅し、河川の汚染によって、ホタル、川魚が同様絶滅する恐れがあります。松茸も、周辺の自然環境の破壊と化学肥料、農薬の散布の影響を受け死滅することが予想され、採集は不可能となります。とにかく、大規模造成と化学製剤の使用により自然生態系が完全に破壊されてしまいます。

三、ゴルフコース造成のため県道鳥川原線が方広寺領域と隣接する境界の尾根に沿って付替道路として新たに建設される計画もあると聞きましたが、若しこれが真実ならば許し難いことであります。

車の排気ガスとクラブハウス等で使用される重油が極度に大気を汚染し、そのことによって、すぐ近くの方広寺境内(二五、〇〇〇坪)の桜、もみじ等数百種の花木、及び自然環境を保持し、寺の借景ともなっている永小作権所有の裏山(約一一八、〇〇〇坪……ゴルフ場計画地と隣接している)の針葉樹林が急速に枯死状態に追込まれてしまいます。特にアカマツの急速な枯死により松茸山の収入は皆無となり、忽ちにして方広寺の維持運営は全く不可能となります。

四、車の騒音と塵埃によって、方広寺の閑静で厳粛な環境が完全に破壊されてしまいます。

五、開創以来の諸堂宇・宝物、桑鳩氏の遺墨等が、ゴルフ場でよく発生する芝火事等の延焼により全て焼失する危険が新たに発生します。

六、方広寺の総門前を諸車が通行する計画があると聞いておりますが、総門が崩壊する危険があると同時に、方広寺の尊厳が全く失われます。
尚、昭和五十七年に突然、無断で総門前に県道がつけられて以来、県と交渉を重ね、現在は土地明渡訴訟中でありますので、これ以上迷惑のかかることは承知出来ません。

七、ゴルフ場の造成並に建設工事には長期間に亘って大型重機の継続使用、重量トラックによる土砂の搬出入、建設資材の搬入による振動と大気の汚染、舗装工事等による大気及び水の汚染、造成作業に伴う土砂粉塵による汚染等、相当の被害を近隣の方広寺は避け得られないのであります。

既述のとおり方広寺は開創以来今日迄、大衆の修行道場であり、全国にわたる信者の信仰の地であります。

方広寺が大自然に抱かれた浄域だからこそ、住職と全国の信者によって三百数年間も心の拠り所として大切に護られて来たのであります。

その名刹の聖域が、地元の有力者及び業者の自然保護に対する配慮の不足により、徒らに破壊されてしまうことを絶対に許すことは出来ません。

私は、今日迄方広寺を護って来られた数百萬の人々の為にも、また、今日方広寺を愛し安心の地として護り続けておられる護法の念篤き人々の為にも、さらに、何よりも、法灯を護っていく上で、絶対条件である寺院の尊厳を失わない為にも命を賭してこの大規模開発に強く反対いたします。

幸い兵庫県におかれましては、兵庫二〇〇一年計画に於て、北摂三田地区が新しい北摂阪神芸術文化都市づくりの重要な地域であることを示されておられます。

環境汚染のない、美しい自然を尊重し、歴史と文化を大切にすることこそ、文化都市づくりの基本であることは明白であります。
何卆、知事におかれましては、兵庫県における有数の風光明媚の地と、そこに三百数年の歴史を持つ一大名刹の尊厳を護るため、方広寺を全く無視して進められて来たこの大規模開発を絶対に認可されないよう強く要望いたします。

昭和六十二年六月十日

三田市末吉字佐伯八番地
方廣寺
代表役員　鈴木　忍明

兵庫県知事　貝原　俊民　殿

ゴルフ場を建設しようとしているのは、大阪市東区和泉町、大日観光（玉村正夫社長）。計画によると、百二十七ヘクタールの計画区域のうち、七十三ヘクタールの森林を芝生などに変更して十八ホールのゴルフ場を造る。すでに、十ヘクタール以上の開発について県との事前協議を定めた県大規模開発要綱の手続きを終え、現在、森林法に基づく手続きを県北摂整備局農業振興部へ出している。

一九八七年九月二十五日、鈴木さんらは公開質問状の回答を得るため、兵庫県治山課、環境管理課と話し合った。その時、県環境管理課は以下のような回答をした。①環境影響評価を定めた県要綱では、レクリエーション施設の場合、森林を芝生などに造成する「形質変更面積」が百ヘクタールを超える場合にアセスメントが必要としており、もともとこのゴルフ場は同面積が七十三ヘクタールでアセス対象外だった。しかし、周辺への環境を考え、県がアセスメントをしてはどうかと開発業者を指導したものだ。これ以上の踏み込んだ指導をする法的根拠がない。②道路問題については交通公害が起こらないよう十分指導したい。③森林法の関係では法律で定められた手続きに従い、防災などの基準を守る内容であれば、行政としては許可せざるを得ない。

（一九八七年九月二十六日『朝日新聞』より部分引用）

現地からの報告⑪

岡山県備前市からの報告

山本安民

はじめに　「地域の活性化」とそれに伴なう「住民要求」があるということを前提に、備前市地域開発検討委員会（この委員のメンバーの一人になぜか、㈱川崎製鉄地域開発部長がすでに参加していた）により、「備前市地域開発基本構想」（備前ニューマインドポート構想）として、一九八八年に行政サイドから提起されたものの一つに、「閑谷《しずたに》ハイランドパーク」がある。この計画は二三〇・五ヘクタールの山林（土砂流出防備林、水源涵養保安林を含む）を「開発」し一八ホールのゴルフ場を中心とし、乗馬クラブ、グラススキー場などを造ろうとするもので、一九九〇年着工、同九二年完成を目指すものである。市の東西にぬける山陽自動車道予定線のすぐ北側にあたる予定地の北東部には、国宝・閑谷学校の諸史跡が隣接している。

いま、三月市議会で、この構想は、第三セクターの現物出資として、市有地約一四

閑谷黌《しずたにこう》講堂　（国宝）
岡山藩主池田光政の創設した庶民教育のための藩営の学校。1701年（元禄14）に完成。明治維新後は、私立学校としても用いられた。

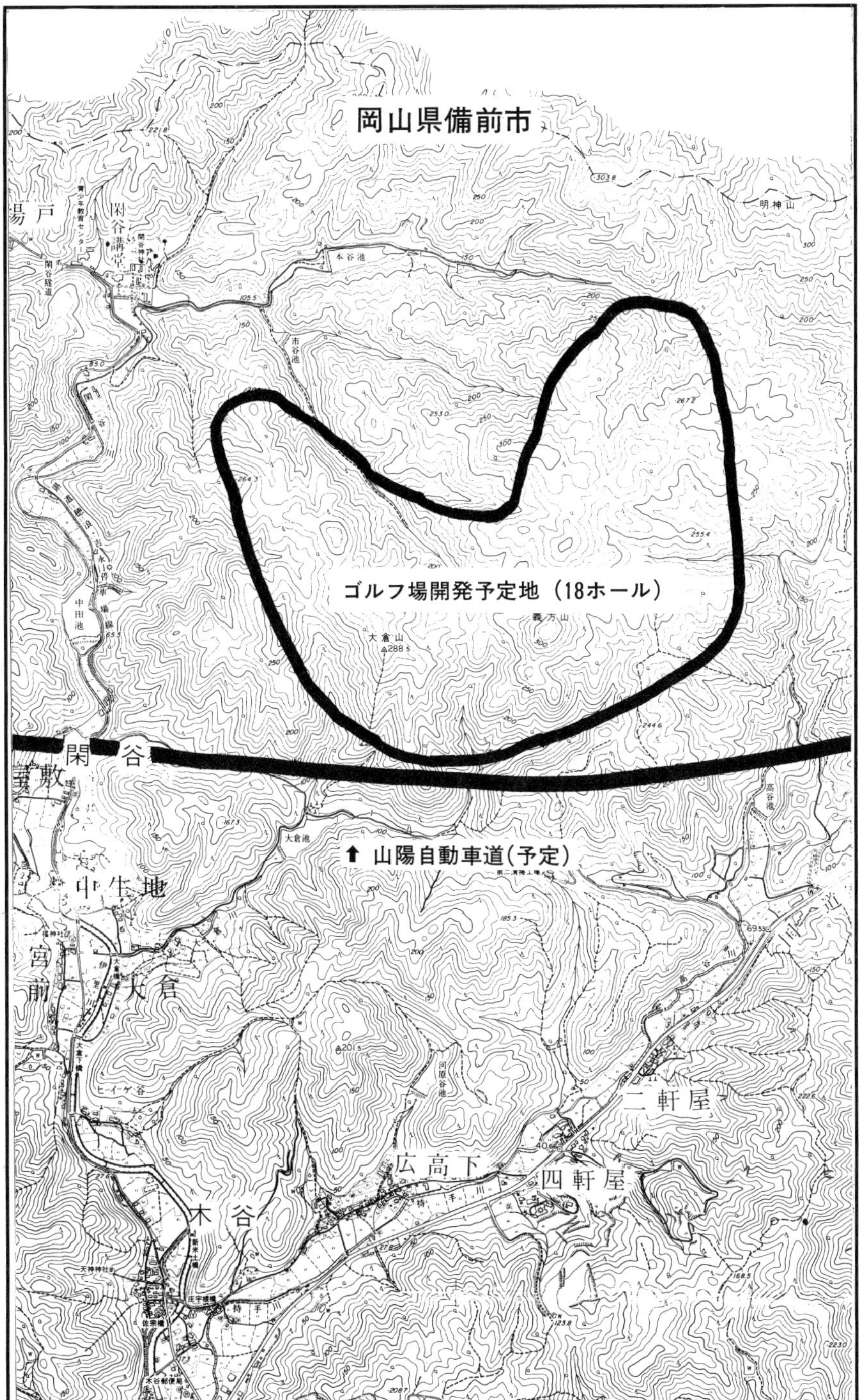
岡山県備前市
ゴルフ場開発予定地（18ホール）
山陽自動車道(予定)
閑谷
明神山
本谷池
市谷池
中田池
大倉山
義方山
大倉池
高谷池
河原谷池
中生地
大倉
宮前
ヒーイゲ谷
二軒屋
四軒屋
広高下
木谷
持手川
木谷郵便局

〇・六ヘクタール（一平方メートル当り評価額約三七〇円）、評価額五億二、〇〇〇万円を処分する、「備前総合開発株式会社（仮称）〈出資比率、備前市四八・一パーセント、川鉄関連四五・四パーセント、その他六・五パーセント〉設立について」の議案として提出された。

私たちの闘いは、開発構想段階、造成前段での住民運動として、「資金を持たない市民団体と五百億円の闘い」として注目されている。「リゾート法」プラス「第三セクター方式」というハイテクニカルな住民管理を打ち破る住民自治の原点を賭した、地道な「ひとり、ひとりの意識を変える闘い」として自覚的に取り組まれ、拡大しつつある。岡山県下で、唯一ゴルフ場を持たない市として、住民の活性化とはなにか、どうすれば活性化するのかという、住民自身が主人公としてその構想力が問われる、手作りの社会変革への歩みでもある。

わしらの山じゃ　ゴルフ場建設予定地は、市有地一四〇・六ヘクタール、区有地四一・四ヘクタール、個人有地四八・五ヘクタール、計二三〇・五ヘクタールに及ぶ大規模開発である。「山林は存在するだけで公共性がある」（二月五日、私たちの会、「地域開発と自然を考える住民の会」主催による山田國廣先生を迎えての学習講演会「ゴルフ場の水問題」）という訴えは、住民の地権者意識の問題として、大きくクローズ・アップされている。「ゴルフ場計画をできる限り早い段階で察知し、地権者は土地を売らな

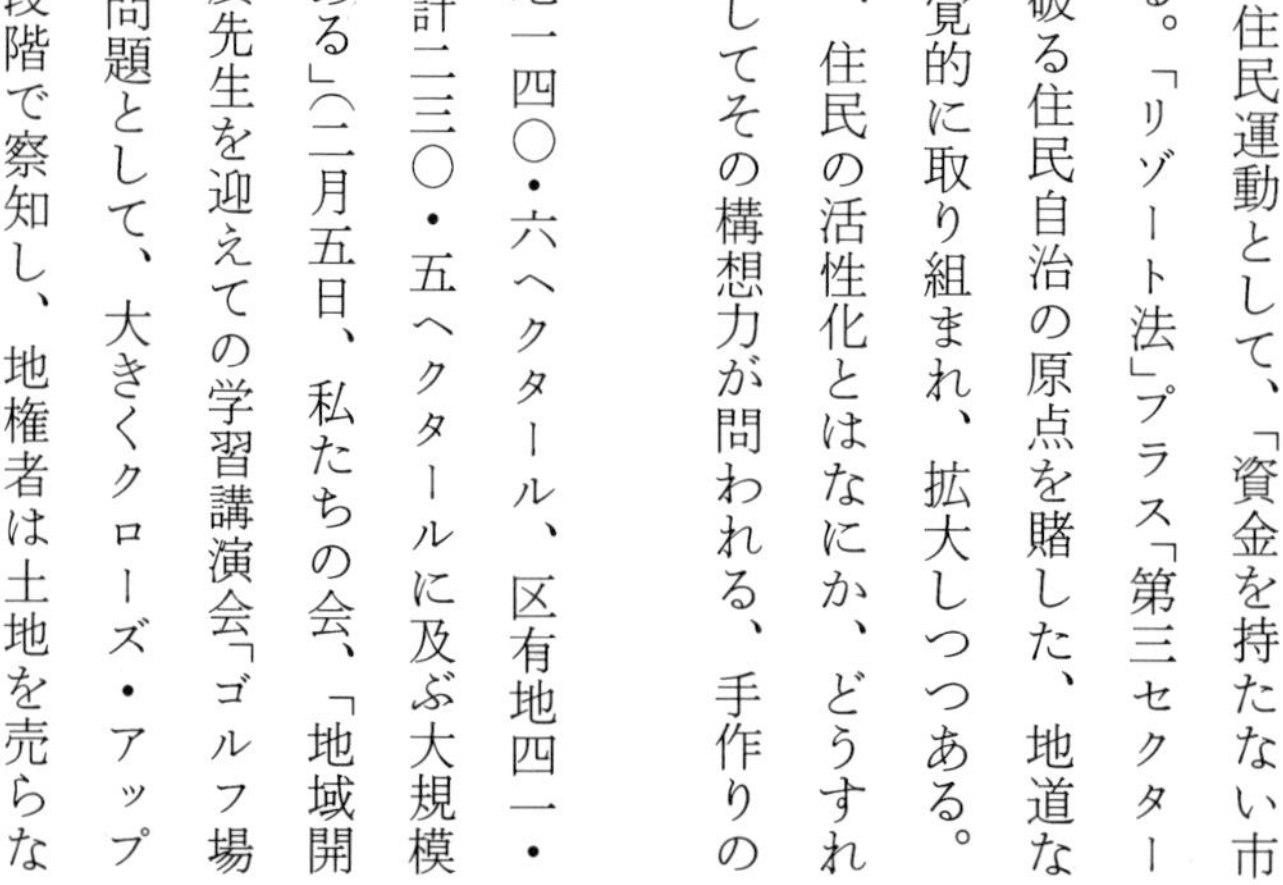

◀学習講演会

い、周辺住民は同意を与えない」（関西水系連絡会パンフレット『水系シリーズ』１、「人工の緑に広がる〝沈黙の春〟ゴルフ場農薬汚染への警告」）という最も大切で有効な手段を追求しつつ、複雑な土地権利関係の中、会は活動している。市有地一四〇・六ヘクタールは、その内約一〇〇ヘクタールについて部落（区）から大正年間に寄贈されたもので、その特別条件として伐採時の収益、町五割、部落五割が明記され、市当局もこれを認め、一方で住民へのエサとして使っている。区長、総代、山林委員を動かし、住民の代表であると評し、土地権利問題は合意したと宣伝（助役）（三月七日全員協議会発言）したが、山林委員も区長も印鑑を押していないことが今議会追求の中ではっきりした。「市有地は市民の財産である」、それを勝手に処分することは許されないという考えは、区有地を持つ部落の住民の中からも、明治期に作られ、現在でも考え方の根柢を流れる「民約」の思想（部落の共有財産は、特別な事態＝飢饉、飢餓災害などで部落民が苦境の時の最終の手段としてこれを処分し、処分することについて部落民の一人でも反対する者がいればこれを行わない）による主権者としての判断が出て来ていることは、ゴルフ場開発ノーへの展望でもある。

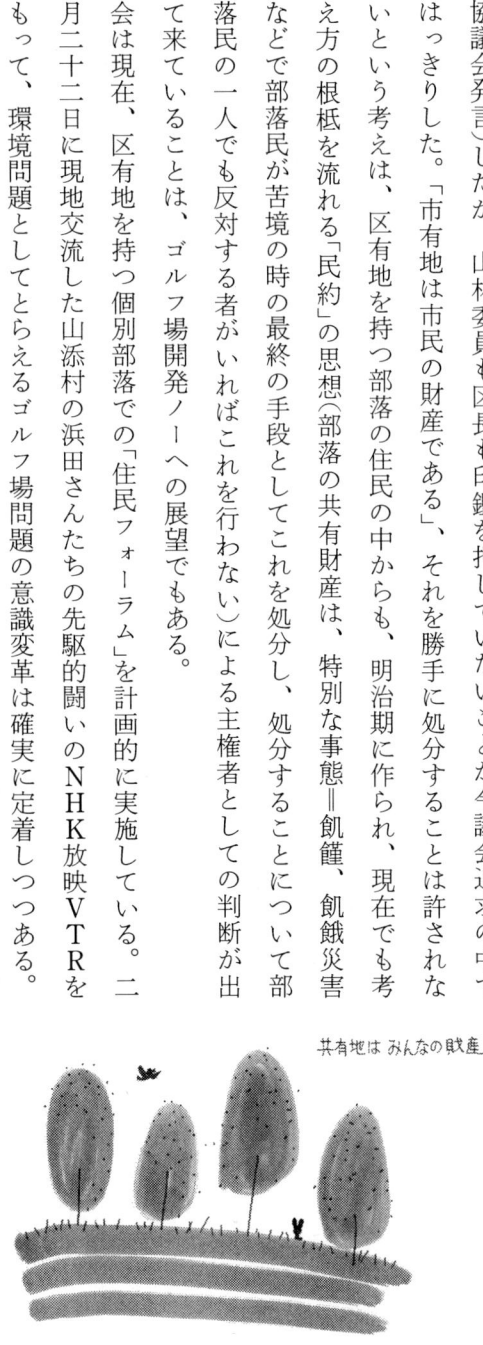

会は現在、区有地を持つ個別部落での「住民フォーラム」を計画的に実施している。二月二十二日に現地交流した山添村の浜田さんたちの先駆的闘いのＮＨＫ放映ＶＴＲをもって、環境問題としてとらえるゴルフ場問題の意識変革は確実に定着しつつある。

わしらの川、わしらの海

ゴルフ場予定地を源流域とする大谷川、伊里川は、全長五キロほどの小さな河川である。一九七四、七六年の二度にわたり、大洪水に見舞われ、死者を含む大きな被害を出した場所である。この水系は農業利水のための溜池を点在させ、これらを結ぶ形で河川を形成する瀬戸内海気候独特の風景を作る。備前市当局が作成した「備前市公害概要」にも「本市の主な水域は、片上湾とこれに流入する河川、金剛川及び香登川などであり、このうち片上湾、金剛川及び伊里川については、環境基準の類型指定を受けている。これらの水域では、消費財増加などの影響で汚濁負荷量が増大しているが、河川は流量が乏しいため汚濁物質が蓄積しやすく、又多数の河川が流入する片上湾は水の互換性の悪い閉鎖水域であるため汚濁が進みやすい。汚濁の現状は、有害物質については法規制などにより問題ないが、排出源が多岐にわたる有機物や法規制の対象とならない窒素、リンによる汚濁は改善が見られない」とある。

山田國廣先生による「既に環境容量を超えている」という指摘は、学習会参加者に「大変だ」という発見をもたらした。二月二十六日、会は、伊里川、大谷川水系の予備調査を会員のみで実施したが、サワガニ、カワニナ、ホトケドジョウを採取し、清流が存在することに感動した。調査前日は三日間連続の雨であったが、上流(閑谷)で、○・五〇四立方メートル/秒、○・九立方メートル/秒の流量を確認、山林の持つ保水力も現場で見ることができた。NH_3^+(アンモニウムイオン濃度)については、大倉の

池で〇・一ppmであったが、下流にいくと(松下電子工業前、向井橋)〇・二ppmと倍になっていた。普段はもっと高い数値を示すだろうが、生活雑排水の問題をぬきに川の浄化、海の浄化は考えられないことも自覚した。

これらの結果と学習会の経過を踏まえ第三セクターを構成する一市四団体一〇企業と、二二名の市議に公開質問状を送付し、三月二十八日までに回答を求めているが、「保水力が低下する」という問いかけに、当局内部で「だから芝生を植えるのだ」というやりとりが真面目に行われているというのだから、その回答レベルになにを期待すればよいのだろうか。

農薬汚染については、岡山県が実施したアセスメントには、一項もその項はない。「安全性が確認され登録された農薬を適切に使用すること」という環境庁の考えを基に、「安全なゴルフ場」を口上とする当局に対し、「農薬は農薬だから農薬」、「安全な農薬なんてのはない」(頓宮廉正教授、岡山大学医療技術短期大学部)、「岡山大学の医者のグループは、アトピー、花粉症、ガンを惹き起こすと、二〇年前から岡山市一の宮の農民に依頼し、安全な無農薬の米作りに取り組んでもらっている」、「その意味で、この地域で自ら実践している百姓(無農薬)が、ゴルフ場ができたらメチャクチャになる」(木谷地区、下野病院病院長)という訴えは、主婦層をこの活動にとりくませることになった。「ミミズをも一匹残らず殺し尽すゴルフ場」(山田國廣先生)で分かったのだが、

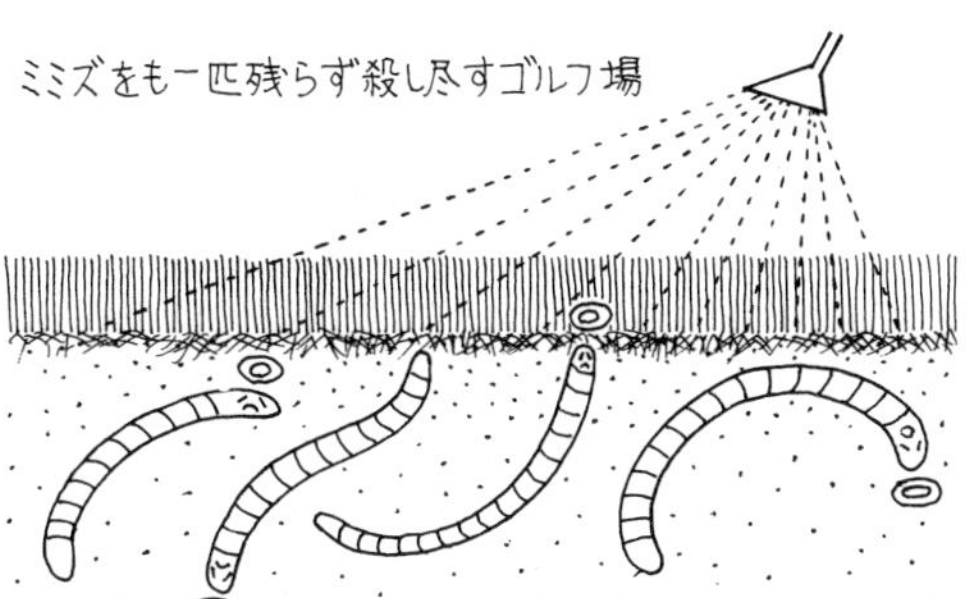

いまこの地域の標準的米作り農家では、一反当り年間一八、〇〇〇円の農薬、肥料を使うといいます。しかしこれは、農協の販売価格ですから、ゴルフ場の農薬仕入値は、これの約五割から三割が常識。ゴルフ場での平均使用量を二、〇〇〇万円とすると、農家で使う価格に換算すると四、〇〇〇万円分に相当することになり、平均的ゴルフ場一八ホール＝一〇〇ヘクタールを想定すると、年間四〇万円／ヘクタールとなり四〇、〇〇〇円／反で農家の二・二倍の農薬を撒布することになり、いままで言われてきた、「農家と同じ程度の撒布」が偽りであることがはっきりします。

海洋汚染の問題は、カキ養殖とナマコを中心とした零細な漁民を決起させせようとしています。リゾート開発の進む日生町で、いくら漁礁を埋め、「そだてる漁業」を唱えてもアマモは生育せず、稚魚や卵はわかないといいます。これも農家だけでなく、一般非農家もなに気なく使っている除草剤に原因があるのではないかという有識者もいます。タネをうえつけてもダメ、ナエを定植してもダメだったというのです。備前市にあっては、このアマモは木生湾埋立、越鳥屎尿処理場の建設によって全滅したという漁民からの聴きとり調査もあり、汚濁に強いとされるハゼですら、最近、奇形の背曲りを見かけるようになっている。

閉鎖性水域の片上湾は、ゴルフ場建設によって、名物のシャコも、ナマコもカキも大変なことにならないか。山添村のＶＴＲは、漁業組合員にいま大きな波紋を投じて、

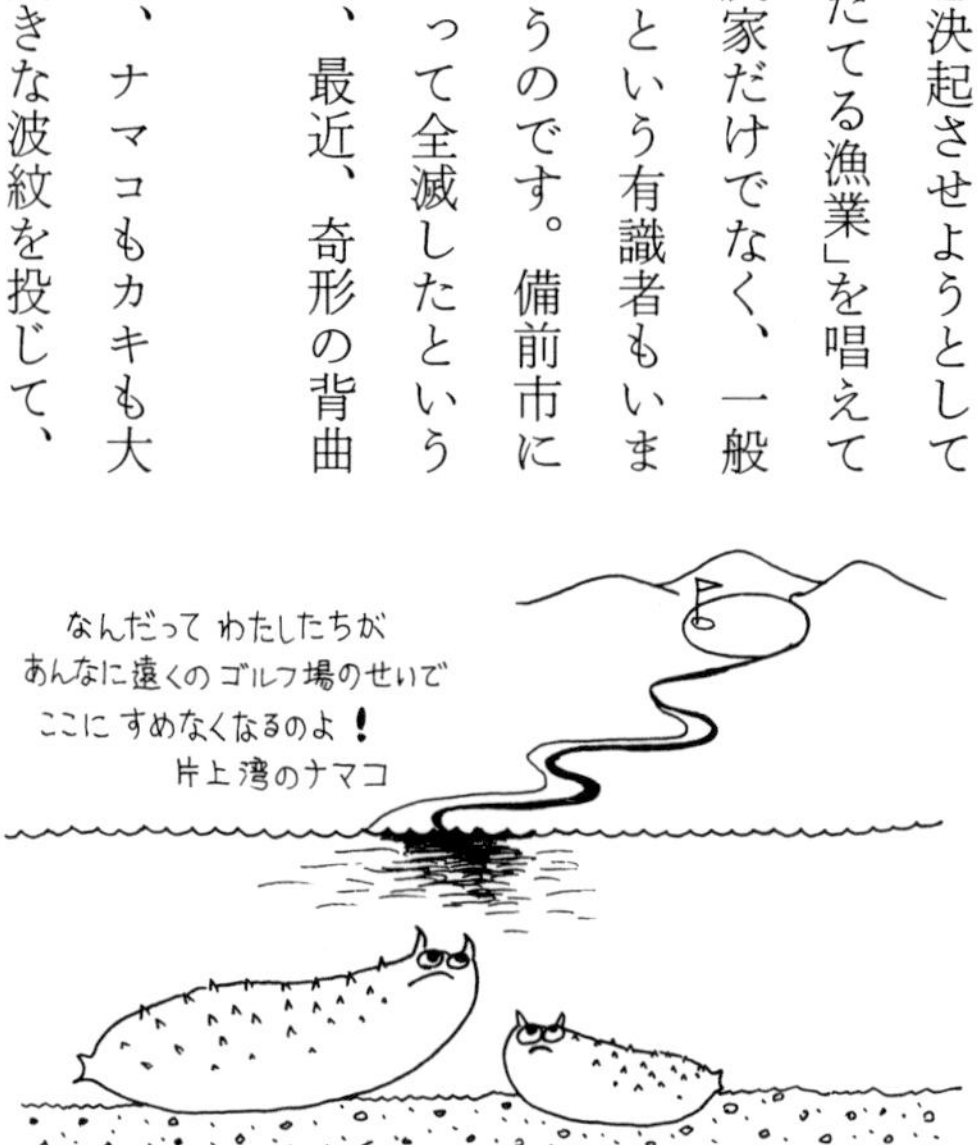

この問題への真正面からのとりくみを促進している。

おわりに

〝地域をほると中央に通じる〟……。人口三二、〇〇〇人の小さな市で、これまで誰一人として、なにごとにも「反対」の声をあげた歴史はない。行政の段取りは、既に建設業者の名前もとりざたされるほどに進んでいる。しかし、いま、確実に自然環境への意識は芽をふき、かけがえのない「私たちと子供たち」への“planets of the year”（〝惑星の一年〟〈雑誌『タイム』八九年一月号記事タイトルより〉）として闘いは組織されている。備前の田中正造に一人ひとりがなっていく、活動の中で、ゴルフ場問題は、大きく深い拡がりを持って地域を変革していく。

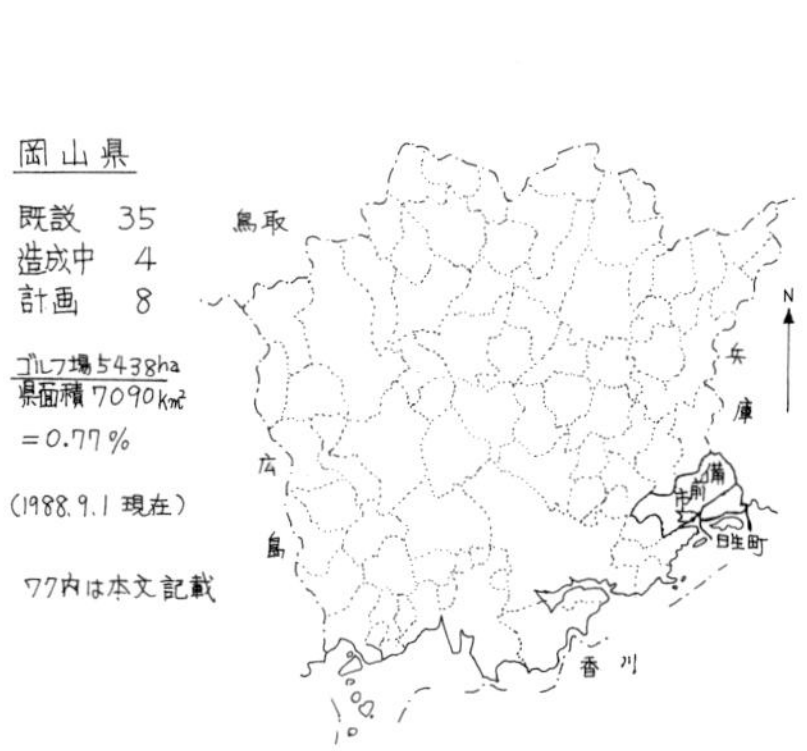

III

ゴルフ場問題の断層

私たちの世界が汚染していくのは、殺虫剤の大量スプレーのためだけではない。私たち自身のからだが、明けても暮れても数かぎりない化学薬品にさらされていることを思えば、殺虫剤による汚染などは色あせて感じられる。たえまなくおちる水滴がかたい石に穴をあけるように、生まれおちてから死ぬまで、おそろしい化学薬品に少しずつでもたえずふれていれば、いつか悲惨な目にあわないともかぎらない。わずかずつでも、くりかえしくりかえしふれていれば、私たちのからだのなかに化学薬品が蓄積されてゆき、ついには中毒症状におちいるだろう。いまや、だれが身をよごさず無垢のままでいられようか。外界から隔絶した生活など考えこそすれ、現実にはありえない。うまい商人の口ぐるまにのせられ、かげで糸を引く資本家にだまされていい気になっているが、みんなはみずから禍いをまねいているのだ。自分たち自身で自分のまわりでおそろしい死をまねくようなものを手にしているとは、夢にも思っていない。

レイチェル・カーソン『沈黙の春』青樹簗一訳

（第11章「ボルジア家の夢をこえて」より）

リゾート法の正体

中曽根民活とリゾート法

リクルート疑惑の土壌は、五年間の中曽根内閣時代に作られたものである。中曽根内閣時代の政治的キャッチフレーズは、①行政改革、②増税なき財政再建、③国鉄や電電公社の分割民営化、④民間の活力の導入、⑤国際国家日本、であった。

〝NTTを通じてリクルートが購入したスーパーコンピュータについて、中曽根が関与したかどうか〟ということがリクルート疑惑の最大の焦点になっているが、それだけに止どまらず、中曽根時代の陰の部分であったあらゆる「ツケ」がいま、私たちの前で明らかになりつつある。

宅地開発などの規制を大幅に緩和したことによって東京を発端として地価が急騰し、それがいま全国の大都市部に波及しつつある。土地の値上がりが、「金余り」を生み、地上げ屋が横行し、山奥にまで開発の手が急速に延び始めた。

国鉄は分割民営化され、JRグループとなったが、心配されたように大事故が発生し

た。「公共性」を忘れ、金儲けを優先するJRグループはリゾートに乗り出しゴルフ場を造り始めた。金余りは「株価の上昇」を招き、そのことが民営化されたNTTをリクルート疑惑に巻き込んだ。

そして、「総合保養地域整備法」(通称、リゾート法)も一九八七年六月、中曽根内閣の手で制定された。

リゾート法とは

総合保養地域整備法の第一条では、「リゾート法の目的」を次のように述べている。

「この法律は、良好な自然条件を有する土地を含む相当規模の地域である等の要件を備えた地域について、国民が余暇等を利用して滞在しつつ行うスポーツ、レクリエーション、教養文化活動、休養、集会等の多様な活動に資するための総合的な機能の整備を民間事業者の能力の活用に重点を置きつつ促進する措置を講ずることにより、ゆとりある国民生活のための利便の増進並びに当該地域及びその周辺の地域の振興を図り、もって国民の福祉の向上並びに国土及び国民経済の均衡ある発展に寄与することを目的とする」。

リゾート法の全容を理解するため、ここでは、(1)整備対象地域について、(2)整備対象施設について、(3)民間事業者の整備に対する支援措置、(4)国及び地方公共団体による措置、に分けて要約する。

(1)リゾート法による整備対象地域

① 良好な自然条件を有する土地を含み、スポーツ、リクリエーション施設などの総合的な整備を行うことができる相当規模の地域であること(原則としておおむね一五万ヘクタール以下を想定)。

② 用地の確保が容易であること。

③ 産業及び人口の集積の程度が著しく高い地域以外の地域であること。

④ 施設の現況、見込み及び立地条件から見て、民間事業者によるスポーツ、リクリエーション施設など相当程度の特定民間施設の整備が確実と見込まれる地域であること。

となっている。

(2)整備対象施設

民間業者の能力を活用して整備できるものとして次のような施設があげられている。

① スポーツ又はレクリエーション施設(運動場、テニスコートを含む)、ゴルフ場、水泳場、スキー場、マリーナ、人工海浜など。

② 教養文化施設(劇場、美術館、資料館、水族館など)。

③ 休養施設(展望施設、温泉保養施設)。

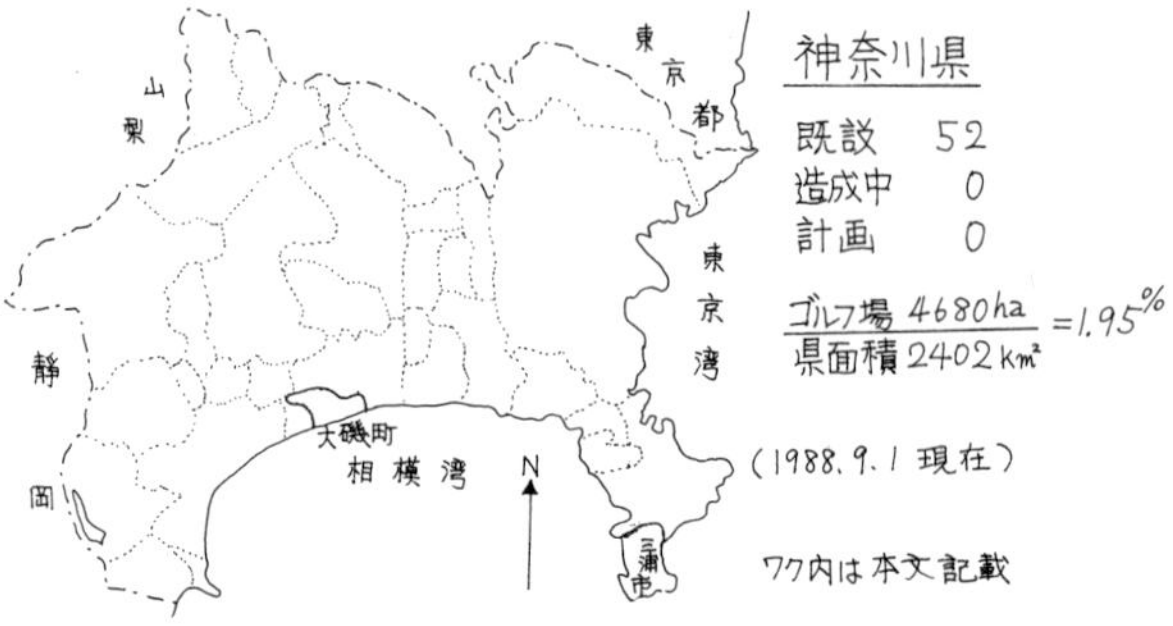

④ 集会施設(研修施設、会議場、展示場施設)。
⑤ 宿泊施設(ホテル、旅館、ペンション、コンドミニアムなど)。
⑥ 交通施設(バス、道路、鉄軌道、航空機・飛行場、ターミナル、駐車場など)。
⑦ 販売施設(ショッピングモール、地域特産物販売センターなど)。
⑧ 滞在者の利便増進施設(熱供給施設、食品供給施設、汚水共同処理施設など)。

(3)民間業者の整備に対する支援措置

① 法人税の特別償却(国税措置)。
② 特別土地保有税及び事業税の減免措置及び不均一課税(固定資産税及び不動産取得税)による減収額の地方交付税補塡(地方税措置)。
③ 政府系金融機関による低利融資。

(4)国及び地方公共団体による措置

① 必要な公共施設の整備。
② 地方公共団体による民間事業者に対する出資、補助など。
③ 地方債の起債に当たっての配慮。
④ 農地法などによる処分についての配慮。
⑤ 国有林の活用についての配慮。
⑥ 港湾に関わる水域の利用についての配慮。

リゾート開発の公共性

「国民が余暇を利用して滞在しつつ行うスポーツ、レクリエーション、教養文化活動、休養、集会」などの施設は、「公共性」が高いので、本来ならば国や地方公共団体が自らの手で、それら施設の建設や管理を行うべきものである。

ところがリゾート法では、それら施設を民間業者に造らせ、「国や地方公共団体はそれをサポートする側に廻る」ということになる。ここで問題となるのはそれら施設の「公共性」である。「公共性」が高いといっても、施設がそこにあるだけでは「公共性」があることにはならない。スポーツ、リクリエーション施設がそこにあるだけでは「公共性」がある施設とは「普通の市民が、それほど高くない料金で、いつでも、どこでも利用できる」と考えられる。実際にはこのような理想的な施設は存在しないかもしれないが、この定義に近い施設ほど「公共性」が高いといえる。

これらの施設が建設される所は森林、丘陵地、海岸など、もともと自然豊かな公共性の高い場所であるので、それらの自然を破壊するような施設であれば、利用形態の中身にかかわらず「その施設には公共性がない」ことは当然である。

実際に、どのようなリゾート開発構想があるのか「全国の主要リゾート開発構想一覧」を一九二〜三頁表—1に示す。東京都や大阪府といった大都市を抱えるところ以外は、ほぼ、どの府県でも開発構想がある。事業主体を見ると、大手の電鉄会社、銀行、商事会社、ホテル、デベロッパーなどである。そして、リゾート施設のベスト5にはゴルフ場、ホテル、テニスコート、スキー場、マリーナをあげることができる。

現在、リゾート法の適用が承認された場所は三重県、宮崎県、福島県、栃木県、兵庫県(淡路島リゾート構想)の五地域である。兵庫県にはゴルフ場がすでに一一一あり、全国一である。一九八八年四月以降は、新たな申請は「凍結」しているのであるが、リゾート法が適用されるとその規制から免れる。本四架橋などでリゾート地として注目されている淡路島には現在二ヶ所のゴルフ場があるが、新たに九ヶ所の計画が予定されており、リゾート法によって淡路島は下段の図に示すように一挙に「ゴルフ場銀座」となりかねない。

大手資本によるこれまでの開発の経過を見ても、これらの建設には相当な自然破壊が伴なうし、できた施設も一部の人にしか利用できないような料金の高いものが多い。なんのことはないリゾート開発とは「大手資本が自然豊かな森林、丘陵地、海岸を囲い込み、そこにゴルフ場やホテルやテニスコートなどを造ること」ではないか。そしてリゾート法とは、そのようなリゾート開発に対して、国や地方公共団体が支援する義務を負うというものである。その中身をもう少し詳細に検討する。

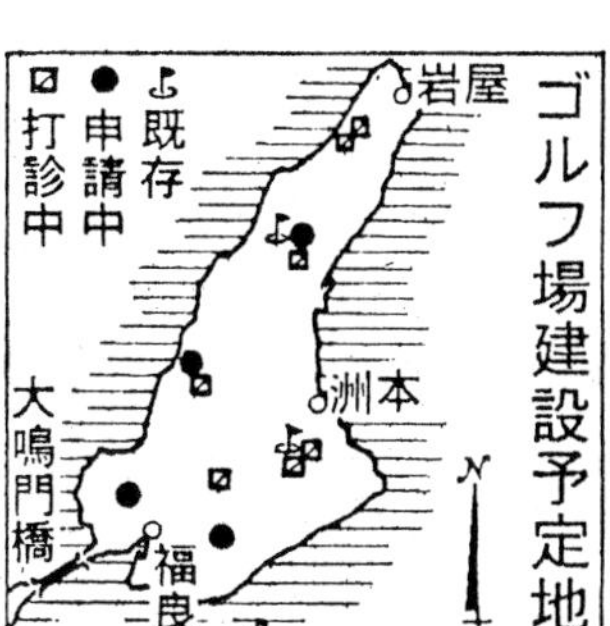

表—1　全国の主要リゾート開発構想一覧

都道府県	対象地域	面積（ha）	事業の進行状況	主なリゾート施設	事業主体（空欄は自治体）
北海道	網走	1,300	一部着工	文化、教育・研究、スポーツの各施設	
	十勝岳、美瑛町	7,300	88年度着手	クアハウス、温泉医学の国際会議場	
	トマム	5,000	一部オープン	（既設）ホテル、スキー場（着工予定）超高層コンドミニアム、ゴルフ場	ホテルアルファ、アルファ・ホーム
	サホロ	440	〃	ホテル、スキー場、テニスコート、ゴルフ場	西洋環境開発、地中海クラブ
青　森	蟹ケ沢	150,000	88年12月着手	スキー場、ゴルフ場、リゾートホテル	国土計画
岩　手	大船渡	89,000	一部着工	マリーナ、牧場、宿泊研究施設	
	安比高原	2,500	一部オープン	スキー場、ホテル、テニスコート、観光牧場、ゴルフ場、温泉	安比総合開発（第３セクター）
	雫石	400	完成	スキー場、ゴルフ場、レストラン	国土計画
宮　城	栗駒山、鬼首	72,000	計画作成中	クアハウス、ホテル、スキー場、テニスコート、地底博物館	
	気仙沼、南三陸金華山	88,000	〃	マリンスポーツ施設、シーフード街	
	松島	18,000	〃	マリーナ、コンベンション施設	
秋　田	八幡平、安仁、田沢湖	130,000	87年度着手	スキー場、ゴルフ場、マリーナ、ホテル	国土計画ほか数社
山　形	蔵王、月山	157,000	計画作成中	自然学習施設、クアハウス、会議場	
	鳥海山、庄内浜	130,000	〃	スキー場、クアハウス、ホテル	
福　島	会津高原、猪苗代湖	200,000	一部着工	スキー場、マリーナ、会津藩校、芸術家村	京浜急行、東武鉄道
	阿武隈地域、棚倉	420,000	90年オープン	乗馬場、アーチェリー場、テニスコート、ゲートボール	ＤＩＣクリエーション
茨　城	鹿島灘地域	15,000	一部オープン	ホテル、海浜公園、マリーナ、観光農園	
栃　木	会津鬼怒川線沿線	70,000	90年度着手	スキー場、スポーツレジャーランド、ゴルフ場	
群　馬	北軽井沢、長野原町	245	〃	人工海、アクアドーム、コテージ、ゴルフ場、スキー場	鹿島建設、オリンピック開発
埼　玉	秩父、長尾根地域	1,700	〃	スポーツガーデン、観光農園、工房、野外音楽堂、スキー場	
千　葉	鋸南、館山、勝浦	100,000	一部着工	マリーナ、フィッシャーマンズ・ワーフ、海上ホテル、遊覧施設	
	九十九里	103,000	計画作成中	海浜公園、サンドバギーコース、遊覧施設	
神奈川	三浦、川間	12	89年一部オープン	リゾートホテル、マリーナ、テニスコート、コンドミニアム	住友重機械工業、住友商事、住友信託銀行
新　潟	奥只見	1,050	一部着工	スキー場、クアハウス、牧場、ゴルフ場	
	紫雲寺町	300	調査中	フィッシャーマンズ・ワーフ、ゴルフ場、ホテル、都市公園	
	妙高高原	500	88年一部オープン	ゴルフ場、スキー場、テニスコート、ホテル、サイクリングコース	松下興産
富　山	南砺、五箇山地域	70,000	計画作成中	カリフォルニア大分校誘致、利賀国際文化村	
福　井	敦賀、三方、小浜	110,000	〃	マリーナ、キャンプ村、ホテル	
	大野、勝山	110,000	〃	ホテル、モトクロスレースコース、スキー場	

山梨	八ヶ岳地域、清里	80,000	一部オープン	分譲別荘、自然観察園、テニスコート	
長野	小海、松原湖	250	87年度着手	ゴルフ場、スキー場、テニスコート、ホテル	川鉄商事
	松本	152,000	〃	自然利用型のレクリエーション施設	
静岡	河津	1.7	88年4月オープン	リゾートホテル、海洋レジャー施設、テニスコート	東京急行電鉄、東京急行観光
	浜松、浜名湖	約500	88年度着手	マンション、マリーナ、国際会議場、サーフビーチ	
愛知	蒲郡、大塚	36	〃	マリーナ、リゾートホテル	
三重	伊勢・志摩、熊野	150,000	一部オープン	リゾートホテル、芸術村、ゴルフ場、国際会議場	西武セゾングループ、大和ハウス工業、近畿日本鉄道
京都	丹後地域	1,200	計画作成中	クアハウス、マリーナ、観光農園、スキー場、リゾートマンション	阪急ホテル、西武セゾングループ
滋賀	琵琶湖湖辺	130,000	今後10年で整備	マリーナ、リゾートホテル、研修場、サイクリングロード	
兵庫	淡路	60,000	一部オープン	コンベンション施設、マリーナ、ゴルフ場、フィッシング・パーク	JAPIC
	丹波	87,000	計画作成中	美術館、クラフト創造遊園地、観光農園	
奈良	五條、吉野	200,000	一部オープン	スキー場、クアハウス、蛍公園、森林植物公園	
	大和高原	50,000	調査中	ゴルフ場、スキー場、いこいの村	
和歌山	熊野、新宮	112,000	計画作成中	クアハウス、遊歩道、体験研修センター	
島根	三瓶地域	135,000	〃	自然博物館、シルバーランド、スキー場	
岡山	児島、玉野	129	〃	ゴルフ場、遊園地、リゾートホテル	三井造船、シャロン
広島	因島	3,950	一部着工	マリーナ、ホテル、公園	
山口	萩、長門	150,000	計画作成中	リゾートホテル、マリーナ	
徳島	鳴戸	150,000	〃	海洋性リゾート構想を検討中	
香川	綾歌町	210	87年度中着手	レクリエーションランド	日本ゴルフ振興
愛媛	宇和島、津島	850	計画作成中	キャンプ場、釣り施設、スポーツ施設	
	今治	89,000	〃	ホテル、コンベンション施設、マリーナ	
高知	土佐清水、大岐の浜	20	計画作成中	リゾートホテル、コテージ、テニスコート	西武ゴルフ
福岡	玄海地区	100	一部オープン	テニスコート、天文台、結婚式場、会員制ホテル、マリーナ	地元民活によるもの
長崎	島原、五島列島	70,000	計画作成中	マリーナ、放牧場、会議場	
熊本	天草地域	90,000	87年度着手	マリーナ、シルバー向け別荘、ゴルフ場、スカイスポーツ	
宮崎	日南、南郷	110,000	計画作成中	クアハウス、乗馬場、プライベートビーチ、マリーナ	西武ゴルフ
	霧島、えびの高原	170,000	〃	ゴルフ場、スポーツランド	
鹿児島	加世田、枕崎、指宿	50,000	87年度着手	マリーナ、サンドバギーコース、スカイスポーツ、遊覧船	
沖縄	宮古島	230	一部オープン	ホテル、ゴルフ場、テニスコート、各種マリンスポーツスクール	東京急行電鉄
	石垣島	—	〃	ホテル、各種マリンスポーツスクール、グラスボート	シーマンズクラブ

出所　『実業の日本』87年5月1日号

リゾート法の問題点

リゾート法によると、大手資本のリゾート開発に対して、国や地方公共団体は税金の優遇、資金集め、公共施設の整備などを義務付けられる。それらの主な条文を紹介する。

第一〇条(資金の確保)。

「国及び地方公共団体は、特定民間施設の設置を行う者が承認基本構想に従って行う当該施設の設置又は当該施設の用に供する土地の取得若しくは造成に要する経費に充てるために必要な資金の確保に努めなければならない」。

第一一条(公共施設の整備)。

「国及び地方公共団体は、承認基本構想を達成するために必要な公共施設の整備促進に努めなければならない」。

第一二条(国などの援助)。

「国及び地方公共団体は、承認基本構想の達成に資するため、承認基本構想に基づき特定民間施設の設置及び運営を行う者に対し必要な助言、指導その他の援助を行うように努めなければならない」。

これらの条文によると、リゾート法が適用される承認基本構想については、税の優遇、低利の資金援助だけでなく、開発に必要な道路や下水・上水道など公共施設についても国や地方公共団体が面倒を見ることになり「至れり尽せり」となる。

さらに問題のある条文が続く。

第一四条（農地法などによる処分についての配慮）。

「国の行政機関の長または都道府県知事は、重点整備地区内の土地を承認基本構想に定める特定民間施設の用に供するため、農地法その他の法律の規定による許可その他の処分を求められたときは、当該重点整備地区における当該施設の設置の促進が図られるよう適切な配慮をするものとする」。

これまで、農地をレジャーなどその他の目的に転用する場合はかなり厳しい規制があった。しかし、リゾート法では「農地の転用を大幅に緩和できる」ように知事が行政指導することになる。要するに「農地をゴルフ場に転用してもよろしい」ということである。

そして、きわめつけの条文が次のものである。

第一五条（国有林野の活用）。

「国は、承認基本構想の実施を促進するため、国有林野の活用について適切な配慮をするものとする」。

森林はそこにあるだけでも公共性がある。森林に降った雨はゆっくりと地面に浸透し、

下流地域には清らかな水が供給される。炭酸ガスや窒素酸化物を浄化して酸素を供給してくれる。なによりも多様な生物たちの棲み家でもある。水源涵養保安林に指定されている林野も多い。

農地や林野はきわめて公共性が高い。リゾート法では、それらをレジャー施設やゴルフ場に転用してもよいことになる。これはどういう法律なのか。リゾート法とは亡国法である。

ゴルフ場の財政問題

活性化の実態

過疎に悩む地方の市町村が、活性化の切り札になると考えてゴルフ場建設にとりくむケースがしばしばある。多くの場合ゴルフ場建設に最も熱心にとりくんでいるのは建設関係の市会議員や町会議員であり、時には市長や町長が先頭に立っているケースもある。ゴルフ場建設には多額のお金が地元に投下されるため、そのお先棒を担ぐことによってなんらかの分け前にありつこうという人も当然出てくる。山梨県大月市や兵庫県吉川町のように市長や町長がゴルフ場開発申請をめぐる汚職事件で逮捕されるということも珍しくない。ゴルフ場は地元の環境だけでなく人々の心までもお金で汚染していく。

開発事業コンサルタントの計算

ところでゴルフ場推進派が議会や住民を説得するためよく使う論理は、①税収入が増

える、②雇用が増える、③地元の消費が拡大するということである。山梨県甲府市の千代田湖ゴルフクラブ（一三九ヘクタール）建設に際して、大規模開発事業コンサルタントの株式会社開発計画研究所は「ゴルフ場開発事業に伴う地方自治体の諸利点について」という"おもしろい"レポートを提出しているので紹介する。

ゴルフ場の営業活動に伴う税収入としては次のような計算がなされている。

① 固定資産税（用地）

山林、田、畑であったものが、事業用地となるため課税標準が変更され、三～一〇倍になる。計算式としては、

（土地取得価格＋造成費）×〇・〇一四＝七、〇〇〇万円。

② 固定資産税（建物）

クラブハウス、各施設のうち、固定資産税対象となる工事費は五～一〇億円程度であり、評価額により課税される。計算式は、

クラブハウス等評価額×〇・〇一四＝四〇〇万円。

③ 娯楽施設利用税

ゴルフ場により差異があるが、通常一、二〇〇～一、八〇〇円／人であり、その五〇パーセントが娯楽施設利用税交付金として市町村に交付される。概算式として、

（一人当たりの利用税＝一、五〇〇）×（利用者数＝五〇、〇〇〇）×〇・五＝三、七五〇

万円。

④　法人市民税

当該事業主体が、甲府市に支店登記を行う場合、法人市民税が徴収される。二五〇万円。

以上諸税収入合計は①+②+③+④=一億一、四〇〇万円となる。

この計算によると、一八ホールのゴルフ場が一ヶ所建設されると地元の市町村に一億円以上の税収入があることになるが、果たしてそんなうまい話になるのであろうか。

三重県名張市での計算

過疎に悩んでいるような自治体では多くの場合、地方交付税を受けている。そのような自治体では、独自の税収入があるときは地方交付税が減額となるが、そのような例として三重県名張市について計算してみる。

①　固定資産税

山林が事業地に変わり、課税標準額が平方メートル当たり五〇〜六〇円から一、一〇〇円にアップする。一八ホールのゴルフ場では面積は一〇〇〜一二〇ヘクタールであるが、公簿面積はその約半分である。税額はクラブハウスの分を含め約一、〇〇〇万円。それから地方交付税七五パーセント減を差し引いて二五〇万円が固定資産税の純

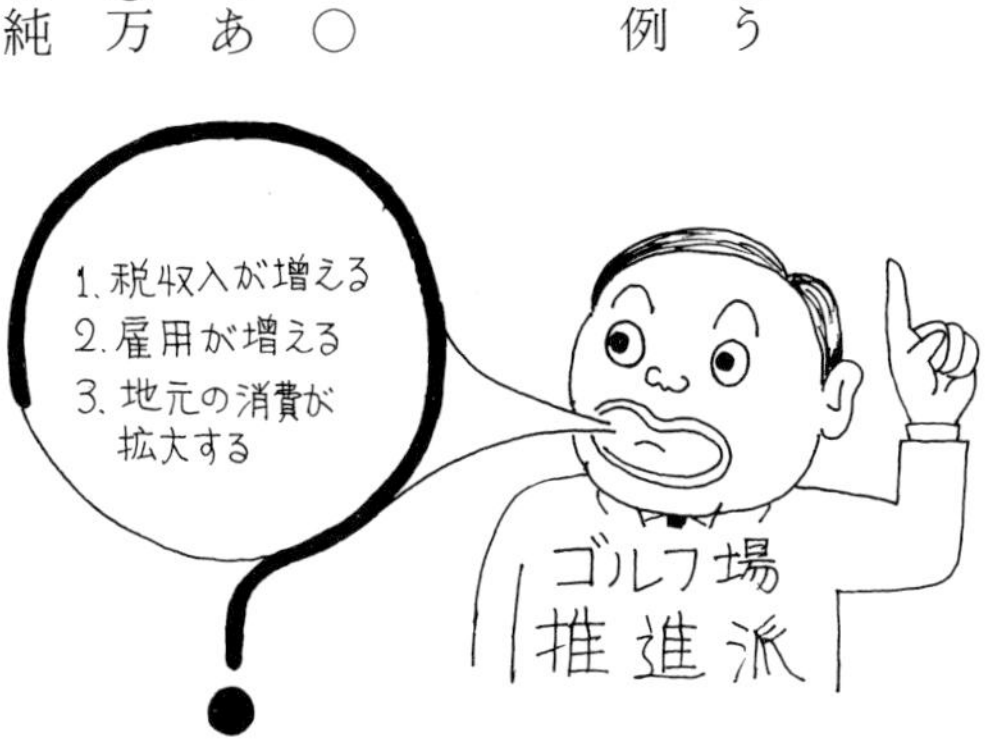

税収となる。

② 一人一回の利用で一、二〇〇円の課税。県と市で五〇パーセントずつの収入になる。入場者数を五〇、〇〇〇人／年とすると一ヶ所のゴルフ場で約三、〇〇〇万円となる。ただし、地方交付税が七五パーセント減となるので実質は七五〇万円となる。

以上、①＋②＝一、〇〇〇万円となる。

現実には一ヶ所のゴルフ場からの税収入としては、甲府市の計算例と比べると約一〇分の一の一、〇〇〇万円程度である。この額が多いか少ないかについては人によって判断の差があるかもしれない。しかし、一〇〇～一二〇ヘクタールという膨大な土地をフェンスで囲いこまれてしまう代償にしては「はした金」といえるのではないだろうか。

ゴルフ場の雇用

次に一ヶ所のゴルフ場によってどれくらい地元の雇用が増えるのかを検討してみる。

一八ホールくらいの規模では、

キャディ（女子）	約五〇名
クラブハウス要員（男・女）	約二五名
ゴルフ場整備員（男・女）	約二〇名

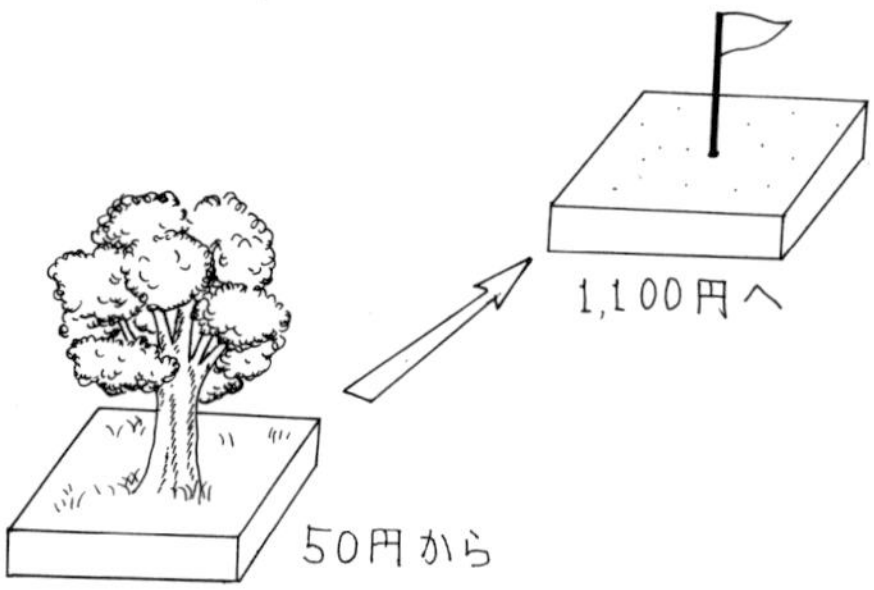

管理職　　　　約五名
合計　　　　約一〇〇名

となっている

このうち地元からどれくらい優先的に雇用されるかはゴルフ場が進出してくる時の条件にもよるが、滋賀県信楽町の例では四〇パーセント程度が地元雇用となっている。それから推測すると一ヶ所のゴルフ場の地元雇用はパートのキャディさんや整備員など約四〇人ということになり、膨大な土地を占める割りには少ない数字である。

ゴルフ場にはなぜ汚職がつきまとっているのか

汚職の構造

少し大きなゴルフ場建設には、数百億円程度のお金が動く。計画はまず、地元の有力政治家や地権者に内密に伝えられる。計画段階において、開発業者にとって最も重要なことは市町村議会の同意を取ることと、土地の買収をスムーズに進めることである。多くの場合、そのための必要経費として数億円から数一〇億円がばらまかれる。市町村長がゴルフ場建設に関する収賄汚職で逮捕される例も珍しくない。例えば山梨県の大月市、兵庫県の吉川町、三重県の磯部町などでは現職の市長や町長が収賄で逮捕されている。

土地の買収には地上屋的な業者が乗り出してくることもある。最上恒産のように地上屋そのものがゴルフ場建設に乗り出す場合が多い。普通、最も大きな地権者の同意を取ることから始められる。この段階でもお金が動く。次に、同意が得られた地権者の地縁、血縁を利用して同意を広げていく。地権者の子息をゴルフ場の重役として雇用

ゴルフ場の建設まで
—埼玉県の例による—

1、町との事前協議
2、地権者の同意書　9割以上
3、県の立地承認　土地買収開始
4、環境影響評価準備書作成
5、同　右　縦覧
6、知事主催の公聴会
7　隣接地区同意
　　環境影響評価書作成
8、県の開発許可
9、着工

！注意点

1、申請の二、三年前から始まる
2、埼玉県小川町では、山林の買収価格は10a当り四〇〇万円が相場
3、立地承認の申請には、地権者九割以上と町長の意見書が必要
4、ゴルフ場が環境調査コンサルタント会社に依頼して作成させる。内容の大部分は、他の資料の引用をつぎ合わせた予測である。
5、ここではじめて一般住民に知ら

するという方法も採られる。そして、市町村の議員がそのお先棒を担ぐこともある。

周辺住民の同意については、まったく無視して建設を進めてしまう場合もあるが、通常は自治会区長に説明して同意を得るという方法が採られる。計画が周辺住民にあまり知られていない段階だと、区長が開発業者の接待を受けて簡単に同意してしまうケースが多い。

ゴルフ場がオープンする時には、地元の有力者や建設協力者には縁故で会員権が安く提供される。値上がりすることがあらかじめ分かっている会員権が安く手に入るという構図は「リクルート汚職」と同じである。

料亭とゴルフ場は社用接待によく利用される。リクルートのように系列の会社が建設したゴルフ場に労働省の役人や国会議員を招待して、自社が出版している情報紙の規制に手心を加えてもらおうという接待に使用される場合もある。ゴルフ好きの大阪府の職員が業者の接待漬けで、収賄容疑で逮捕されるという例もある。

「ゴルフができないと変人扱いを受ける」と、ある市の職員から聞いたことがある。接待する側も、される側も「ゴルフ、ゴルフ」である。自分の身銭を切らずにゴルフをするのが当然のように思っている役人が多くいる。そのようなゴルファーのために、一方では大切な自然が破壊されていくのは理不尽である。ゴルフ場汚職は構造的なものであり、起こるべくして起こっている。

される。しかし、回覧でなく新聞の折り込み広告の場合が多く、気がつかない住民が多数ある。

6、人数を限って(たとえば10人)一般住民が反対意見を述べる最初で最後の機会が与えられるが、実際には形式だけで、しかも「住民の意見は聴いた」という手続きがとられる。

7、どこまでが「隣接地区」なのか法的規定はなにもないので、ゴルフ場予定地周辺のごく少数の住民の同意ですませられる。

8、最終的なゴーサインが出される。地権者、地区、町長の同意がそろえば、県は認めざるを得ない。

(埼玉県
小川町有機農業研究会
資料提供)

汚職の実態

最近の新聞記事からゴルフ場汚職に関係するものを紹介する。

一九八八年十月十九日（『毎日新聞』）。

「山梨県大月市のゴルフ場開発許可をめぐる汚職事件で、収賄罪に問われた前市長、小俣治男被告（七〇）と、前山梨県議、三枝新吾被告（五三）ら贈賄側四人に対する判決公判が十月八日、東京地裁刑事一二部で開かれた。新矢悦二裁判長は『小俣被告は、私欲のために職務を汚し、市民の期待を裏切った』と述べ、小俣被告に懲役二年六月、執行猶予五年、追徴金五〇〇万円を、また三枝被告ら四人に徴役一年～二年の執行猶予付き判決を言い渡した」。

一九八八年十一月一日（『朝日新聞』）。

「大阪府住宅供給公社の共同アンテナ工事発注にからんだ汚職事件で、大阪地検特捜部は一日朝、収賄容疑で逮捕した同公社建設課主査石伏勝利（四六）の職場や自宅、幹部二人を贈賄容疑で逮捕したサン電気設備など関係十ヶ所を捜査、関連書類など多数を押収した。……同特捜部の調べや関係者の話によると、石伏は八六年八月下旬に現金三〇万円を、八七年八月には二〇万円のゴルフ接待を受けている。

……石伏の給料は手取りで三〇万円。愛人の生活費の工面や、好きなゴルフをするには資金が足らず、業者との癒着を強めていった、と同特捜部はみている……」。

一九八八年十二月四日（『朝日新聞』）。

「京都府警捜査二課と園部署の合同捜査班は、京都府船井郡瑞穂町のゴルフ場建設をめぐり住民の同意を早期に取り付ける有利な取り計らいを依頼され、その謝礼として三〇〇万円を受け取っていた同町東又暮谷、同町議軽尾貫一（六二）を収賄の疑いで、大阪市阿倍野区橋本町、瑞穂観光会社嘱託上野高吉（五八）を贈賄の疑いで逮捕した。

調べでは、軽尾は八六年二月から八八年二月まで瑞穂町の条例に基づいて設置された梅田財産区管理会長を務め、財産区の財産処分に権限を持っていた。町内にゴルフ場建設を計画している同観光会社の上野が、ゴルフ場予定地の八〇%を占める梅田財産区所有の山林などの賃貸契約締結など財産処分について同管理会の早期同意を得るなど、有利な取り計らいを受けようと、昨年八月上旬ごろ、軽尾の自宅で現金三〇〇万円を渡した疑い……」。

一九八八年十二月二十九日（『朝日新聞』）。

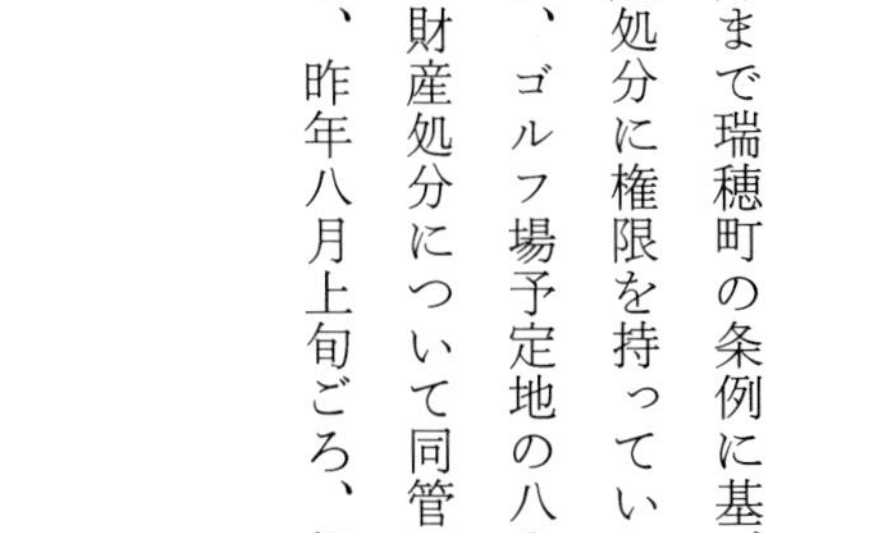

「尼崎市は二八日、十二月定例議会が開かれていた二二日に休暇をとってゴルフコンぺに出かけていた同市の赤松永一用地部長ら四人と、休暇の許可を与えた上司四人の計八人を、戒告などの処分にした」。

一九八九年一月二十五日(『朝日新聞』)。

「兵庫県警公安三課の巡査部長(三三)が昨年一一月、神戸市内のショッピングセンターでゴルフ用品を盗み、諭旨免職処分になっていることが二四日わかった。……巡査部長は長女を保育園に迎えに行く途中、時間つぶしに店に寄ったという。調べにたいして『見ているうちに急にほしくなった。魔がさした。怖くなったその日のうちに、ゴルフセットは明石市内の海に捨てた』と自供、県警機動隊の潜水隊員が捜索して発見した……」。

一九八九年四月九日(『朝日新聞』)。

「成田空港に近い千葉県香取郡大栄町で、十一月オープンに向けて建設が進められている『大栄カントリー』(本社・東京都新宿区、栗本頼治社長)のゴルフ場の会員権が六十二年暮れ頃、ゴルフ場開発に影響力を持っていた当時の町長の平野毅氏(五九)に現在の売り出し価格四千五百万円に比べても極めて安い七百万円(うち百万円は入金)という特別価格で売られ、また当時助役だった葛生信明・現町長(五八)は、入会金の百万円を払い込んでいたことが、八日、朝日新聞社の調べでわかった」。

リクルート汚職とゴルフ場汚職

「自然保護と林野経営の調和を図る」として林野庁が「森林リクリエーション構想」を立てたのは一九七〇年である。これが国有林野をリゾートに提供しようとする計画のはしりであった。全国の国有林の中からそれぞれ三、〇〇〇ヘクタール以下にわたって「リクリエーションの森」が選ばれたが、岩手県盛岡市の近くにある「安比《あっぴ》高原」もそのうちの一つであった。「安比」とはアイヌ語で「安住の地」を意味している。

リクルートによる安比高原開発は「総合リゾート」の典型的なモデルといえる。ゴルフ場は安比高原ゴルフクラブとメイプルカントリークラブの二ヶ所あり、系列会社の安比レック株式会社が経営している。その他に安比高原スキー場、安比高原牧場、盛岡グランドホテル、盛岡グランドホテルアネックス、ホテル安比グランドなどがリクルートの系列会社によって経営されている。ここは、まさに「リクルート・ランド」である。

ゴルフ場を経営している安比レックは、一九八五年四月にリクルートコスモスが実施した第三者割当増資で四〇万株を引き受けている。そのコスモス株が岩手県の政界や

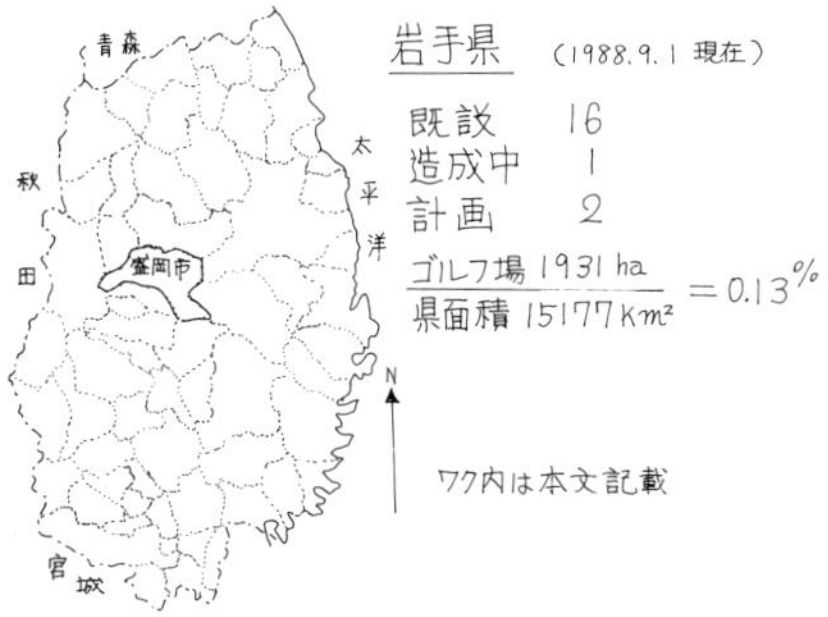

官界に「ばらまかれた」のではないかという噂がある。一九八八年九月三十日に告示された「岩手県政治資金報告」によると、安比レックからは大田大三盛岡市長に一〇〇万円、藤根順衛岩手県議に三〇万円が献金されている。

一九八七年五月三十日、当時自民党幹事長であった竹下登は「岩手県長期政権懇談会」という支持者によるパーティーに出席した。会場は盛岡グランドホテルであった。同ホテルに一泊した竹下は、翌日、安比レックのメイプルカントリークラブでゴルフを楽しんだが、その時リクルート会長であった江副浩正と、後に竹下内閣の官房副長官になる小沢一が同伴していた。

安比高原のゴルフ場は、リクルートによる政界、官界に対する懐柔工作の切り札としてフルに利用されていた。今年二月十七日、労働省の元・課長、鹿野茂(五一歳)は収賄容疑で逮捕された。数日後には加藤孝、元・労働事務次官も同容疑で逮捕された。リクルートは労働省の鹿野に料亭やゴルフなど三九回にわたる接待攻勢をかけ、就職情報誌の法的規制に関して自社に有利な方向に変えたり、行政指導についても便宜を受けていた。

今年一月十五日の『朝日新聞』には「労働省を接待しまくれ」という見出しの、次のような記事が掲載された。

「関係者の証言によると、職業安定法の改正を検討していたのは職業安定局の業務

地域総合開発にくみこまれた
レジャー産業にも
リクルート体質がある.

指導課で、リクルート側は同課の責任者から一般課員に至るまで集中的に接待攻勢をかけていた。労働省の担当者らと会議のあと、リクルート側が『仕事の続きをやろう』と課員らをつれだすことが多かったが、中にはリクルート側にたかる役人もいた。

ゴルフコンペも頻繁で、神奈川県大磯町や埼玉県東松山市内のゴルフ場にリクルート側が招待していた。加藤元労働事務次官もリクルートが費用丸がかえで岩手県・安比へゴルフツアーに出掛けていたことも明らかになっている……」。

さらに今年二月二十一日には、労働省OBの遠藤政夫参議員議員も「加藤とともに安比高原でゴルフ場に招待されていた」という事実が明らかになった。

一九八九年四月五日の『朝日新聞』は次のような重大事実を報道した。

「竹下首相が自民党幹事長時代の昭和六十二年五月三十日、盛岡市で開かれた竹下氏の後援組織主催のパーティーをめぐり、リクルートが三千万円を『寄付金』名目で支出していたことが四日、関係者の証言で明らかになった。リクルートは、この九日前の同年五月二十一日に東京で開かれた『竹下登自民党幹事長を激励する夕べ』のパーティー券二千万円分を購入していたことが明らかになっており、政治改革を訴えている竹下首相は一層窮地に追い込まれそうだ」。

リクルート汚職とゴルフ場汚職、この二つは構造的に同じ根から生じている。

環境庁と農林水産省はやっと動き出したが

無責任なタテ割り行政

一九八八年三月から始まった奈良県山添村のゴルフ場反対運動が一つの起爆剤になって、新聞、テレビ、週刊誌などのマスコミにもゴルフ場問題が採り上げられるようになってきた。そして、いま全国でゴルフ場公害に反対する住民運動が急速に広がりつつある。

そのような状況に対して環境庁は、一九八八年七月の終わり頃、『週刊現代』のインタビューに答えて土壌農薬課の吉池昭夫課長が次のように述べている。

「ゴルフ場の農薬汚染の問題は、環境庁としても重大な関心を持っている。農薬使用に関しては農地においては、農業改良普及員、農協などかなりの指導徹底がなされているが、ゴルフ場については、その指導、徹底も不十分な現状であることは事実です。水と農薬とゴルフ場の問題に関しては、きちんとしたデータが出たのは奈良県だけで、こと水と農薬との関係を全国レベルで問題視するのは、現時点では無理な面があります。とにかく重大関心を持ち、実態を調査中というのが現状です」。まるで他人事のような言い草である。奈良県のデータにしても、山添村の浜田さんたちが自腹を切って調査してきたから出てきたのであって環境庁が自ら調査した結果ではない。このような無責任なことが言えるのは、タテ割り行政でゴルフ場問題に関して責任体制がはっきりしていないからである。水質や大気汚染など環境一般は環境庁、農薬取締法の運用は農林水産省、ゴルフ場の振興は通産省、飲み水の問題は厚生省、と管轄がバラバラになっている。ゴルフ場公害の全体像を把握するためには、まずは環境庁がリードすべきである。

環境庁と農林水産省通達の意味

ゴルフ場公害反対運動の盛り上がりに押され、環境庁と農林水産省がやっと一九八八年八月末になって動き出した。八月二十五日、環境庁水質保全局土壌農薬課長から各都道府県関係部局宛に「ゴルフ場において撒布される農薬等について」という通達が出された。通達の重要な部分は次のようになっている。

「昨今一部の地域においてゴルフ場において散布された農薬等が流出し、周辺の河川等公共用水域の水質を汚染しているのではないかと報道がなされています。当庁としてもこの問題については従来から関心を持ち、事実関係の把握に努めているところであります。ついては、貴職におかれても必要に応じ貴都道府県下のゴルフ場周辺の水質等に関わる調査を実施する等実態の把握に努められるとともに、その結果について判明次第当職宛すみやかに報告されるようお願いします」。

一方、農林水産省も同日、農蚕園芸局長から各地方農政局長宛に「ゴルフ場における農薬の安全使用について」という左記のような通達を出した。

「近年、ゴルフ場の増加等により、ゴルフ場における病害虫の防除等に使用される薬剤について社会的関心が高くなっているところであるが、ゴルフ場等、当該地域内に芝、樹木等の農作物等が栽培管理されている場所における病害虫の防除等については、その目的や環境保全を図るという観点等から、農業生産の場における病害虫の防除等と何等異なるものでないことから、当該場所で使用される薬剤について、農薬取締法に基づいて取り扱われる必要があるので下記事項の一層の徹底について貴管下の都府県の指導方お願いする。

① 病害虫の防除等に使用する薬剤については、農薬取締法に基づく登録農薬を使用すること。

② 使用に当たっては、登録における適用作物、使用方法、使用上の注意事項等を遵守すること。

③ 使用に当たっては、気象、地形等環境条件を考慮のうえ十分な危険防止対策を

行うこと」。

通達の問題点

環境庁、農林水産省通達の文面からは「ゴルフ場公害について周辺住民が問題にし、それをマスコミが報道しているのでこのような通達を出した」というような意図が読み取れる。しかし、本来ならば問題が起こる以前に環境庁や農林水産省が自主的に対策を立て実施しなければならない。一ヶ所で一〇〇～一五〇ヘクタールという広大な森林を伐採してしまうような巨大開発であるゴルフ場が、全国にはすでに約一六〇〇もあり、造成中と計画中のものも約六〇〇ヶ所に達している。それらがいままで野放しにされてきただけでなく、リゾート法で規制緩和までなされた。このような乱開発が周辺の環境を破壊しないはずがないではないか。要するに「手遅れ」なのである。その他にも以下の項目のようないくつかの問題点が指摘できる。

環境庁の通達内容の問題点

① ゴルフ場による環境破壊は農薬だけではない。森林の伐採による生態系の破壊、保水力の低下による洪水、濁水、水不足問題、肥料による富栄養化などを総合的に調査すべきである。

② 農薬についてはゴルフ場周辺の水質だけでなく大気も調査すべきである。

③ 農薬撒布時期に合わせて調査を行う必要がある。

④ ゴルフ場で使用される農薬の種類、量、撒布時期、毒性の実態を把握すべきである。

⑤ 都道府県でなされた調査結果はすみやかに公表すべきである。

農林水産省の通達内容の問題点

① いくつかのゴルフ場ではＮＩＰのように登録を抹消された農薬が現実に出回っている。

それをどのような方法でとり締まるのか。

② 登録されている農薬の中にもＥＰＮのように毒物に指定されているようなものもあり、シマジン、キャプタン、ダコニールのように発ガン性を有するものもある。「登録農薬を使用すれば問題はない」という見解は、発ガン性、変異原性、催奇形性などの特殊毒性に関する危険性の認識が全く欠けている。

③ 例えばダコニール、キャプタンのように魚毒性がＣランクである農薬は「撒布された薬剤が、河川、湖沼、海域および養殖池に飛散または流入する恐れのある場所では使用せず、これらの場所以外でも、一時に広範囲には使用しないこと」となっている。それぞれのゴルフ場で農薬が撒布される際、このような使用上の注意が本当に守られているかどうかを、誰が、どのようにして監視するのか。

ゴルフ場年間使用農薬の量

面積	農薬	使用量	原単位kg/ha	備考
ゴルフ場 49ha	殺菌剤	1050kg	36.8	滋賀
コース 29ha	除草剤	416	14.6	
(比率 59%)	殺虫剤	458	16.1	
同上(造成中)	〃	743	26.0	〃
		463	16.2	
		293	10.3	
ゴルフ場 110ha	〃	1400	21.2	神奈川
コース 66ha		1300	19.7	保土ヶ谷
(比率 60%)		800	12.1	カントリーC
ゴルフ場 216ha	〃	1009	7.6	山添村
コース 132ha		1709	12.9	の3ケ所
(比率 61%)		334	2.5	のゴルフ場

④　農林水産省は登録されている農薬は安全であるとしているが、根拠となる毒性実験のデータを公表すべきである。

（『水情報』一九八八年十一月号より）

慢性中毒のチェックリスト（作成、石川哲）

―有機リン農薬を５年以上散布した人は、ぜひ確認を！―

1　神経質になったといわれる
2　イライラし、怒りやすい
3　物忘れしやすい
4　体がだるく、朝に元気がない
5　最近、性的欲望が低下した
6　夢を見やすい
7　深い睡眠がない
8　いつも眠くなる
9　睡眠からさめたとき目をあけにくい
10　視力が落ちてきた
11　目がチカチカする
12　目が疲れやすく、涙が出やすい
13　物を見るときピントを合わせにくい
14　天井のサジキ（マス目）が見にくい
15　めまい、立ちくらみがする
16　車酔いしやすくなった
17　よく頭痛がする
18　手足がピクピクする
19　よく足がつる
20　手や足がしびれる
21　手先が不器用になった
22　手足が冷えやすい
23　時々お腹が痛い
24　よく下痢をする
25　過去に消化器の病歴がある
26　吐き気がし、吐いたことがある
27　便秘しやすい
28　筋肉痛がある
29　関節痛がある
30　肩こりがある
31　風邪をひきやすい
32　風邪をひくとなおりにくい
33　手足や体に汗をかきやすい
34　口がかわき、よく水を飲む
35　よだれが出やすい
36　心臓がドキドキ（動悸）する
37　二日酔いがなおりにくい
38　よく皮膚病にかかる
39　物音が聞こえにくい
40　ニオイのカンがにぶる

①あてはまるものに○をつける。

②中毒診断の目安は次のとおり。

つけた○印が半分以下だったら放っておいてもさほど心配ない。

７割以上だったら要注意。

ほとんど全部に○印がつくようなら危ない。すぐ受診を。

〈現代農業1982年６月号37頁〉

農薬は砂糖や塩より安全か

山梨県甲府市に、いま二つのゴルフ場計画が持ち上がっている。そのうちの一つ金桜カントリークラブは甲府市の水道水源になっている能泉湖というダム湖のすぐ横に建設される予定である。市長や市議会はすでに賛成の方向で動いているが、甲府市の水道局はゴルフ場による水質汚染を心配し「水道水源保護問題懇話会」を設け、検討を始めた。懇話会には地元の山梨大学の研究者五人を初め県や市の関係者、地権者などが入っている。懇話会ではゴルフ場の賛成派と反対派の学識経験者を呼んで話を聞くことになった。一九八八年八月六日、甲府市の水道局において第三回の懇話会が開かれ、反対派からは筆者が、賛成派からは日本農薬工業会専務理事の佐々木享氏が招かれ話をした。

ところでその際、農薬工業会から三枚のビラが資料として配布された。それは「HATOYAMA COMUNICATION」が発行したもので最後には「鳩山スポーツランドは、農薬に対して正しい知識を持ち、正しく使用することで〃無公害ゴルフ場〃を約

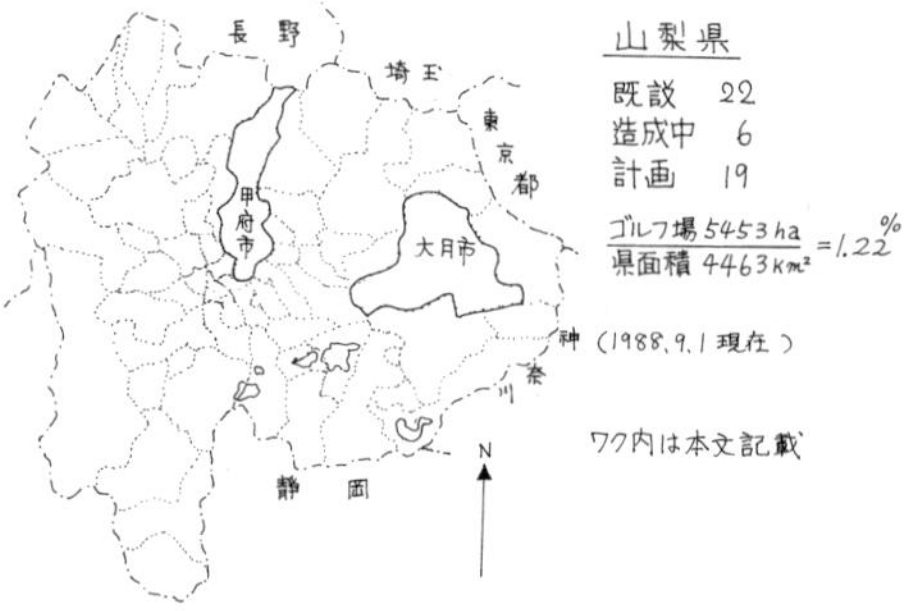

束します」と書かれている。このビラは埼玉県鳩山町のゴルフ場反対運動を切り崩すために周辺住民に配布されたものである。佐々木氏はそれについて「このごろゴルフ場の農薬について周辺住民が問題にして騒いでいるので、農薬工業会、ゴルフ場協会、グリーンキーパーズ協会は共同して住民説得の資料を作っている」と述べた。それがこの三枚のビラである。このビラは甲府市でも配布されたが、その後三重県名張市のすずらん台でもVIP JAPANというゴルフ場が「VIP JAPAN COMUNICATION」という名で三枚のうちの一部を配布している。

これらのビラの小見出しには次のようなものがある。

「除草剤はどの位の毒性があるのか? 実は砂糖や塩よりも安全なのです」。

「でたらめ報道から除草剤は有害と考えられてしまっている」。

「除草剤はなぜ人畜に害が無いのでしょう」……。

そして最後に「無肥料、無農薬栽培について一言」という件があり「農作物は生き物である。肥料(えさ)も与えないし、病気になっても薬もくれないし、体に虫がついても取り除いてくれない。それでたくさん種子をつけ、大きな果実をつけろということだから、言うことはない。有機農法とか自然農法とかいうもので人類の食糧生産が賄えると考えている人があるとすれば、その馬鹿さかげんにあきれ果てる」としている。

今後、このようなビラが全国的に出廻る恐れが充分あるので、ゴルフ場周辺の住民は結束して反論すると共に、このような無責任なビラを配布している農薬工業会、ゴルフ場協会、グリーンキーパーズ協会にも抗議すべきである。

ゴルフ場造成に関する環境アセスメントの問題点

アセスメントの実態

ゴルフ場建設に対する住民批判が高まる中で、造成事業に関わる環境アセスメントが実施される事例が増えてきた。ゴルフ場建設については都道府県が認可権を持っているが、いくつかの府県を除いて環境アセスメントの義務付けはなされていない。アセスメントがすでに実施されているところは埼玉、長野、三重、兵庫、岡山、広島、神奈川、滋賀県などであるが、最近ではアセスメントを実施する市町村も出てきた。例えば奈良県の山添村では住民の調査要求に押されて、二千万円の町予算を投入し三重県の環境コンサルタント会社にアセスメントを依頼している。

ところで各地域のアセスメントを比較してみると、その手法や評価の基準にかなりの相異があり中身はバラバラである。例えば、埼玉県はアセスメントの回数では全国で一番多くなっているが、水質についてはこれまでほとんど評価の対象になっていないという実状がある。

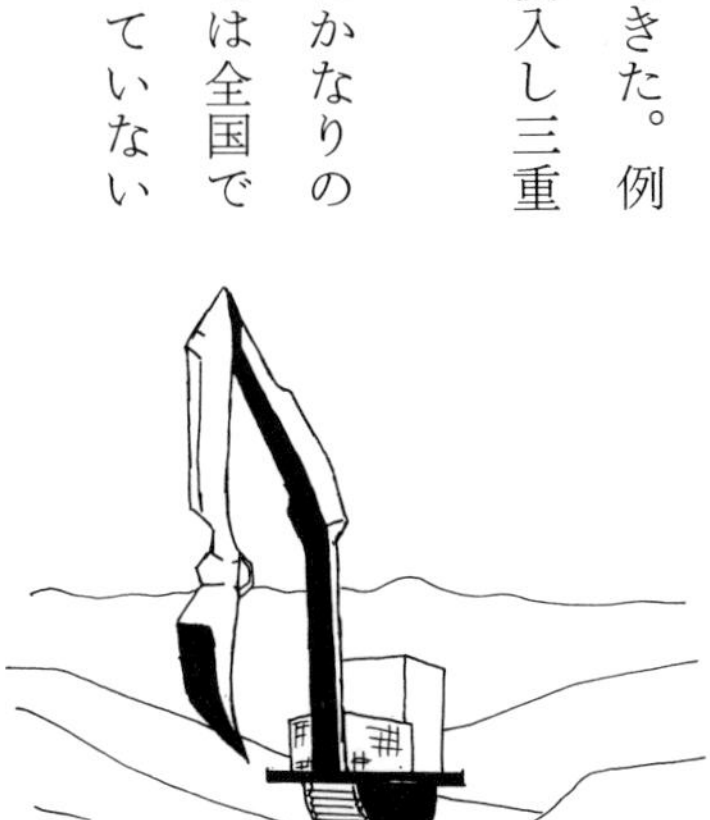

一九八八年七月八日、地元住民の依頼を受けて埼玉県飯能市にあるゴルフ場周辺の視察に出かけた。そのとき案内された一つが計画中の「西武飯能カントリークラブ」であるが、その環境アセスメントが九月に提出され、縦覧期間を経て、住民の意見提出期限が十月二十日になっていた。ここでは、このアセスメントに対する「意見書」の形でゴルフ場に関するアセスメントの問題点を明らかにしたい。なお、他のアセスメント事例も参考とするため三重県一志郡美杉村の「美杉カントリークラブ造成に係る環境影響評価書(一九八五年五月)」と滋賀県滋賀郡志賀町に建設された「びわこプレジデントゴルフクラブ開発事業に係る環境影響評価書(一九八七年十二月)」のデータも使用する。

周辺住民のゴルフ場批判をかわすため、今後各地でゴルフ場のアセスメントが増えてくると考えられる。水質汚染を中心にその問題点を検討するが、アセスメントという土俵の枠内で議論できることはゴルフ場による環境破壊のうちほんの一部にすぎないということを忘れてはならない。

農薬の毒性評価について

西武飯能カントリークラブ、美杉カントリークラブ、びわこプレジデントゴルフクラブで使用される農薬の種類、量、撒布時期、毒性(人畜毒性、魚毒性、特殊毒性)、予

魚毒性に注意すべき有機リン剤(剤型：乳剤) 単位 ppm

薬品名	魚毒性分類	コイ 48時間 TLm	ニジマス 48時間 TLm	アメリカザリガニ 48時間 TLm	ブリ稚魚 24時間 TLm	ドジョウ 24時間 TLm
ダイアジノン	B-s	1.8	0.15	0.18	0.081	0.2
MPP	B	2.8	0.1	0.0073		10
マラソン	B	9.0	0.033			35
MEP	B	2.8		0.018	2.1(粉剤)	28
PAP	B-s	1.2	0.006		0.0045	1.0〜0.10 (96時間)
CVP	C	0.36				0.0080
クロルピリホス	C	0.12	0.020			0.16

〈群馬県衛生公害研年報15号123頁(83年)〉

測排水濃度を次頁からの**表－2～5**に示す。

西武飯能カントリークラブの農薬使用計画によると、使用農薬の選択基準として「使用農薬は魚毒性の低いA類及びB類を基本とすること、残毒日数の長いものは避けること、さらに、空気中の滞留を避けるため原則として水溶性のものを使用すること」があげられている。ここで考慮されている毒性は人畜毒性、魚毒性に関する急性毒性であることに注意する必要がある。人畜に対する毒性としては急性毒性のほかに長期的な慢性毒性があるが、その中で発ガン性、突然変異、催奇形性などの特殊毒性が問題となる。発ガン性などの特殊毒性については世界保健機構(WHO)やアメリカ環境保護庁(EPA)の考え方は「許容濃度は存在せず安全な濃度はゼロである」ということになっているし、厚生省も最近になってやっとそのような原則に基づいて水道水の基準を見直そうとしている。

ところで、当ゴルフ場で使用される予定の農薬の中で殺菌剤としては使用量の多いチオファーネートメチル(トップジンM)には突然変異性と催奇形性がある。トップジンMは生体内や環境中でメチル2・ベンズ・イミダゾールカーバメント(MBC)と呼ばれる物質に変化し、この形でかなりの期間残留する。ところがこのMBCは動物実験では強い催奇形性を示すだけでなく、亜硝酸との同時投与により発ガン性を有し、培養細胞、サルモネラ菌、ほにゅう動物で突然変異を起こすことが分かっている。この

供試生物の TLm と魚毒性分類

分類	コ　イ	ミジンコ
A　類	10ppm 以上	0.5ppm 以上
B　類	10～0.5ppm	0.5ppm 以下
B-s 類	2ppm 以下で、B類の中でも注意を要するもの	
C　類	0.5ppm 以下	
D　類	0.1ppm 以下	

表ー２　埼玉県西武飯能カントリークラブで通常時に使用される農薬の撒布量と流出濃度

（撒布時期は４月～９月）

商品名	散布量 kg／年	流出濃度:ppm（月平均）
トップジンM水和剤	150	0.013～0.04
グラステン水和剤	60	0.001～0.005
ロブロール水和剤	25	0.012
バンソイル乳剤	40	0.009～0.01
シマジン水和剤	30	0.005～0.012
プラナビアン水和剤	20	0.004～0.008
スタッカー水和剤	13	0.011
アージラン乳剤	45	0.032
オルトラン粒剤	2000	0.065～0.083
スミチオン乳剤	32	0.01～0.015

（注）ゴルフ場面積140 ha、うちコース面積30 ha

表ー３　滋賀県びわこプレジデントゴルフクラブで使用される農薬の撒布量と流出濃度

（撒布時期は１月～１１月）

	農薬名または商品名	散布量	和爾川流域		新丹出川流域	
			流出量	放流水質	流出量	放流水質
		kg／年	kg／年	年平均 ppm	kg／年	年平均 ppm
造成時	キャプタン	180	14.4	0.017	7.2	0.014
	ダコニール	353	34.9	0.042	13.3	0.025
	バシタック	210	15.8	0.019	7.9	0.015
	テュバサン	226	11.3	0.013	5.7	0.011
	エーザック	195	13.7	0.016	6.8	0.013
	アージラン	32	1.6	0.0019	0.8	0.0015
	EPN	45	2.0	0.0024	1.0	0.0019
	ダイアジノン	173	7.8	0.0093	3.9	0.0075
通常時	チウラム	450	22.5	0.027	11.3	0.022
	バシタック	240	18.0	0.022	9.0	0.017
	ダコニール	300	22.5	0.027	11.3	0.022
	ロブラール	30	1.5	0.0018	0.8	0.0015
	バンソイル	30	1.1	0.0013	0.5	0.0010
	石灰硫黄	1500	42.0	0.050	21.0	0.040
	テュバサン	150	1.9	0.0022	1.0	0.0020
	エーザック	38	4.2	0.0050	2.1	0.0040
	クサレス	60	3.0	0.0036	1.5	0.0029
	ロンバー	150	7.5	0.0090	3.8	0.0073
	シマジン	32	2.1	0.0025	1.1	0.0021
	リヤトール	66	3.3	0.0040	1.7	0.0033
	ダイアジノン	278	12.5	0.0150	6.3	0.012
	EPN	90	4.1	0.0048	2.0	0.0038
	DEP	90	7.2	0.0086	3.6	0.0069
	スプラサイド	—	—	—	—	—

（注）ゴルフ場面積49ha，うちコース面積29ha

表－4　三重県美杉カントリークラブで通常時に使用される農薬の撒布量と最終調整池濃度

（撒布時期は２月～１１月）

農薬名	散布量 kg／年	最終調整池における農薬濃度：ppm（年平均）	
		調整池１	調整池２
ジネブ	100	0.00035	0.0003
ベノミル	400	0.015	0.014
CAT	240	0.00022	0.00021
DEP	390	0.018	0.017

（注）ゴルフ場面積115ha，うちコース面積42.2ha

表－5　農薬の毒性

商品名（農薬名）	毒性	魚毒性	発ガン性	変異原性	催奇形性
◎殺菌剤					
トップジンＭ（チオファネートメチル）	普	A		○	○
グラステン（イソプロチオラン）	普	B			
ロブラール（イプロジオン）	普	A			
バンソイル（エクロメゾール）	普	A			
キャプタン	普	C	○	○	○
ダイセン（ジネブ）	普	A	○		○
石灰硫黄合剤	普	A			
チウラム	普	B			○
ベンレート（ベノミル）	普	B		○	○
バシタック（メプロニル）	普	B			
ダコニール（TPN）	普	C	○		
◎除草剤					
アージラン（アシュラム）	普	A			
テュバサン（シデュロン）	普	A			
クサレス（ナプロパミド）	普	A			
プラナビアン（ニトラリン）	普	B			
スタッカー（メチルダイムロン）	普	A			
シマジン（CAT）	普	A	○		
リアトール（MBPMC・CAT）	普	A			
エーザック（MCP・MBPMC）	普	A			
ロンバー（SAP）	普	B			
◎殺虫剤					
オルトラン（アセフェート）	普	A			
ダイアジノン	劇	B－s		○	○
ディプテレックス（DEP）	劇	B	○	○	○
スプラサイド（DMTP）	劇	B			
EPN	毒	B－s			
スミチオン（MEP）	普	B			

ようなMBCが生体内で生じるのであるから、元のチオファーネートメチルも同様の性質を持っていると考えられる。実際チオファーネートメチルは菌類に対して突然変異を示す。さらにチオファーネートメチルはリンゴの葉面上で、九〇日後でも撒いた量の一一パーセントが残留することも分かっており、残留性が高いことも問題である。次に除草剤として代表的に使用されるCAT(シマジン)にも発ガン性があることが分かっている。CATをラットやマウスに皮下注射および経口投与した場合、約一年半で三〇パーセントに腫ようが発現するという報告がある。

ゴルフ場排水が流れ込む入間《いるま》川には飯能市上水場の取水点もあり、発ガン性など特殊毒性を有する農薬が微量といえども水道水に入り込む恐れがある。以上のことを考えるならば、少なくとも「動物実験で特殊毒性を有することが分かっている農薬は使用しない」という原則を使用基準として考えるべきである。

ゴルフ場排水の農薬濃度の計算結果について

ゴルフ場から流出する農薬の濃度Cは次のような式によって計算されている。

$$C=\frac{N\times(Y/100)\times(R/100)}{D\times Q} \qquad (1)$$

ここでの各記号の意味は、

臨床症状からみた農薬の特性

1 呼気臭：アルコール臭（シアン類）、ニンニク臭（有機ヒ素）、腐魚臭（黄燐）、腐った卵臭（硫黄剤）。

2 意識障害：有機燐、有機塩素、硫酸ニコチンで起こしやすいが、摂取量が多ければほとんどの農薬中毒でみられる。

3 チアノーゼ：ショック、低血圧など循環障害を起こせば認められるが、特異なケースとしてメトヘモグロビン血症（尿素系除草剤）がある。

4 唾液分泌過多：有機燐、カーバメート、硫酸ニコチンなど。

5 呼吸困難：低換気状態や肺水腫など上記意識障害に合併してみ

C：農薬の流出濃度（ppm）
N：農薬の月別使用量（g／月）
Y：農薬の有効成分（%）
R：農薬の流出率（%）
D：月別降雨日数（日／月）
Q：月別降雨日一日当たりの流出水量（m^3／日）

である。

（1）式で最も問題になるのは農薬の流出率Rの見積りである。西武飯能カントリークラブではR＝二〇パーセント、美杉カントリークラブではR＝一五パーセント、びわこプレジデントゴルフクラブではR＝一六パーセントとなっているが、大津市京阪ロイヤルクラブ・アセスメントではR＝三パーセントとされており、ゴルフ場によってかなりの差がある。

西武飯能カントリークラブ・アセスメントにおけるこの式の計算結果は表－2に示されているが、代表的なものとして殺虫剤のアセフェートが〇・〇八三～〇・〇六五ppm、除草剤のアシュラムが〇・〇三二ppm、CATが〇・〇〇五～〇・〇一二ppm、殺菌剤のチオファネートメチルが〇・〇一三～〇・〇四ppmなどとなっている。

られる場合もあるが、有機燐・カーバメート・カルタップ・硫酸ニコチンでは分泌過多の状態で閉塞性呼吸障害がみられる。クロルピクリン・有機塩素系殺菌剤・ブラストサイジンSなどの重症例でもぜんそくや肺水腫を認める。有機燐・フェノール系除草剤（PCP）でも肺水腫を認める。パラコートでは間質性肺炎や肺線維症（後期）をみる。

6　体温上昇：フェノール系除草剤、フェノキシ系除草剤

7　発　汗：フェノール系除草剤、フェノキシ系除草剤、有機燐、カーバメート。

これら農薬濃度に対して評価は「A類・B類とも目安とした値と比較して、鯉に対してはそれぞれ一〇〇分の一、三〇分の一～七〇〇分の一程度、ミジンコに対しては六分の一、三〇分の一程度の数値であることや、保全対策として魚毒性の低いものを使用することや、安全使用基準を遵守すること、さらに事後処置として下流河川における水質管理には万全を期することとしていることなどから、農薬による影響は少ないものと考えられる」としている。

しかし、この評価には二つの問題点がある。まず第一点は毒性の基準に鯉とミジンコの半数致死濃度（TLm）を使用していることである。この基準（A類では鯉に対して一〇ppm以上、ミジンコでは〇・五ppm以上、B類では鯉で〇・五～一〇ppm、ミジンコで〇・五ppm以下）は短時間に鯉やミジンコの半分が死ぬという急性毒性を対象としている。しかし農薬濃度計算式で出てくる濃度は一ヶ月の平均値である。ところが、実際ゴルフ場で撒布される濃度を考えると、撒布直後は当然濃度が高く時間と共に低下していくという濃度変動がある。それゆえ急性毒性を基準に考える場合は、農薬撒布後の一日ずつの濃度変化を調べる必要がある。それに個々の農薬を別々に考えるのではなく、同時に撒布される農薬は当然その合計の濃度を考えるべきである。このように考えると、農薬撒布後の濃度が高い時いくつかの農薬の合計濃度がミジンコの半数致死濃度を越える可能性は否定できないのではないか。

冷　汗：ブラストサイジンS、パラコート、硫酸ニコチン剤。
8　縮　瞳：有機燐、カーバメートにて特徴的。カルタップや硫酸ニコチン中毒の初期にも現われる。
瞳孔散大：臭化メチル。
9　眼痛・流涙：クロルピクリン、ブラストサイジンS
10　接触性皮膚炎：カルタップ、ジチオカーバメート、フェノール系除草薬、フェノキシ系除草薬。
水疱・びらん：臭化メチル、クロルピクリン。
粘膜潰瘍：パラコート、ブラストサイジンS。
11　筋肉の線維性攣縮：有機燐、カーバーメート、有機塩素、フェノキシ系除草剤。

第二点目は先に述べた特殊毒性の問題である。発ガン性などの特殊毒性は長期的慢性毒性であるので、一ヶ月あるいは一年間の平均濃度が参考になる。発ガン性に対する飲料水基準の考え方は「ある基準値の汚染物質が入っている水を毎日二リットル飲み続けた時一〇万人に一人の確率でガンになる」という集団ガン確率濃度として設定されている。WHOの基準を参考にすると水道水中の代表的な発ガン物質であるトリハロメタン（クロロホルム）が〇・〇三ppm、トリクロロエチレンも〇・〇三ppm、農薬類ではヘキサクロルベンゼンの〇・〇〇〇〇一ppm、2・4—Dの〇・一ppmまで色々である。これらの濃度とゴルフ場排水から出てくるチオファーネートメチル〇・〇一三〜〇・〇四ppm、CAT〇・〇〇五〜〇・〇一一ppmを比較するとオーダー（桁）的には変わらないということに注目する必要がある。現在、チオファーネートメチルやCATなど個々の農薬について基準がないものもあるが、だからといって問題がないというわけではない。要するに、チオファーネートメチルやCATに特殊毒性があることは分かっているが、規制濃度を設定できるような実験データがまだないというだけである。以上のように発ガン性の規制濃度については、〇・〇一ppmオーダーでも充分問題となる濃度であるということを認識する必要がある。

けいれん：硫酸ニコチン、クロルピクリン、臭化メチル、有機ヒ素など。

〈浅野泰：農薬中毒、からだの科学増刊20号、159頁(88年)〉

肥料撒布による汚染

ゴルフ場のコースに撒布される肥料は、窒素で約二〇〇〜三五〇kg／ha・年、リンで約一二〇〜三〇〇kg／ha・年程度であり、田畑で撒布される量と同程度である。しかし、ゴルフ場は一ヶ所の面積が一〇〇〜一五〇ヘクタールと膨大であり、標高の高いところに建設され、周辺部がより都市化される場合が多いので下流の湖、池、ダム湖などの富栄養化に及ぼす影響は重大である。

ゴルフ場排水における窒素、リン濃度は次のような式によって計算される。

$$C = H \div Q$$

$$H = K \times A_1 \times (R \div 100) \div D$$

$$Q = f \times r \times A_2$$

ここでの各記号の意味は、

C：窒素、リンの濃度（ppm）

H：窒素、リンの流出量（kg／日）

Q：雨水流出量（m³／日）

K：施肥量（kg／m²・年）

A_1：施肥面積（m²）

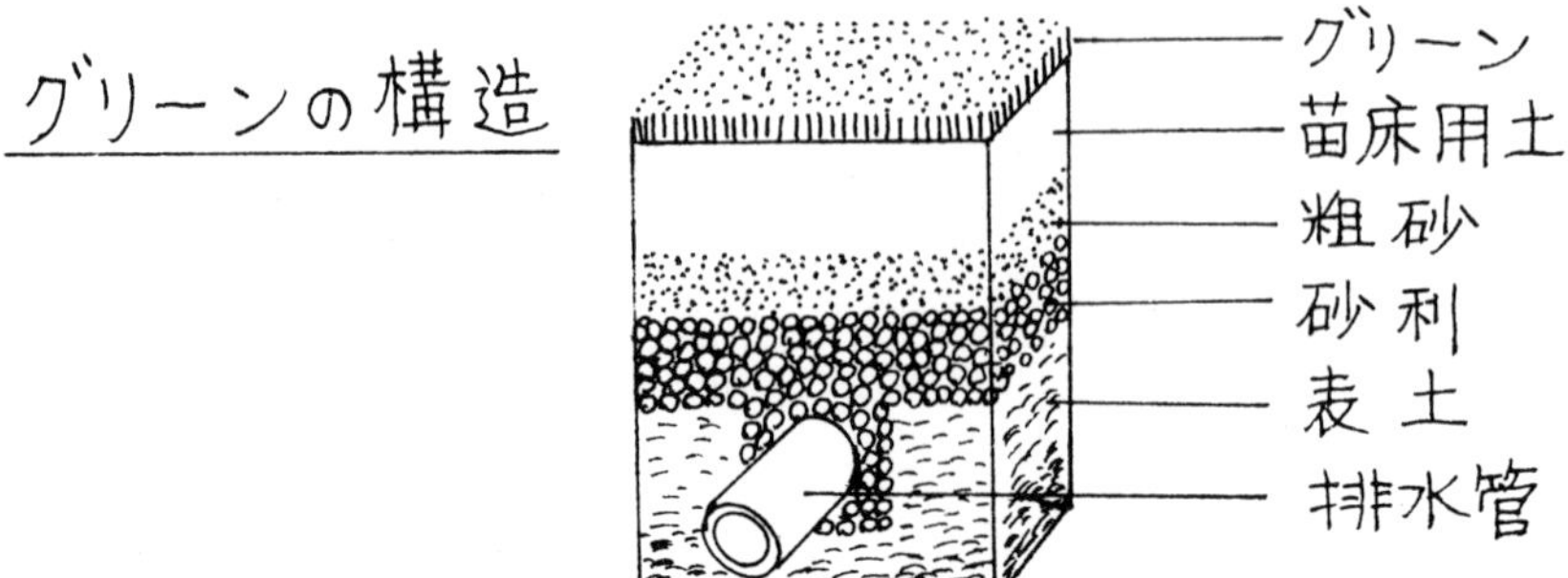

R：窒素、リンの流出率(%)
D：年間降雨日数(日/年)
f：雨水の流出係数
A_2：雨水の集水面積(m²)

である。

西武飯能カントリークラブのアセスメント計算結果によると窒素濃度は〇・五一八ppm、リン濃度は〇・〇一ppmとなっている。

このような計算において一番問題になる点は窒素、リンの流出率Rをどのように見積るのかということである。国松孝男氏の研究(「土壌生態系による水質保全——林地、草地、畑地による水質浄化」、『用水と廃水』、第二四巻一号、一九八二年)によると、肥料流出率は施肥量が多くなる程大きくなり、さらに毎年撒布される場合は年度を経るごとに大きくなっていく。いま、窒素の施肥量を三〇〇kg/ha・年、リンの施肥量を一五〇kg/ha・年と仮定すると、窒素では一年目で流出率は一五パーセント程度、二年目は六〇パーセント、四年目では約八〇パーセント以上にまで増加する。リンについても一年目は〇・五パーセント程度であるが四年目には約二・五パーセントに増加していくし、このような傾向は施肥量が多くなるとより顕著になる。

本アセスメントでは施肥量として窒素は三〇〇kg/ha・年、リンは一五〇kg/ha・年

信楽町ゴルフ場における農薬等の撒布状況

肥料	グリーン(500m²)	年約400kg 1回20〜30kg 年15〜20回
	フェアウェイ	年約600〜800kg
殺菌剤	ダコニール チューラム トップジン	1m²あたり2g(500m²で1000g)を平均二週間に1回
殺虫剤	EPM. ダイアジノン	
除草剤	カーブ、シマジン、グラムキソン、ニップ、ロンパー	

となっているが、流出率としては窒素で一〇・六パーセント、リンで〇・四パーセントという数字が採用されている。これらの流出率は一年目ということに限ってみても国松氏の数字より少し小さくなっているし、さらに重要なことは年度を経るにしたがって流出率が大きくなっていくことについて考慮されていない点である。

参考のため、他のゴルフ場の流出率をあげると、美杉カントリークラブでは窒素についてR＝三二・四パーセント、リンではR＝一・三パーセントで西武飯能カントリークラブよりかなり大きな数値になっている。さらにびわこプレジデントゴルフクラブでは窒素についてR＝一六パーセント、リンではR＝〇・六パーセントを採用している。

以上の点を考慮すると、場合によっては西武飯能カントリークラブ・アセスメントで計算された濃度の数倍の汚染が生じる可能性も考えられる。閉鎖水域を富栄養化させないためには全窒素で〇・五ppm以下、全リンで〇・〇三ppm以下という目安が採られているが、田畑や家庭排水の負荷にゴルフ場負荷が新たに加わった場合、その目安が守られるという保証はない。

工事中の濁り

ゴルフ場の造成中には森林の伐採、土壌改良、切土、盛土、排水や水路などのコンクリート工事などによって、降雨時には高濃度の濁り水が発生する。その点について本アセスメントでは次のように評価している。「計画地からのこうした濁水は土工事に先立って設けた仮沈砂池や調整池に導入し、処理を行った後放流するものとしていることから、それによって、計画地外の水質に影響を与えることはほとんどないと思われる」。しかしこの評価はきわめて杜撰かつ楽観的なものであるといえる。

造成工事における濁水の発生量は、造成地の地形、地質、気象条件等によって大きく異なるものであるが、文献（高見寛『開発と水文環境アセスメント技法』）によると浮遊物質（ＳＳ）濃度は五〇〇～五、〇〇〇ｐｐｍとされている。ところで濁水中の粒子の沈降速度はストークスの式を用いて算出される。それによると粒子径が〇・〇七四ミリメートル以上の砂分では一メートル沈降するのに要する時間は四・四分、粒子径が〇・〇〇五～〇・〇七四ミリメートルまでのシルト分では一六・一時間、粒子径が〇・〇〇二ミリメートルの粘土では二・七日、さらに粒子径が〇・〇〇一ミリメートル以下の微細泥では一六・七日以上となっている。西武飯能カントリークラブ造成地の土の粒度試験結果では〇・〇〇一ミリメートル以下の微細泥が三〇パーセント程度である。アセスメント資料によるとゴルフ場からの雨水流出量は一三、一六二m³／日で、調整池、ダムなどの合計量は一三七、二九一立方メートルとなっているので、平均的な滞留時間は一〇・四日となる。この結果より、〇・〇〇一ミリメートル以下の微粒

子は調整池では沈降せず流れ出てしまうことになるが、浮遊物質の発生濃度を安全側に見積って五、〇〇〇ｐｐｍとすると排水中のＳＳ濃度は一、五〇〇ｐｐｍ以上となり、かなりの濁り水が下流へと流れていくことになる。

実際いくつかのゴルフ場では濁り水による被害発生が報告されている。例えば奈良県山添村では簡易浄水場の取水を川底から行っているが、そこが濁りで目詰りしたため上流のゴルフ場が補償金を支払ったという事例がある。さらに兵庫県三田市にある造成中のゴルフ場周辺では排水が流れ込んだ池の水が濁ってしまったり、民家の井戸水が白く濁ってしまうという事態が発生している。（『水情報』一九八八年十一月号より）

結　分かれ道

私たちは、いまや分かれ道にいる。だが、ロバート・フロストの有名な詩とは違って、どちらの道を選ぶべきか、いまさら迷うまでもない。長いあいだ旅をしてきた道は、すばらしい高速道路で、すごいスピードに酔うこともできるが、私たちはだまされているのだ。その行きつく先は、禍いであり破滅だ。もう一つの道は、あまり『人も行かない』が、この道を行くときこそ、私たちは自分たちの住んでいるこの地球を守れる。そして、それはまた、私たちが身の安全を守ろうと思うならば、最後の、唯一のチャンスといえよう。

レイチェル・カーソン『沈黙の春』青樹簗一訳
（第17章「べつの道」より）

ゴルフ場建設と温室効果

地球は次第に熱くなっている。世界気象機関がまとめた平均気温の推移に関するデータによると、地球は最近一〇〇年間で一℃近くも気温が上昇している。その主因は、大気中の炭酸ガスが増えてきたことにある。炭酸ガスは赤外線を吸収する能力があるため、宇宙空間へ放出される熱は炭酸ガスに吸収され「温室効果」が生じることになる。世界におけるこれまでの観測結果によると、大気中の炭酸ガス濃度は一八五〇年に二七〇ｐｐｍであったものが、一九八〇年には三三八ｐｐｍに増えてきた。そのわけは、石油や石炭のような化石燃料を燃焼させるときに排出される炭酸ガスが一九〇〇年の約二〇億トンに対して、一九八〇年では一〇倍の二〇〇億トンになってしまったことと、森林の乱伐による緑の減少にある。

地球が熱くなってくると、南極の氷が溶けて、海面が上昇し地面の喪失や洪水などの被害を受けるだけでなく、旱魃《かんばつ》や大雨といった異常気象も頻発することになる。そのため、国連環境計画やアメリカ環境保護庁などは「温室効果」を防止するための対策を世界的レベルで実施することを呼び掛けてきた。

このような要請を受けて、一九八九年夏には日本でも「地球環境に関する国際会議」が開催されることになっている。第二次竹下内閣が発足した時、竹下総理は「内閣にとっても地球環境問題は重要課題である」と述べた。「フロンガスによるオゾン層の破壊」や「炭酸ガスによる温室効果」という地球規模の汚染を論ずる際、ともすると「足元の対策」を忘れてしまう恐れがある。

一九八八年九月一日時点で全国のゴルフ場は既設が一、五八二ヶ所、造成中が二二ヶ所、計画中が五二〇ヶ所ある。それらを全て合わせると、国土面積の〇・六六パーセントになるが、森林に占める面積比率で見ると一・〇一パーセントになる。一パーセント以上の森林がゴルフ場に変われば、炭酸ガス濃度にも当然影響が出てくると考えられる。

地球全体でも熱くなっているのであるが、その中でも大都市は局所的により熱くなり、そして乾燥している。その原因も大都市周辺における燃料使用の増大と森林の減少にある。

森林面積に占めるゴルフ場の割合を都道府県別に見ると、上位から千葉県一一・〇八パーセント、埼玉県六・三九パーセント、茨城県六・三六パーセント、大阪府五・〇五パーセント、兵庫県四・九八パーセント、神奈川県四・七三パーセントなどとなっている。東京、大阪という大都市周辺の森林は明らかにゴルフ場に侵略されている。大都市が熱くなるのは当然の結果である。

一九八九年三月二十七日、島根県大東町を訪れた。この町にもゴルフ場建設計画が持ち上がっている。開発を計画しているのは中堅の商社であるが、そこは海外から材木を輸入している。「日本にある森林を破壊してゴルフ場を建設し、日本で使う材木は外国から輸入する」という構図の中に、ゴルフ場開発が環境に与える総体的状況を典型的に読み取ることができる。

外国でも森林を破壊し、そして国内でも森林を破壊する。ゴルフ場開発の二重の犯罪性がここにある。外国であろうと、国内であろうと森林を破壊すれば炭酸ガスが増え、地球規模の汚染につながることにおいて変わりはない。「地球環境に関する国際会議」を開催して議論することは大いに結構であるが、まず足元のゴルフ場開発規制から始めていただきたい。

ゴルフ場における農薬使用の問題点

一九八八年八月、環境庁水質保全局土壌農薬課長は「ゴルフ場において撒布される農薬等について」という通知を各都道府県関係部局に出し、農薬使用に関する実態調査に乗り出した。一九八九年に入り、その結果がいくつかの府県で報告されたが、本書巻末の資料の中には大阪府と長野県における農薬使用の調査結果がある。それによると、使用されている農薬は全国的にみて共通したものが多い。

ゴルフ場の農薬使用実態に関する問題点をまとめると次のようになる。

① 農薬取締法に登録されていない農薬が使用されている。実例としては長野県の場合、PS―304、ダイオーソ、ソウルジンの三種類、大阪府ではスーパーラージ、リゾック、パルナビ、PS―304の四種類の未登録農薬が使用されていた。その他に、大阪府では行政的使用自粛を指導しているベンゾエピンが四ヶ所で、EPNが八ヶ所で使用されていた。

② 急性毒性の面でも、毒物や劇物に指定されているものや魚毒性Cのものがかなり使用されている。

③ 発ガン性、突然変異、催奇形性などの特殊毒性を有する農薬が良く使用されている。世界保健機構やアメリカ環境保護庁などは「特殊毒性に許容濃度は存在しない」という原則を確立しているが、農林水産省やゴルフ場側には、そのような認識がほとんどない。ダイオキシンを不純物として含んでいるNIPや2・4―Dが使用されている所もある。

④ 着色剤を使用しているゴルフ場もかなりある。種類はサンレックスグリーン、ローングリーン、タフグリーン、マラカイトグリーンなどであるが、着色剤の中には毒性の強いものがある。

ゴルフ場による総合的環境破壊

ゴルフ場における環境破壊の中で農薬問題は氷山の一角であることに注意しなければならない。農薬だけでなく化学肥料も大量に使われる。愛知県や兵庫県のゴルフ場では芝生一ヘクタール当たり約四トンの肥料が撒布されている。それが下流の河川や緩速ろ過池の富栄養化の原因になるとしても、BODやSSなどの規制があるだけで窒素やリンは法律では規制されていない。

ゴルフ場によるその他の環境破壊についてまとめると、次のようになる。

① 一〇〇～一五〇ヘクタールという広大な自然のダムである森林が伐採され無くなってしまう。これはなにものにもかえがたい絶対的損失である。

② 自然林地に対してゴルフ場の保水力は四分の一に低下し、大雨のとき下流で洪水になる恐れがある。

③ ゴルフ場に降った雨は調整池に貯留されるが、そのことはダムと同じく下流の河川水量を低下させ、農業用水も少なくなり、浄化能力もなくなる。

④ 工事中や大雨の後で濁りが出やすくなる。

⑤ 大量の化学肥料が撒布されるため、下流の河川、池、ダム、貯水池などは富栄養

化が進み、藻が繁殖したり、赤潮が発生しやすくなる。
⑥道路建設が進み、見知らぬ車が増え、騒音や大気汚染、交通事故などが増加する。
さらに、ゴルフ場が地域の産業、社会、人間関係などに与える影響については次のようになる。
①自由に出入りできた公共性のある山林がゴルフ場に占拠され周辺が汚染されるため、林業、農業、漁業などの第一次産業の活力が失われる。
②ゴルフ場から地元に入る税金などの収入は、地方交付税が差し引かれるため、見掛けほど多くない。ゴルフ場のため公共施設の建設なども必要となり、地元自治体の持ち出しもある。
③地元住民の人間関係が損なわれるだけでなく、精神も汚染される。
「一日わずか二〇〇人が小さな玉を打って遊ぶ」ということのためだけに、一〇〇～一五〇ヘクタールの森林を伐採し、動物を逐い出し、虫を殺し、飲み水を汚染し、人情まで破壊してしまう。

　ゴルフ場　栄えて　山河なし
芝生　春にして　鳥は鳴かず
切り倒された　草木は　赤いヘドロを流し
人々の　身体と精神は　蝕まれていく

あとがき

奈良県山添村のゴルフ場を初めて訪れたのが、昨年の三月であった。それから既に一年が経過した。この間、かなりの数のゴルフ場やその周辺の環境を実際に見る機会があった。

三重県名張市のすずらん台では、せっかく購入した一戸建住宅の数メートルの所まで、ゴルフ場予定地がせまっている。高畑さんの報告では、主婦の感覚でその事態の切実さがにじみ出ている。三重県青山町では、六ヶ所のゴルフ場計画が集中している。それらの多くは、町民が水源としている木津川の上流に位置している。坪井さんの報告にあるように、このまま計画が進行してしまうと青山町は「第二の山添村」になる恐れがある。

埼玉県飯能市にある既設ゴルフ場の排水が流れ出している下流の沢を見たが、本来ならば山の中の清流であるはずの所が、川底の石が黒く変色するほど汚い水が流れていた。石崎さんの報告にあるように、これらゴルフ場の排水は飯能市民の水源となっている名栗川へ流れ込んでいく。

山梨県甲府市では、水源になっている能泉湖のすぐ横の急斜面にゴルフ場計画が推進されている。小さなダム湖が汚染される恐れがあることは、一目見れば分かる。

滋賀県信楽町もゴルフ場銀座の典型である。口絵にある「赤いヘドロ」は、切り倒され踏みにじられた草木の「血」であると思えてくる。岐阜県土岐市へいった時も驚いた。五つのゴルフ場が横に並んで立地・計画している。寺町さんの報告にあるように、ここは先祖の人々が血のにじむ思いで植林をしてきた地域ではないか。

長野県大町市では、市の不燃物処分場から流れ出たテトラクロロエチレンで居谷里水源池が汚染されていた。今度はその処分地の近くにゴルフ場を造ろうとしている。八ヶ岳南麓の富士見町では、「小泉」という涌水を見て感動した。口絵にあるように、三ヶ所から流れ出た涌き水は、小さな小川となって下流の集落を潤していく。押田さんの話しによると、この涌水の前で子どもたちのコンサートを行うということである。しかし、「小泉」の上流にもゴルフ場計画が迫っている。

三田市の鈴木さんの報告は「ゴルフ場による環境破壊」の縮図である。造成工事により水が濁り、住民はもらい水を強いられている。お寺の総門の塀が、工事中の振動でずり落ちてしまった。それでも、工事は強行され、兵庫県はそれを黙認している。このような行政の対応は「ゴルフ場数日本一」の兵庫県における典型的な構図であるが、リゾート法ができて以来は、この構図は日本中のどこでも見られるようになってきた。

一九八八年十一月四日と五日、東京において「全国ゴルフ場問題住民交流集会」が開催された。全国で、ゴルフ場と闘っている住民がぞくぞくと東京に集まった。四日の午後からは衆議院の議員会館で環境庁と農林水産省の課長と住民がゴルフ場問題について討論した。第I章の討論は、四日の夜に行われたものであるが、「役人の対応ぶり」は押田さんや植西さんの話しの中に如実に表われている。

翌五日、品川で全国集会が開催された。第II章「現地からの報告」の中で、藤原さん、石崎さん、鈴木明子さん、高畑さん、鈴木忍明さんの報告は、そのときの話が素材になっている。この集会の開催については、日本消費者連盟をはじめ、関東の方々に大変お世話をかけることになってしまった。

私が所属している「関西水系連絡会」では昨年六月、『人工の緑に広がる〝沈黙の春〟ゴルフ場農薬汚染への警告』というパンフレットを発行した。当初二〇〇〇部刷ったそのパンフレットは、全国からの注文によってなくなり、増刷しなければならないという状況である。そのようなわけで、ゴルフ場問題の全体像が分かる本を一日も早く作る必要があると痛感していた。

一九八九年四月二十九日、三十日に第二回の「全国ゴルフ場問題住民交流集会」が東京で開催されることになったが、そのことを知ったのは二月であった。「この本はどうしてもその集会に間に合わせよう」と、その時決意した。

時間との勝負になった。原稿ができ上がり次第、イラスト担当の本間都さんに図や表を判りやすく書き直す作業にとりかかっていただいた。下段の親しみやすいイラストや図表の作成はほとんど本間さんの労作である。坪井さんには原稿の執筆だけでなく、資料の収集、「現地からの報告」の執筆依頼など、煩わしい作業を担っていただいた。小鴨さんにはカバーを含め、ゴルフ場造成中の貴重な写真を提供していただいた。浜田さん、押田さん、金子さん、植西さんには討論に参加していただいただけでなく、原稿の執筆や資料の提供など、大変お世話をかけることになってしまった。

「現地からの報告」は、各地の住民がゴルフ場と闘っている汗と努力の結晶である。時間制限がある中で頑張って執筆していただき、多くの生々しい報告を集めることができた。それぞれは各地の固有の事情に根差した状況報告であるが、総《すべ》てを読み通してみると「ゴルフ場問題の全体像」が明確に見えてくる。この本の中心部は明らかにII章にある。

時間の都合で、この本に紹介することができなかった活動報告も多くある。それについては、了解を得られた範囲で、活動の一端を示すビラやパンフレットや文章の一部を資料として掲載した。これらの本格的な報告は、『続・ゴルフ場亡国論』として、第二弾を続けて発行すべきであると考えている。

最後に、「緊急出版」であったにもかかわらず、時間との勝負に耐え、この本の実現を可能にしていただいた、新評論編集長の藤原良雄さん、それに、てきぱきとねばり強く仕事をこなしていただいた清藤洋さんに心からお礼を申し上げる。

『ゴルフ場亡国論』の完成は「ゴルフ場に対する怒り」の結集によって実現したものである。

一九八九年四月八日

山田國廣

しろつめくさ

第15号　1988年8月20日・・ポラーノ村を考える会

「さうだ、ぼくらはみんなで一生けん命ポラーノの広場をさがしたんだ。けれどもやっとのことでそれをさがすとそれは選挙につかう酒盛りだった。けれどもむかしのほんたうのポラーノの広場はまだどこかにあるやうな気がしてぼくには仕方ない」
「だからぼくらの手でこれからそれをこさへようではないか」
「さうだ、あんなに卑怯なみっともないわざとじぶんをごまかすやうなそんなポラーノの広場でなく、そこへ夜行って歌へばまたそこで風を吸へばもう元気がついてあしたの仕事中からだいっぱい勢がよくて面白いやうなさういふポラーノの広場をぼくらはみんなでこさへやう」
「ぼくはきっとできると思ふ。なぜならぼくらがそれをいまかんがへてゐるのだから」
『ポラーノの広場』……賢治

活力あるまちづくり調査報告書完成
―『保全』と『開発』の折衷案―

藤田　祐幸

一．経過

前号「しろつめくさ」にも記してあるように、昨年秋に、三戸小網代地区開発の方向を探るために、神奈川県の強い指導のもとに、「活力あるまちづくり調査」のための委員会が設置されました。委員には、開発当事者である京浜急行や地主、農協や商工会議の代表とともに、ポラーノ村の村長も席を並べ、県と市の関係部署のすべての代表も委員として出席し、三浦市長も出席しました。四回にわたる会議を開いた結果、その報告書がこの五月に公表されたのです。

こうした開発を前提にした会議に、運動側が参加することは、一般的には、その開発に対する発言が制限され、あるいは、その方向に取り込まれる可能性が高いために、必ずしも推奨できる方法ではありません。小網代の森の開発問題については、この森にはいまのところ天然記念物級の生物が見つかっているわけではなく、土地はすでに開発側の所有に帰しているし、また、市内に強力に開発に反対する意向がないなど、あまりにも条件が悪すぎたために、非力なポラーノ村としては、あえてこの会議に参加して影響力を行使する決意を固めたのでした。

こうして、世にも稀な、呉越同舟の奇妙な会議が開催されることになりました。開発側はゴルフ場開発案を放棄しようとはせず、また運動側は環境保全と地域経済の自律の共存を説いてやみませんでした。終始平行線のまま委員会は推移し、県の指導により報告書の原案が作られ、様々な思惑を含みながら、積極的に反対するものがないという形で、この報告書がまとめられました。

二．報告書の概要

報告書は、本文三十三頁、参考資料十二頁に及ぶB4版の冊子でありますが、本文は、序章として、調査の目的と役割、あるいは、対象地域や調査の方法などが記載され、第一章には、地域の位置付けと現況、第二章には、三戸・小網代地区におけるまちづくりの基本方針、第三章には、三戸・小網代地区整備に向けた三つの提案、と続きます。

この報告書に盛り込まれている内容を、概略説明しましょう。

ポラーノ村を考える会
〒223 神奈川県横浜市港北区日吉4-1-1
慶応大学物理学教室内　藤田祐幸気付(電)044(62)2279

豊川《とよがわ》

月刊「とよかわ」第7期第3号
1989年3月28日発行
発行所　豊川を勉強する会
宝飯郡一宮町大字上長山
字西水神平79－4
郵便振込 名古屋9-75523
TEL.053393－2767
発行人　松倉源造
頒価　100円

水源地のゴルフ場建設は本当に安全か？

―第14回 全国水問題シンポジウムに参加して―

はじめに

さる二月三日・四日、全水協・静岡県伊東市の共催で「第14回全国水問題シンポジウム」が、同市の観光会館を会場に開かれました。

奇しくも、今回はリゾート開発、特にゴルフ場開発に伴う水源環境の破壊をテーマとするような案内を頂きましたので、思いきって参加することにしました。

ちなみに、二日間の主な内容は、つぎのとおりです。

〈一日目〉

記念講演　末石冨太郎（大阪大学教授）「水道水源の保全と開発問題」

調査報告(1)　盛岡通（大阪大学助教授）「ゴルフ場開発の環境影響調査」

調査報告(2)　中本信忠（信州大学助教授）「土地利用が河川とダム湖に及ぼす影響」

〈二日目〉

第一セッション「水・環境部会」

座長　髙橋裕（芝浦工業大学教授）

豊川を勉強する会
〒441-12 愛知県宝飯郡一宮町大字上長山字西水神平79-4 松倉源造
(電)053393-2767

市民の森 飯綱が危ない!!

長い間 長野市民に親しまれてきた大座法師池周辺の緑が今、長野市と大和ハウス工業が建てるロイヤルホテルによって、こわされようとしています。池周辺は、市有地（市民の財産）であり、市民の健康のための保健保安林であるにもかかわらず、池の南側の木を伐採しホテルを建てるという計画なのです。問題点をいくつかあげてみますと……

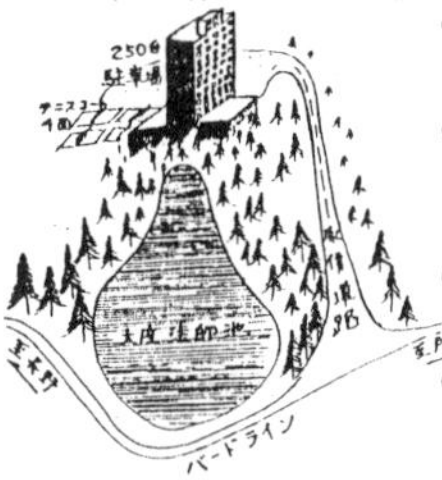

◎ ホテルの高さ 45m
ホテルは大座法師池のほとりに建ち、高さ45m 13階建、250台分の駐車場

◎ 取付道路 バードラインの3倍
樹令60年のカラ松林 巾20m 長さ1kmにわたって伐採し、現在のキャンプ場の横を通るホテル専用道路が新設

◎ ホテルは会員制高級リゾートホテル
一般客は1泊、2～3万円の高級リゾートホテルで庶民には無縁です。

◎ 地下水くみ上げ
ホテル内のプールの水を地下から汲み上げる計画があり、周辺の地滑り地帯への影響が心配されています。

◎ 大手企業によって市民の憩いの場が奪われる
大和ハウス工業はホテル、ゴルフ場、別荘地と地上げ屋ともいえる乱開発を各地で進めている。現にゴルフ場の土地買収が進んでいます。

◎ 市民に知らされていない開発計画
長野市は自然保護施策がないまま、自ら乱開発の後押しをしている。

飯綱ロイヤルホテルの建設に反対しよう。
飯綱、戸隠を乱開発から守ろうの声を上げよう！

集まろう！ 大座法師池 時計台前集合
鳥の好きな人・植物の好きな人 虫の好きな人・緑や空の色が好きな人、ボウ～とするのが好きな人、いろんな事、知っている人、みんな おいで!! STOP乱開発
8月14日(日) AM10:30 お弁当持参

8月21日(日) AM 9:00 集合
飯綱登山口 木鳥居前
飯綱山登山

主催
乱開発から飯綱戸隠を守る市民連合
連絡先 24-2948

「市民の森飯綱が危ない」のチラシからずい分たちました。1988年8月8日、10日に保安林解除に「異議意見書」を提出その後計画はストップしていますが、オリンピックとのからみもあり、ゴリ押ししようとしています。4月10日に私たちは「大和ハウス工業KKに市有地を売るな」の訴訟を起こします。大和ハウスは1992年までに全国に40ヶ所ホテルを建設しゴルフ場を併せて造る計画です。すでに全国14ヶ所オープンしてゴルフ場のあるものもあります。飯綱高原にはこのホテル計画の他「京急ゴルフ場」も計画されアセスが5月に出ます。また市は、「自然保護要綱」を作成していますが内容は「開発を増進させる要綱」でしかありません。

乱開発から飯綱戸隠を守る市民連合　〒380 長野県長野市小柴見443 江沢正雄　(電)0262(24)2948

一九八九年二月十五日

大東町長

黒目直衛殿

申し入れ書

大東ゴルフ場問題対策会議

議長　板垣洋司

大東町発展のため、御努力されています貴職に対して敬意を表します。

さて、水と緑と土は、地球上に住む私達にとってかけがえのない貴重な資源であります。

ところが今、ゴルフ場の建設によって、芝生の維持管理のために散布される大量の農薬による河川、大気への汚染など自然破壊が全国各地で社会問題になっています。

こうしたとき、大東町山王寺地区を中心として松江市忌部高原に至る地域に、大規模なゴルフ場を建設することが明らかにされました。ゴルフ場建設による自然破壊は、山王寺地区の広葉樹林の伐採によって生態系を破壊し、保水力の低下を招き洪水、濁水、地すべりそして水質汚染が進行することや、町民及び隣接する松江市民の上水道水源にゴルフ場で使用する除草剤、殺虫剤、防虫剤、化学肥料の有毒物が混入し使用不能になること。又、大気への汚染を招き広範囲な公害を招来することなど、多くの問題点を抱えています。

私達は、こうした町民及び松江市民の不安を持つゴルフ場建設に反対する立場で、当面ゴルフ場建設にかかわる町と業者との覚書調印についてはこれを延期し、全ての町民及び松江市の合意を得て行なうよう強く申し入れます。

大東ゴルフ場問題対策会議
〒699-12 島根県大原郡大東町大字山王寺865 細田実気付(電)0854(3)5836

いのちと暮らし、京都の自然と環境を守るために
大文字山ゴルフ場建設に反対します

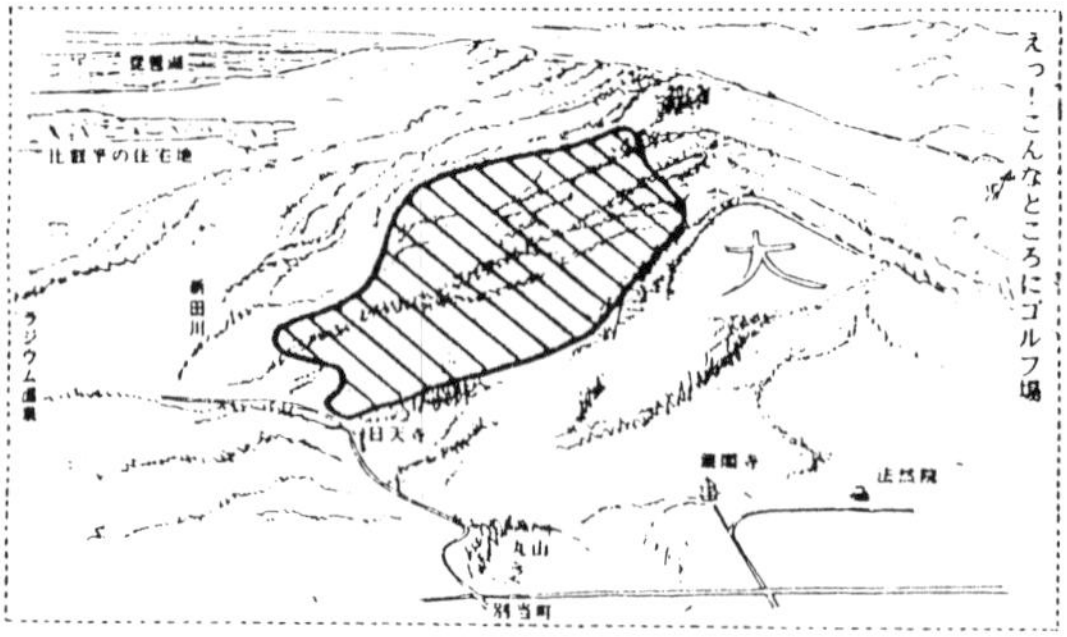

大文字山ゴルフ場建設計画、略図で見ると、山の背後をえぐりとるような、斜線の位置になります。さらに東部にかけても大規模に土地が買いしめられており、この場所で、こんな大規模乱開発を許したらたいへんです。計画が公表されて以降、地元地域を中心に住民運動が広がっています。地域の「会」は府・市議会に対し、住民の合意なしに建設を強行しない事を求める請願を提出、府議会では全会派が一致して請願を採択、運動は大きく広がっています。さらに運動を大きく広げ無暴な開発をストップさせるため、お力をおかしください。

大水害・がけ崩れの危険性

現地を歩かれた事がありますか？「会」では何度も調査ハイキングに行きました。地質は、手でさわっただけでもボロボロと崩れる花崗岩。現状では雑木林がしっかりと根を張り、大雨が降っても一気に土砂や水が流れおちないようにささえていますが、ゴルフ場の芝にはそんな力がありません。大雨が降れば、がけ崩れや白川の大水害の危険が増す事は明らかです。

こわい環境汚染

ゴルフ場は、農地ではないという理由で、農薬の大量散布も規制されていないという事をご存じですか？ 18ホールのゴルフ場で、一年間で3tもの農薬が使用されているといわれています。ベトナム戦争で使われた枯葉剤、あのベトちゃん、ドクちゃんの二重体児の悲劇を生んだダイオキシンと同じ成分を含んだ農薬も使用されています。

昨年、北白川では、産業廃棄物を不法に燃やした際の有毒ガス(フッ素ガス)が流れ、柿の葉が一斉に枯れる事件がおきました。白川上流での農薬の大量散布によって、ガス化した農薬が白川の谷にそって流れ出すような事態が起こったらたいへんです。

大文字山·東山の自然環境を守りましょう

大文字山北東部は、ゴルフ場計画予定地から比叡平に至るまで、不動産業者などによって大規模に買いしめられています。ゴルフ場建設が突破口となりこの地と東山に大規模な乱開発の波がおしよせたら、身近で豊かな自然も破壊されます。五山の送り火や大文字のイメージも、裏側の山々が乱開発ですっかり削りとられてしまっているというのではガッカリです。

京都の外郭をなす自然は、美しい京都のバックボーンです。東山が切り崩され緑が破壊されてしまったら、京都の美しさは激減するでしょう。今、大切な自然をみんなで見つめなおし、東山や大文字の自然環境を守りましょう。

市のゴルフ場開発の指導要項もまだこれから、ストップのための運動もこれからが本番です。いっそうのお力添え、よろしくお願いします。

大文字山ゴルフ場建設に反対する会
(連絡先：沢井　721-7731)

大文字山ゴルフ場問題を考える会
(連絡先：梅原　761-3968)

澤井清　〒606 京都市左京区北白川大堂町33(電)075(721)7731

陳情書

立科町議会議長　　田中賢一　殿

私たちは、次代を担う子供達に美しい自然と環境を残し伝える責務があります。清らかな水は貴重な資源であり、水を作る森林はみんなの財産です。今回計画中の蓼科山麓大型開発はゴルフ場設置基準限界の非常に高い所であり、立科町のみならず望月町・北御牧村・小諸市にまで及ぶ地域の水源をもつ山なのです。歴史的にも明治時代に旧協和村と２０数年も権利争いをし、７つの沢と水源をもつという理由で、白樺湖の３分の２を手離してまで勝ち得た所である。水に苦労した祖先の後世への遺産（贈り物）なのである。水は私たち住民の生命の源泉でありその権利を譲渡し、水を汚され、生命が脅かされるような今回の開発は中止していただきたい。

理由（１）　広大な針・広葉樹林に覆われた一大山林・渓谷の約半分（残存緑地４５％）の樹林が伐採されなくなってしまう。これは、何者にもかえがたい絶対的損失である。自然林地に対してゴルフ場の保水力は４分の１に低下する。昭和３３・３４年の大水害を思い出しても相当大きい災害が予測される。

理由（２）　ゴルフ場に降った雨は調整池に貯留されるのが普通であるが、それはダムと同じく下流の河川水量を低下させ農業用水も減り、浄化能力もなくなる。給水関係はボーリングによる地下水利用とされているがそれにより他の水源への影響が予測される。（ボーリングにより他の水源が止まり、新たに何億もかけ水源を堀っている町村もある。）

理由（３）　工事中や大雨の後で濁りが出やすくなる。豊科町では、砂が流れ地滑りし、芝が浮き出ている。

理由（４）　ゴルフ場には大量に農薬を散布する。ゴルフ場の数がアメリカと同じになった日本では、飲料水源を涵養する山林にまで及び今まで農薬の散布が行われていなかった場所に新たに使用される。性質上、ゴルフ場は一般の地域住民に対して閉鎖的であり、農薬の使用に対して日常の監視が及び難しい。又農地でないため農薬取締法の適用を受けず、安全性や残留性より、速効性や完全防除が主となり、協力で頻度高く使用料も多い。農地ではあまり使われなくなった問題の多い農薬やシバ専用の毒性の高いものが多い。

昭和６３年１２月１３日

蓼科水と緑を守る会

代表　中村　広

立科町大字芦田2644-1（TEL 56-1100）

蓼科水と緑を守る会

〒384-23 長野県北佐久郡立科町大字芦田2644-1 中村広(電)0267(56)1100

ふるさとはいずこへ

日野の自然を守る会
〒375 群馬県藤岡市下日野1969-2
小山博(電)0274(28)0836
自然といのちを守る県民会議
〒375 群馬県藤岡市藤岡260-2
サムエル幼稚園内 水沼武彦
(電)0274(23)6000

(注) ○印は新設予定のコース(●印＝造成中のもの)
△印は増設予定のコース(▲印＝造成中のもの)
資料：当研究所

ウソ? ホント!

★今やゴルフは危ないスポーツだ

こういうと、あなたはきっとナゼ?と思われることでしょう。青空のもと、広々とした芝生と小鳥のさえずりの中で、白球を豪快に飛ばす…アウトドアスポーツの中でも、健康的でナチュラル派のスポーツだと思われてきたゴルフ。しかしあの広大な"人工的環境"であるゴルフ場は、自然そのものはもちろん多くのまちの人々やそこでプレーを楽しむゴルファーの健康にも多くの問題を持っているのです。

ホントの自然が
自然モドキの人工環境に
造り変えられると

●本物の森林がなくなる
プレーや景観のジャマになる森林が、広い範囲にわたって伐採されるため、自然の生態系サイクルが根こそぎ破壊され、タカをはじめ多くの生き物が絶滅に瀕しています。
!ゴルフ場造成によって失われた全国の森林面積(造成予定地含む)20万ha(約東京都と同面積)

●水があふれる
芝のグリーンは樹林地とちがって保水力がきわめて低く、雨が降るといっきに流出し、このままゴルフ場が増え続ければ、大洪水がおそってきます。

!グリーンは、森林の保水力に比べて1.4〜1.7です

●水が汚れる
ゴルフ場では大量の農薬が使用されています。ゴルフ場にふった雨が農薬に汚染されて川や地下水に流れ込み、家庭の水道水から大人や子供たちの健康を侵すコワ〜イ犯人となります。

!18ホールのゴルフ場で1年間に使用される農薬の総量(殺菌・殺虫・除草剤を含む)は、なんと3.5トン

●やさしさを失う子供たち
子供たちの生活する所から自然がなくなるとやさしさや思いやりがなくなるというデータがあります。大人が遊ぶために自然が人工的な環境に変わっていくと、子供たちの肉体的な健康だけでなく、心の健康までもむしばんでいきます。

!自然の喪失と校内暴力の発生状況(環境庁昭和58年度資料による)

●農薬がゴルファーを直撃
美しいグリーンを守るため、大量に散布される農薬は大きな問題です。昆虫や小動物・鳥などに被害がでるのはもちろん、プレーをするゴルファーも、大気を通じて、また芝生の中の残留農薬から、ジワジワと健康が侵されます。
!農薬散布後6時間たってもヘリコプターで空中散布している真下にいるのと同じぐらい空気は汚れている。(横浜国大環境科学研究センター・加藤龍夫教授)
!ゴルフ場でゴルファーやキャディーさんがかかる症候群を「オメメのシビレ」という。「オ」はおなかの痛み、「メ」はめまい、「メ」は目のかすみやチカチカ、「の」はのどの痛みやいがらっぽさ、そして「しびれ」(北里大学・石川哲教授)
!アメリカでは、ゴルフ用の防毒マスクが売られています。

今日からゴルフを止めよう!

もうゴルフ場はいらない!

連絡先／
〒330 埼玉県大宮市宮町2-111
木村マンション内 TEL 0486-45-0570
(財)埼玉県野鳥の会

(財)埼玉県野鳥の会
〒310 埼玉県大宮市宮町2-111 木村マンション内 (電)0486(45)0570

1988年（昭和63年）11月1日 第29号 定価100円（毎月1回発行）年間購読料1000円

鳩山かわら版

No.29

〔発行元〕
鳩山かわら版編集委員会
〒350-03埼玉県比企郡鳩山町
鳩山ニュータウン1-6-1竹林方
（電話）0492-96-0923

県営ゴルフ場は農薬使用を見合わせた！
アセスで「除草剤を使わない」とするゴルフ場も

ゴルフ場の農薬汚染問題に関連して、大きな動きがありました。

10月26日の参院環境委でゴルフ場の農薬汚染問題が取り上げられ、「ゴルフ場の急増で水源の枯渇や飲料水汚染の心配が深刻化している」現状が報告され、環境庁は実態を調査し報告したい、と答弁しています。

さらに、それに先立って、現在、アセス手続きに入っているミッションヒルズカントリー倶楽部（皆野町）が、アセス準備書の中で「除草剤は使用しない。雑草は人力により刈り取る」と、報告。ゴルフ場の開発事業主自身が、農薬禍を認め、除草剤を使わないことが最良の方法と結論づけている点は注目に値します。

そして、10月13日、埼玉県は、「10月26日に新設オープンした県営妻沼ゴルフ場では、国の基準が出るまでは農薬の使用は見合わせる」と発表し、「県営吉見ゴルフ場と大麻生ゴルフ場では販売基準に沿い、池に魚を飼うなど支障のないよう十分注意を払っていく」と、ゴルフ場の農薬使用には慎重な態度でのぞむことを表明しました。

思い出すに、石坂ゴルフ場の同意書問題で揺れているさ中、開発業者は「農薬は砂糖より安全。汚染の心配はない」と公言していました。そのような認識のあまさが期せずして指摘されたと言えるでしょう。住民との信頼関係の回復の第1歩は、アセスにどのような対策が盛り込まれているか、にかかっています。期待しましょう。

環境アセスメント準備書の縦覧は早ければ11月中旬に始まろうとしています。

環境アセスメント制度というのは、大規模開発に伴う関係地域への影響を事前に調査予測評価し、近隣住民の意見を聴きながら、悪影響をなくする対策を講じる手続きです。

ここで留意しなければならないには、埼玉県は、「この制度は開発行為そのものの是非を問うものではない」としていることです。

調査予測評価という科学的検討をした結果、開発にともなう悪影響はさけがたいという結論が出ても（というより、そのような結論は出ないようにしているが）、開発計画の差戻しはありえないようになっているのです。

意見の言える関係住民の範囲にも制限があり、監督行政当局（県）へは公聴会で意見が言えるだけでその返事は返ってこないなど、いろいろと問題があり、一体なんのためのアセスメントなのか、業者の開発計画にアワせる〝アワセメント〟ではないかという批判が多くの学者から出ているのはご存じの通りです。（これについては、ニュータウン在住の法律学者である坂口洋一さんが埼玉県に提出した「消えゆく埼玉の自然―保全のあり方・提案」にも詳しく書いてあります）

こうしたアセス制度の問題点は住民自治の根本的問題のひとつとして今後も取り組んで行かねばなりませんし、ゴルフ場問題を通して知り合った他市町村の人たちとも意見交換を始めているところです。

また、県の対応も一進一退ではありますが、評価すべき新しい動きも出てきています。例えば、縦覧ではこれまで評価準備書を決められた会場で読むしかなかったのですが、条件付きで住民への貸し出しもするようになっています。これなどは住民の要望を取入れ、制度の運用上で住民サービスを向上させたものでしょう。

文句を言っているだけ、ある

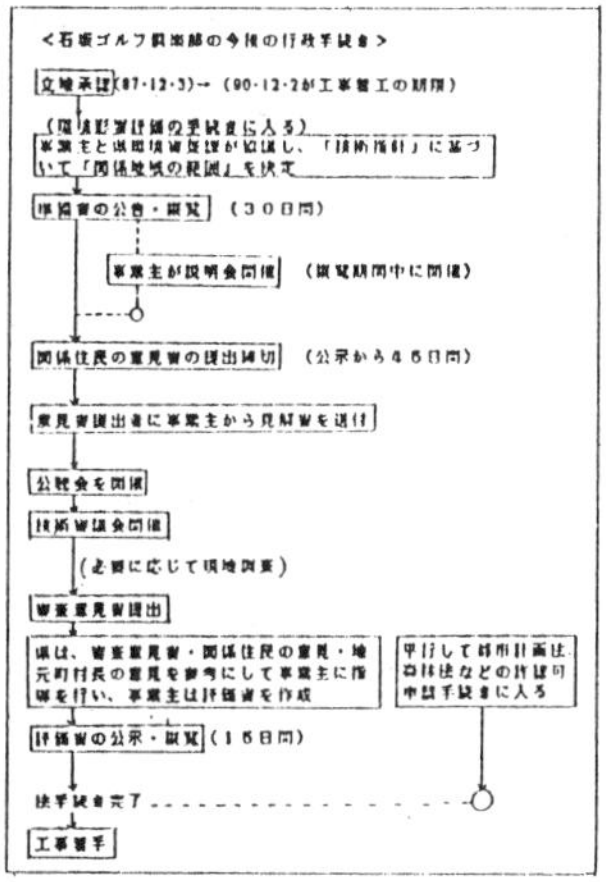

比企丘陵の野鳥 第29回

モノマネ上手 カケス（カラス科）

鳩山野鳥の会 鈴木 伸

〈カケス〉 N.A

この秋、なぜかカケスが多いようです。物見山、ニュータウン周辺にも群れでやってきて、ジャージャー、あまりきれいでもない声で山の噂を交わしあっています。

カケスは、ヒヨドリを一回り大きくしたカラスの仲間で、羽をヒラヒラさせながら直線的に飛び、このあたりがヒヨドリと区別するポイントです。羽を広げるとブルー、白、黒のコントラストが鮮やかです。

繁殖期には、山の奥の方に引っ込んでおり、秋になると人家の周辺にも姿を見せるようになります。

カケスには面白い習性があり、周囲の音をマネする特技をもっています。山路を歩いていると後から自転車のブレーキの音が迫り、振り返るとなにもなく、それは『背後霊』でも何でもなく、カケスのイタズラだったということがよくあります。

そのカケスが、やたら数が多いのです。山にエサが少ないのかもしれません。気になるカケスの動向です。

鳩山かわら版編集委員会
〒350-03 埼玉県比企郡鳩山町松ヶ丘 1-6-1 竹林方（電）0492(96)0923

みんなで考えよう！

水源の山の開発を（三水ゴルフ場？）

№ 1
S 62年9月16日

皆さん、ご存知ですか？

★三水村普光寺山のゴルフ場開発は、中央開発から株式会社角藤（長野市）へ経承され、再出発しようとしています。しかも、その山は三水村の水道水源の山であり、水を飲んでいる村民みんなに関わる重大な問題です。またこの開発は、まだ山林所有者の合意も得られていないのに、村当局は「95%の皆さんが賛成だから、ぜひやりたい」と言っている行政指導型のものであります。このような重大な開発をする時には、村民合意のもとに実行するのが当然だと思います。

★私たちの飲んでいる水道水は、鳥居川の水が約60%、3カ所の水源の水が約40%であります。そして、きれいな水を飲ませてくれる深井戸は、1日700t 前後の出水能力をもっています。そして1日の水道使用量は平均1,200t 前後です。
これが私たちの飲量水の現況ですが、ゴルフ場の芝の管理には大量のきれいな水が必要であります。（汚れた水は、芝の病気のもとになる）ですから、鳥居川のように汚染された水は不向きなのです。村では、そのためと思いますが、「普光寺山にある水源をゴルフ場に提供する。そして新たに斑尾山のふもとに水源が発見できたので、水には心配ない。また、工事は開発会社にやらせる！」と言っておられます。（8月1日、地権者総会にて村長発言）
しかし、新たな斑尾山の深井戸は、まだ掘ってもないし、水も出ていません。また、同じ場所には信濃町、豊田村の井戸がとなりあっているのです。

★私たちは、掘ってもない、水も出ていないのに「心配するな」と言われても心配でなりません。
村当局に、今、一番やってほしいことは、現在の水源を守り、新たな水源を開発し、汚染の進んだ鳥居川の水を上水道から減らしてもらうことです。そのことがゴルフ場からあがる自主財源よりもはるかに貴いことであり、村の人口を増やすにしても、工場をもってくるにしても、ますます使用量の増える水の確保は村づくりの基本です。水源の山だから、用水を含む水の事だから、山林所有者の皆さんにも、あの山の水を飲んでいる村民のみなさんにも、村民の命を預かる村当局にも是非考えていただきたいのです。
元来、水を治めることは村を治めると言われてきました。そして、水を治めることは水を潤おすことにつながると思います。私たちは、安全で、きれいな水を飲み続けるために、水源の山を守らなければならないと考えています。

いよいよ三水の自然がねらわれてきたのです。普光寺山から二十塚にかけての、なだらかな素晴らしい台地、あの山を虫食いにしてはいけません。村当局には山林所有者の理解の上で、水源涵養地として山を保全し、人まねでなく、村民が心豊かに暮らせる、そんな興こし方をして欲しいのです。だから私たち“緑と水源を守る会”では、村民の皆さんに訴え、考えてほしいのです。ご意見をお寄せ下さい。

緑と水源を守る会
〒389-12 長野県上水内郡三水村倉井3677
中村市郎 (電)0262(53)6525

7・8月号

そうかのん (電)05362(3)5480
〒441-13 愛知県新城市札木23-2 古水克明

「雑草」という名の草はないのです。どんな小さな草にでも名前がついています。人間の都合で、人間は生活に役立つ草と邪魔な草とを区別して、邪魔な草、いわゆる雑草と呼ばれる草を目の敵にしてとり除こうとしています。道ばたの小さな草むらも、みどりの一員として、わずかながらでも酸素を出し、炭酸ガスを吸収してくれています。もし草が伸び過ぎて、うっとうしかったり、虫の発生、火災の発生などの心配が生じた場合は、手や機械で刈ればよいのです。薬物をかけて殺した草は、むごたらしくて、苦しみの声が聞えて来るようです。除草剤をかけ続けたれば、しまいには草は生えなくなります。草ばかりか土中の微生物をも殺し、そしてその下の地下水も汚染してしまうのです。

刈っても刈っても草は伸びてきますが、それはしあわせなことではないでしょうか。砂漠になってしまったら、いくらみどりを増やしたくても草は生えては来ないのですから……

池田あつ子と生き活き会議
〒186 東京都国立市北1-7-21 安江ビル2F
(電)0425(74)7111

＊動物実験から、発ガンに関する用量-反応曲線が得られる。これは、通常、ヒトが摂取するより、高い濃度の農薬を与えた時の結果なので、数学的モデルを用いて、低い濃度の場合の発ガン率を推定する。これが**資料-11**に挙げたQ値である。単位は発ガン増加数／投与量で、値が大きいほど、発ガン性が強いことを意味する。

個々の農薬の発ガン性の危険度は、Q×（食品別残留許容量）×（その食品の一日平均摂取量）で表わされる。アメリカの場合、その数値は表の右欄のようになる。リニュロンの場合は、一、〇〇〇人当たり一・五二人の割合で、オキサジアゾンの場合は、一〇万人当たり一・二一人の割合でガンになるということである。アメリカではこの一五品目の食事で、最大限に見積もって、年間二万人がガンになることになり、危険度の高い一〇種の農薬（リニュロン、ジネブ、ダイホルタン、キャプタン、マンネブ、ペルメトリン、マンゼブ、フォルペット、クロルフェナミジン、TPN）をやめれば、農薬による発ガンの危険は八割方減らすことができるとしている。

（植村振作、河村宏、辻万千子、冨田重行、前田静夫、『農薬毒性の事典』（一九八八年、三省堂）より）

資料—11　農薬の発ガンの強さと発ガン危険度

	農薬名	Q値	IARCによる分類②	リスクの大きさ
除草剤	リニュロン	3.28×10^{-1}	C	1.52×10^{-3}
	オキサジアゾン	1.3×10^{-1}	B2	1.21×10^{-5}
	アラクロール	5.95×10^{-2}	B2	2.42×10^{-5}
	アシュラム	2.0×10^{-2}	—	—
	プロピザミド	1.6×10^{-2}	C	7.77×10^{-6}
	グリホサート	5.9×10^{-5}	C	2.73×10^{-7}
殺菌剤	ダイホルタン	2.5×10^{-2}	B2	5.94×10^{-4}
	TPN	2.4×10^{-2}	—	2.37×10^{-4}
	マンゼブ	1.76×10^{-2}	B2①	3.38×10^{-4}
	マンネブ	1.76×10^{-2}	B2①	4.42×10^{-4}
	ジネブ	1.76×10^{-2}	B2①	7.17×10^{-4}
	ホセチル	4.3×10^{-3}	C	3.29×10^{-8}
	フォルペット	2.4×10^{-3}	B2	3.24×10^{-4}
	キャプタン	2.3×10^{-3}	B2	4.74×10^{-4}
	ベンレート	2.065×10^{-3}	C	1.13×10^{-4}
	オルソフェニルフェノール	1.57×10^{-3}	—	9.99×10^{-5}
殺虫剤	ペルメトリン	3.0×10^{-2}	C	4.21×10^{-4}
	シペルメトリン	1.9×10^{-2}	C	3.73×10^{-6}
	アセフェート	6.9×10^{-3}	—	3.73×10^{-5}

注①代謝物ETUに対する分類　②国際ガン研究機構（IARC）による化学物質の発ガン性程度の分類方法　グループB２（ヒトに対する発ガンの可能性が高い物質）動物実験で十分に発ガン性が証明されているが、疫学データは無いか、または不十分である。グループC（ヒトに対する発ガン性の可能性がある物質）動物実験で一定程度発ガン性が認められているが、疫学データがない。

〈地球号の危機No.89〉

資料―10　長野県のゴルフ場における農薬・肥料等について―II

1　主な調査結果

⑴農薬取締法による登録のない農薬の使用があった。

（今回の調査によって使用が明らかになった無登録の農薬は、いずれも現在販売されておらず、昭和63年度は使用されていない。）

⑵芝用として登録のない農薬の使用があった。

（これらの農薬は、いずれも農作物用として登録されているものである。）

⑶農薬の使用量について、個々のゴルフ場によって病害虫・雑草の発生状況が異なるため、多いところと少ないところの差が大きい。

⑷グリーンでの農薬の使用が多い。

2　今後の県の対応方針

⑴農薬の安全適正な使用のために要綱を定め、指導していく。

- 無登録農薬や芝用の適用のない農薬は使用しないこと。
- 農薬表示事項を遵守すること。
- 農薬等取扱責任者を置くこと。
- 農薬使用状況の記録帳票を備え付け、使用状況報告をすること。
- 必要に応じて水質測定を行うこと。　など

⑵魚毒性の強いものあるいは毒物の使用については、使用に当たって特に留意する必要があるので、今後、個別指導あるいは研修会を行い、安全適正な使用を指導する。

⑶芝への農薬総使用量については、現在基準がないので、今後、国へ基準の作成を要望する。

⑷農薬の使用量については、特にグリーンでの使用量が多く、面積は3.2％にすぎないが、ゴルフ場全体で使用する農薬（殺菌、殺虫、除草剤）の60.5％を占めている。今後、芝の防除基準について、農政部で研究する。

⑸肥料については、水質に影響を及ぼす場合も考えられるので、研修会等において適正な使用を指導する。

⑹着色剤について、マラカイトグリーンは、昭和63年度は使用されていないが、今後も使用しないよう指導していく。

他の着色剤については毒性等をさらに調査し、必要があればその使用方法について指導していく。

項　目	結　果	説　明
（3）1 ha当たり使用量	1 ha当たりの普通肥料使用量は、907kg であった。 成分量は、　窒素成分　70 kg リン成分　82 kg カリ成分　66 kg　である。	・ 1 ha 当たりの生産芝の普通肥料使用量は、2,200 kg/ha であり、ゴルフ場での使用量は、生産芝の41%程度である。 なお、ゴルフ場のグリーンにおける1ha 当たりの使用量では、生産芝よりやや多い。
3　着色剤について		
（1）使用ゴルフ場数	着色剤を使用しているゴルフ場は 17 か所であった。	
（2）着色剤の種類等	種　類　・サンレックスグリーン　976 kg　（12 か所で使用） ・ローングリーン　118 ℓ　（2 か所で使用） ・ターフグリーン　82 ℓ　（2 か所で使用） ・ブレイゾン　100 ℓ　（1 か所で使用） ・マラカイトグリーン　20 kg　（1 か所で使用） 使用場所　グリーンのみで使用　12 か所 グリーン・フェアウェイ 等で使用　4 か所 グリーン以外で使用　1 か所	・ サンレックスグリーンが 75 %を占めている。
	使用量　グリーンでの使用量　190 ℓ、802 kg グリーン・フェアウェイ 等での使用量　110 ℓ、194 kg 計　300 ℓ、996 kg	・ 約 77 %がグリーンで使用されている。
	（2）マラカイトグリーンは、62年度に 1か所で使用していた。 昭和 63 年度　使用ゴルフ場なし 昭和 62 年度　1 か所 昭和 61 年度　2 か所	・ 現在マラカイトグリーンを使用しているところはない。

項　　目	結　　　果	説　　　明
	⑥ コース面積 1 ha 当たりの平均成分使用量は、12.4 kg であった。 エリヤ別の1ha 当たり平均成分使用量は グリーン　234 kg/ha （ 1ホール 当たり　20.7kg ） ティー　56 kg/ha （　〃　3.7kg ） フェアウェイ　6 kg/ha ラ フ　2 kg/ha その他　2 kg/ha　であった。	・ 生産芝と比較すると、1ha 当たりの成分使用量はゴルフ場の 12.4 kg/ha に対し、生産芝は143.8 kg/ha であり、ゴルフ場の使用量の11.6倍となっている ・ ゴルフ場のグリーンにおける 1 ha 当たりの成分使用量は、生産芝の1.6 倍である。
（3）管　理	農薬の管理については、全ゴルフ場において管理責任者を設置し、保管庫を備え、施錠して管理している。	・ おおむね適正に管理されている。
2 肥料について		
（1）総使用量	ゴルフ場の普通肥料の総使用量（50か所）は、2,602 トンである。	・ ゴルフ場の肥料使用量は、県 内の入荷実績数量約29万 6千トン（農政部調）の 0.88 %に当たる。
（2）1 ゴルフ場当たり平均使用量	1 ゴルフ場当たりの普通肥料の平均使用量は、52,046kgであった。 成分量は、　窒素成分　4,000kg リン成分　4,727kg カリ成分　3,760kg　である。 （窒素成分はN、リン成分はP_2O_5、カリ成分はK_2O　以下同じ） なお、普通肥料の使用量はゴルフ場（18 ホール換算）により 6,133 kg （窒素 444 kg、リン 467 kg 、カリ 433 kg ）から 99,995 kg （窒素 4,414 kg 、リン 6,423 kg 、カリ 4,119 kg ）までの使用がある。	・ 山梨県の使用量調査結果　(63・10) 22 ゴルフ 場平均　57,881 kg ・ ゴルフ場により使用量の差が大きい。

項　　目	結　　　　果	説　　　　明
（２）農薬使用量	① ゴルフ場の農薬の総使用量（ 50 か所、）は、 液　　　剤　　　16,193 ℓ 粉剤・水和剤等　　97,277 kg　であった。 また、１ゴルフ場当たりの平均使用量は、 液　　　剤　　　　324 ℓ 粉剤・水和剤等　　　1,946 kg　であった。	・　ゴルフ場の農薬使用量は、県内の農薬総販売量（農政部調）の 0.58 %に当たる。 ・　埼玉県の農薬使用量調査結果　(63.8) A ｺﾞﾙﾌ 場　　41 ℓ　1,406 kg B ｺﾞﾙﾌ 場　2,026 ℓ　2,698 kg ・　山梨県の農薬使用量調査結果　(63.10) 22 ｺﾞﾙﾌ 場平均　1,600 kg
	② 農薬の成分使用量は、35,520 kg であり、その内訳は、 殺菌剤　　23,976 kg　(67.5%) 殺虫剤　　 5,322 kg　(15.0%) 除草剤　　 6,222 kg　(17.5%)　であった。	・　殺菌剤の使用が特に多く67.5%を占めている。
	③ １ゴルフ場当たりの平均農薬成分使用量は 710 kg である。 （　１ゴルフ場平均コース面積 57.4 ha　） （　１ゴルフ場平均ホール数　20.8 ﾎｰﾙ ）	・　ゴルフ場によりバラツキが目立ち、18ﾎｰﾙ 換算で 97 kgから 1,378 kg までの使用があった。
	④ エリヤ別の成分使用量は、 グリーン　　21,498 kg(60.5 %)、ティー3,835 kg(10.8 %)、 フェアウェイ　6,367 kg(17.9 %)、ラ　フ3,347 kg(9.4 %)、 その他　　　　473 kg(1.4 %) であった。 また、殺菌剤は、グリーンに 82 %、ティーに 13 %散布されている。 殺虫剤は、グリーンに31%、フェアウェイに 28 %散布されており、 除草剤は、フェアウェイに 61 %、ラフに 34 %が散布されている。	・　グリーンはコース面積では 3.2%であるが、成分使用量では 60.5 %を占めている。

資料－9　長野県のゴルフ場における農薬・肥料等について－I

ゴルフ場における昭和62年度の農薬・肥料等使用状況の調査を実施した結果の概要は次のとおり。

調査対象ゴルフ場　　５０か所

ゴルフ場コース面積　　2,868.7 ha（グリーン 3.2%、ティー 2.4%、フェアウェイ 38.3 %、ラフ 47.8 %、その他 8.3%）

項　目	結　果	説　明
1 農薬について （1）種　類	① 使用種類は、殺菌剤 37 種類、殺虫剤 25 種類、除草剤 32 種類、計 94 種類であった。 多くのゴルフ場で使用している農薬は、 殺菌剤　有機銅、ＴＰＮ、チウラム、キャプタン 殺虫剤　ＤＥＰ、ダイアジノン、ＭＥＰ 除草剤　トリクロピル、アシュラム、ＳＡＰ	
	② 毒劇物の使用については、 　　　　毒物　劇物　普通物 殺菌剤　0　0　35 種 殺虫剤　1 種　18 種　6 種 除草剤　0　0　31 種	・ 毒物・劇物の使用は、殺虫剤のみである。 ・ 毒物はＥＰＮであるが、これについては登録農薬ではあるが芝用の登録がないので、今後は使用しないよう指導する。
	③ 魚毒性については、 　　　　A 類　B 類　B-s類　C 類 殺菌剤　10 種　11 種　0　14 種 殺虫剤　4 種　13 種　5 種　3 種 除草剤　17 種　14 種　0　0	・ 殺菌剤、殺虫剤で魚毒性Ｃ類及びB-s 類の使用がある。
	④ 農薬取締法による登録の有無は、登録がないものが 3種類あった。 ＰＳ－３０４（ 1か所　36 ℓ　殺菌剤として使用 ） ダイオーソ（ 7か所　538 kg　〃 ） ソウルジン（ 1か所　400 kg　除草剤として使用 ）	・ 無登録の農薬については、いずれも現在販売されておらず、昭和 63 年度は使用されていない。
	登録はあるが芝用の適用のない農薬は 24 種あった。	・ 登録はあるが、芝用の適用がない農薬は、一般的には、稲、りんご、きゅうり等に使用されているものである。

資料—8〈表—9〉　余水吐を有する池の有無

		ゴルフ場の数
なし		7
あり	1か所	4
	2か所	6
	3か所	9
	4か所	10
	5か所以上	6
	合計	35

資料—8〈表—10〉　水質保全等

	ゴルフ場の数
養魚による水質監視	34
植物による水質浄化	7
機械による水質浄化	6

資料—8〈表—11〉　クラブハウスの排水処理方法等

	ゴルフ場の数
下水道放流	3
合併浄化槽	19
単独浄化槽等	20

資料—8〈表—12〉　農薬、肥料等の販売業者

区分		農薬販売業者	肥料販売業者	農薬肥料販売業者	その他販売業者	備考
府内業者	届出有	8(1)	10	8(1)	0	
	届出無	1(1)	2(1)	3(1)		
	小計	9(2)	12(1)	11(2)		
府外業者		6	5	6	1	東京都2千葉県1山口県1京都府2奈良県3兵庫県6和歌山県3
計		15	17	17	1	

注）（　）内はその他のものも販売している業者数で、内数。

資料－8〈表－4〉　農薬撒布主体

	ゴルフ場数
自　社	36
委　託	1
自社及び委託	5
計	42

資料－8〈表－5〉　農薬撒布時間

	ゴルフ場数
営業時間外のみ	22
営業中のみ	10
営業中＋営業時間外	10
計	42

資料－8〈表－6〉　農薬の保管管理

	鍵有	鍵無
農薬専用保管庫	36	0
クラブハウスの1室	3	0
その他	3	0
計	42.	0

資料－8〈表－7〉　肥料の使用状況（単位・kg）

		総使用量（成分量）	1ゴルフ場当たりの使用量		
			最大	最小	平均
チッソ	使用量	146,212.3	10,820.0	96.9	3,481.2
	10a当たりの使用量		9.9	0.4	4.6
リンサン	使用量	125,960.8	9,588.0	14.0	2,999.0
	10a当たりの使用量		8.6	0.1	4.0
カリ	使用量	133,553.8	10,330.0	10.5	3,179.9
	10a当たりの使用量		8.6	0.1	4.2

注）1　液肥は比重1として計算。
　　2　10a当たりの使用量は、ゴルフ場の総使用量をゴルフ場全面積で除した数値。

資料－8〈表－8〉　土壌改良剤、その他の使用状況

区分	種類数	使用ゴルフ場数	備考
土壌改良剤	7	4	
着色剤	2	15	使用時期10、11、12、1、2、3月
その他	8	10	

注）　使用目的等の記載がないものは、まとめて1種類として集計した。

資料—8〈表—3〉　主な農薬の使用状況

農薬名		成分名及び含量		商品名	適用の有無	ゴルフ場数	年間使用量			1回10a当たりの使用量			ゴルフ場10a当たりの使用量			1回10a当たりの使用基準(kg.l)	備考
							総使用量	最大	最小	最大	最小	平均	最大	最小	平均		
殺菌剤	キャプタン水和剤	ｷｬﾌﾟﾀﾝ	0.80	ｷｬﾌﾟﾀﾝ水和剤 ｵｰｿｻｲﾄﾞ水和剤	有	29	4724.0	437.0	24.0	5.0	0.1	1.94	1.80	0.04	0.30	使用量制限なし	
	ＴＰＮ水和剤	TPN	0.75	ﾀﾞｺﾆｰﾙ	有	16	3472.5	648.0	20.0	3.0	0.2	1.84	1.60	0.06	0.35	2.5~6.0	
	イソプロチオラン フルトラニル水和剤	ｲｿﾌﾟﾛﾁｵﾗﾝ ﾌﾙﾄﾗﾆﾙ	0.20 0.25	ｸﾞﾗｽﾃﾝ水和剤	有	12	1253.5	240.0	10.5	2.0	0.15	1.65	0.45	0.02	0.14	2.0~3.3	
	イプロジオン水和剤	ｲﾌﾟﾛｼﾞｵﾝ	0.50	ﾛﾌﾞﾗｰﾙ水和剤	有	9	289.0	80.0	10.0	8.0	1.0	3.2	0.21	0.01	0.06	使用量制限なし	
	チウラム水和剤	ﾁｳﾗﾑ	0.80	ﾁｳﾗﾑ水和剤、TMTD水和剤等	有	9	1428.5	648.0	20.0	5.0	2.0	2.7	1.07	0.02	0.29	使用量制限なし	
殺虫剤	ＭＥＰ乳剤	MEP	0.50	ｽﾐﾁｵﾝ乳剤	有	17	5329.0	1500.0	4.0	1.75	0.4	0.98	1.47	0.01	0.43	1.0~3.0	
	クロルピリホス乳剤	ｸﾛﾙﾋﾟﾘﾎｽ	0.40	ﾀﾞｰｽﾞﾊﾞﾝ乳剤	有	15	2860.2	528.0	12.0	2.0	0.1	0.73	1.02	0.03	0.24	0.7~3	
	ダイアジノン乳剤	ﾀﾞｲｱｼﾞﾉﾝ	0.40	ﾀﾞｲｱｼﾞﾉﾝ乳剤	有	11	1643.0	550.0	10.0	4.0	0.12	1.18	0.49	0.02	0.17	3.75	
	ＥＰＮ乳剤	EPN	0.45	EPN乳剤	無	8	923.5	300.0	27.0	2.0	0.1	0.96	0.27	0.04	0.15		
	インフェンホス粒剤	ｲﾝﾌｪﾝﾎｽ	0.05	ｱﾐﾄﾞﾁｯﾄﾞ粒剤	有	4	13207.0	7200.0	240.0	20.0	3.0	10.05	5.76	0.33	3.05	6~9	
除草剤	ＣＡＴ水和剤	CAT	0.50	ｼﾏｼﾞﾝ	有	22	2174.4	320.0	20.0	5.0	0.03	0.42	0.41	0.03	0.14	0.2~0.5	
	アシュラム液剤	ｱｼｭﾗﾑ	0.37	ｱｰｼﾞﾗﾝ液剤	有	20	2586.2	800.0	2.0	2.5	0.05	0.72	0.72	0.02	0.18	0.4~1.25	
	ベスロジン乳剤	ﾍﾞｽﾛｼﾞﾝ	0.194	ﾊﾞﾅﾌｨﾝ乳剤	有	14	11116.5	2000.0	13.5	2.5	0.10	1.68	2.32	0.01	1.04	1~2	
	プロピザミド水和剤	ﾌﾟﾛﾋﾟｻﾞﾐﾄﾞ	0.50	ｶｰﾌﾞ水和剤	有	11	1282.0	420.0	20.0	0.50	0.04	0.27	0.30	0.07	0.19	0.4~0.6	
	ペンディメタリン水和剤	ﾍﾟﾝﾃﾞｨﾒﾀﾘﾝ	0.50	ｳｪｲｱｯﾌﾟ水和剤	有	11	2900.0	900.0	40.0	2.0	0.4	0.98	0.72	0.08	0.33	0.5~1	

注）　1　「1回10a当たりの使用量」とは、農薬散布実面積10a当たりの1回の使用量。

　　　2　「ゴルフ場10a当たりの使用量」とは、年間使用量をゴルフ場面積で除した数値。

資料－8 〈表－1〉　ゴルフ場の面積及び農薬撒布面積

区　　分	全　体	最　大	最　小	平　均
ゴルフ場面積	31,851,227㎡	2,211,000㎡	90,000㎡	758,363㎡
農薬散布面積 (同上割合)	16,124,693㎡ (50.6%)	1,480,000㎡	36,000㎡	383,921㎡ (50.7%)

資料－8 〈表－2〉　大阪府下ゴルフ場で使用される農薬の種類数

区　分	農薬数	ゴルフ場数	登録農薬				無登録農薬	
			芝等の適用農薬		適用外使用農薬			
			農薬数	ｺﾞﾙﾌ場数	農薬数	ｺﾞﾙﾌ場数	農薬数	ｺﾞﾙﾌ場数
殺菌剤	３３	４１	２３ (４４)	４１	９	１２	４	３
殺虫剤	２７	４２	１３ (１６)	３９	１５	２０	０	０
除草剤	３５	４１	２９ (５８)	４１	６	６	０	０
展着剤	３	３	３	３	０	０	０	０
計	９８	４２	６８	４２	３０	２６	４	３

注）１　農薬数は同一成分・同一剤形なら成分含量が異なっても１剤とした。ただし、無登録農薬はそれぞれ１剤とした。

２　登録農薬の農薬数の欄の（　）内は昭和６３年１１月３０日現在の芝に登録のある農薬数。

(3)肥料の使用状況（**表一7**）

チッソ、リンサン、カリ（三大栄養素）の年間使用量（含有成分換算）

ゴルフ場におけるチッソ、リン、カリの総使用量

	総使用量	1ゴルフ場当たり
チッソ	146トン	3.5トン
リンサン	126	3.0
カリ	134	3.2

1ゴルフ場当たりの年間散布量を10アール当たりに換算すると、チッソが 4.6kg、リンサンが 4.0kg、カリが 4.2kgで水稲栽倍（チッソ、リンサン、カリ 各7.5～10kg）のおよそ半量程度であった。

(4)土壌改良剤、その他の使用状況（**表一8**）

土壌改良剤が極く一部で使用されていたほか、15か所のゴルフ場では着色剤が使用されていた。

(5)排水方法等

① 排水方法（**表一9**）

ゴルフ場からの排水については、クラブハウス等の生活系排水と場内の降雨水がある。このうち農薬等の流出に関係する降雨水については、大部分が場内の池に一旦流入し、一定量以上の降雨時に公共用水域に排出されていた。

余水吐を有する池を設置しているゴルフ場は35か所あった。また、場内の池の水を芝への散水に利用しているところが33か所あった。

② 水質保全状況（**表一10**）

コイ、フナ等の養魚による水質監視を行っているゴルフ場が、34か所あった。

一部のゴルフ場では、ホテイアオイやガマを繁茂させたり送風曝気により水質の浄化を行っていた。

なお、過去、農薬の水質検査を行っていたゴルフ場は無かった。

③ クラブハウスからの排水（**表一11**）

クラブハウスからの汚水の処理方法については、下水道へ放流しているゴルフ場が3か所、合併浄化槽により生活雑排水も含めて処理しているゴルフ場が19か所、し尿のみ処理していたゴルフ場が20か所であった。

3 今後の方針

今回の実態調査結果を踏まえ、既設のゴルフ場に於ける農薬等の適正使用及び水質の保全を図るため、当面次の方針で対処していく。

(1)是正指導の必要なゴルフ場及び無登録農薬の販売業者等（**表一12**）については、農薬取締職員（病害虫防除所職員、経営指導課職員）による立入指導を実施する（現在一部実施中）。

(2)各ゴルフ場のグリーンキーパー等農薬散布責任者に対して、講習会を実施し、農薬の適正使用を徹底していく。

(3)農薬等の使用に関する自主的な研修会の開催など業界の活動に、側面から指導援助していく。

(4)農薬等の使用による水質汚染を防止する観点から、ゴルフ場に対し、次の点に留意するよう指導する。

① 農薬について

極力低毒性の農薬への移行を推進すること。

② 排水方法について

雨水を場内の池等に貯留し、芝への散水に利用するなどして、場外への流出をできるだけ少なくすること。

③ 水質監視について

排水系統中に監視池を設け、コイ、フナ等を養魚し、水質監視を行うこと。また、水質検査を行うなど農薬等の流出について実態の把握に努めること。

(5)ゴルフ場において散布された農薬等が周辺の河川等公共用水域へ及ぼす影響を把握するため、水質分析等の調査を行う。

資料―8　大阪府のゴルフ場における農薬・肥料等の使用状況等の調査結果について

調査実施部局
　大阪府農林水産部経営指導課
　大阪府環境保健部環境局水質課

ゴルフ場での農薬、肥料等の使用により、水道水源への影響や、周辺環境への影響を懸念する声が全国的に高まっていることに対処し、府下ゴルフ場におけるそれらの実態調査を実施した。結果の概要は次のとおりです。

1　調査の概要

(1)調査対象ゴルフ場　府下42か所（娯楽施設利用税対象）
(2)調査実施期間　昭和63年10月3日～昭和63年12月25日
(3)調査対象年次　昭和62年度
(4)調査内容　農薬、肥料等の使用実態
　排水方法等
(5)回収率　100％

2　調査結果

(1)ゴルフ場の面積及び農薬散布面積（**表―1**）

	全体	平均
ゴルフ場の面積	31,850,000 m²	758,000 m²
農薬散布実施部分の面積	16,120,000 m²	384,000 m²
	（50.6％）	（50.7％）

(2)主な使用農薬（**表―2、3**）

①　農薬の種類数（化学物質の種類数）

殺菌剤	33種類	（内登録農薬29農薬）
殺虫剤	27種類	（　〃　27農薬）
除草剤	35種類	（　〃　35農薬）
展着剤	3種類	（　〃　3農薬）

合計で98農薬が使用されていた。

②　1ゴルフ場当たりの年間総使用量（使用農薬量の単純合計の平均）

殺菌剤	531.1 kg
殺虫剤	768.0 kg又は l
除草剤	753.4 kg又は l
展着剤	14.3 l
計	2,066.8 kg又は l

③　単位面積（10アール）当たりの年間使用量　（使用農薬量の単純合計の平均）

殺菌剤	0.70 kg
殺虫剤	1.01 kg又は l
除草剤	0.99 kg又は l

④　農薬の使用状況

- 主要薬剤については、概ね使用基準の範囲内であった。
- 3ゴルフ場で、無登録の4農薬が使用されており、それらは全て殺菌用であった。〔商品名：スーパーラージ、リゾック、パルナビ、PS 304〕
- 府として使用自粛を指導しているベンゾエピンが4か所、EPN 剤が8か所のゴルフ場で使用されていた。

⑤　その他

- 農薬の散布主体については、直営で散布しているのが36か所、業者委託が1か所、直営と委託の併用が5か所となっている。（**表―4**）
- 散布作業が止むをえず営業時間に食い込んでいるゴルフ場は20か所あった。（**表―5**）
- 農薬の保管管理については全て厳重に行われていた。（**表―6**）

(1)　府が定める農作物病害虫雑草防除基準に基づき、対策の徹底を図ること。

(2)　農薬の使用に当たっては、気象、地形等の環境条件を考慮すること。

(3)　周辺環境への汚染の防止を図る観点から、調整池に魚類の飼育をするほか、水質の定期的な調査を行うこと。

(4)　農薬の保管に当たっては、安全な場所で適正に管理するとともに、農薬管理簿を備え、購入、使用の状況を明かにし、これを3年間保存すること。

(5)　農薬の安全かつ適正な使用および管理のため、農薬取扱責任者を置くものとし、氏名その他を病害虫防除所長を経由して、知事に報告すること。報告事項に変更が生じたときも同様とする。

(6)　農薬取扱責任者を、知事が行う農薬安全使用研修会等に積極的に参加させ、その資質向上に努めること。

（防除の委託）

第6条　事業者は、病害虫等防除作業を委託しようとするときは、法第11条第1項の規定による届出を行った防除業者に委託するものとする。

（調　査）

第7条　知事は、事業者に対し農薬の使用状況、危被害防止対策の実施状況その他の事項について別に定める時期に報告を求め、または、府で実施する公共水域での水質調査結果等に基づき必要に応じ調査を実施し、必要な措置を講ずるものとする。

（その他）

第8条　この要綱に定めるもののほか、必要な事項は、知事が別に定める。

付　則

この要綱は、平成元年2月28日から施行する。

資料―7　大阪府のゴルフ場における農薬の安全使用に関する指導要綱

（目　的）

第1条　この要綱は、ゴルフ場において芝、樹木等の病害虫および雑草の防除に使用される農薬の安全かつ適正な管理、および使用を確保するために必要な事項を定め、もって農薬による危被害を防止するとともに、府民の生活環境の保全に寄与することを目的とする。

（定　義）

第2条　この要綱において「農薬」とは、農薬取締法（昭和23年法律第82号。以下「法」という。）第1条の2第1項に規定する農薬をいう。

2　この要綱において「事業者」とは、府内に存するゴルフ場を経営し、または、管理運営している者をいう。

（登録農薬の購入および使用）

第3条　事業者は、農薬の購入に当たっては、法第8条の規定による届出を行った農薬販売業者から購入するものとする。

2　事業者は、農薬の使用に当たっては、法第2条第1項または第15条の2第1項の規定による登録を受けた農薬を使用するものとする。

（農薬表示事項の遵守）

第4条　事業者は、農薬の使用に当たっては、当該農薬の容器または包装に表示されている法第7条第5号に規定する登録に係る適用病害虫の範囲および使用方法、同条第10号に規定する貯蔵上または使用上の注意事項その他の農薬表示事項を遵守するものとする。

（危被害防止対策の徹底）

第5条　事業者は、次の事項を遵守し、十分な危被害防止対策を講ずるものとする。

資料—5　ゴルフ場総量規制等の各県の状況

（1989年1月現在）

規制	県名	規制の内容			県土面積比 既設％	県土面積比 合計％	左の全国順位	
凍結	神奈川県	新、増設の全面凍結			1.95	1.95	1	5
	栃木県				1.27	1.76	5	6
	東京都				0.69	0.69	15	24
原則凍結	兵庫県	原則として新規受付停止 ただしﾘｿﾞｰﾄ 関連、過疎市町村等を除く			1.44	3.40	4	2
	埼玉県				1.24	2.03	6	4
総量規制		県土面積比	市町村面積	総数				
	千葉県		1～3％		1.80	3.64	2	1
	茨城県			1市町村1場 1場の追加可能	1.15	2.11	7	3
	奈良県	1％	4％		0.64	1.01	16	15
	山梨県		2％	1市町村1場	0.56	1.22	18	11
	岡山県		2％		0.52	0.77	20	21
	宮城県		2％	県総数50場	0.37	0.51	24	28
	愛媛県	0.5％			0.33	0.38	28	32
	鹿児島県			1市町村1場	0.19	0.36	37	34

・総量規制の規制方法については、各県でそれぞれの方法により行っているが、総量の数値等は確立されたものはなく、それぞれ問題点をもっている。
・県土面積比率による規制（2県）・・・県内に開発地が偏在したり、早い者勝ちとなるとの批判がある。
・市町村　〃　（4県）・・・比率は各県により異なるが、現況で抑えた県が多い。
・総数（1市町村1場）による規制・・・県内の特定地域に集中したため、1市町村1場としたが、需要の有無を無視しているとの批判がある。

資料—6　各県の規制の経過

規制年次	第一次規制 48～51	左記規制都県の現在の状況 59～元年				新たな規制 60～元年	
規制の種類		規制解除	全面凍結	総量規制	その他	原則凍結	総量規制
全面凍結	15	4	3	4	4	2	1
総量規制	5	2	0	3	0		
計	20	6	3	7	4		
現在規制都県数		凍結3		原則凍結2		総量規制8	

・昭和48年のオイルショック以降各県において規制が行われたが、第三次ゴルフ場ブームの中でいったん緩和され、再び規制を強化した例もみられる。

資料－3　長野県内ゴルフ場平均雇用、経費等の状況

ゴルフ場区域平均面積			82.2 ha			
会員制の別			メンバー制 36カ所	パブリック制 6カ所		
メンバー制ゴルフ場平均会員数			1,404 人			
年間平均利用者数			31,539人（左の内訳 県内客51％ 県外客49％）			
年間平均稼働日数			234 日			
オートカート使用			有 30カ所	無 12カ所		
従業員雇用	雇用区分	従業員数	従業員の居住地区分			
			ゴルフ場所在市町村	近隣市町村	その他県内	県外
	常時雇用 うちキャディー	人 36 7	人 22 3	人 11 3	人 2 1	人 1 0
	臨時雇用 うちキャディー	40 27	22 13	13 10	1 1	4 3
	アルバイト うちキャディー	11 7	6 4	3 2	1 0	1 1
	計 うちキャディー	87 41	50 20	27 15	4 2	6 4
	全従業員年平均給与額		2,125千円			
経費	区分	金額	経費の支出先区分			
			ゴルフ場所在市町村	近隣市町村	その他県内	県外
	人件費	千円 154,338	％ 60	％ 35	％ 4	％ 1
	農薬・肥料	15,408	23	24	17	36
	その他購入	75,471	45	30	9	16
	固定資産税等	42,051	60		40	
	賃借面積 地代	48ha 12,147	84	12	0	4
	委託料等	22,471	36	13	7	44
	その他	56,834	39	37	6	18

注　県内ゴルフ場へ照会調査し、回答があった42ゴルフ場の昭和63年実績の平均を18ホール換算した。

資料－4　長野県内ゴルフ場の地域への経済効果推計（18ホールの1ゴルフ場あたり）

○所在市町村（住民）雇　用　50　人（うちキャディー　20　人）
金　額　171百万円

（市町村）固定資産税等　25百万円
注　税収については、基準財政収入額に75％算入され、その分は地方交付税が減少する。

○近隣市町村（住民）雇　用　27　人（うちキャディー　15　人）
金　額　106百万円

資料－2　ゴルフ場面積比率全国比較

	箇所数		対県土面積比率		対標高1600m未満森林面積比率	
	既設(カ所)	合計(カ所)	既設(%)	合計(%)	既設(%)	合計(%)
1	兵庫 111	兵庫 218	神奈川 1.95	千葉 3.64	千葉 5.46	千葉 11.02
2	北海道 110	千葉 179	千葉 1.80	兵庫 3.40	大阪 4.85	埼玉 6.39
3	千葉 93	北海道 130	大阪 1.53	茨城 2.11	神奈川 4.73	茨城 6.36
4	静岡 81	茨城 126	兵庫 1.44	埼玉 2.03	埼玉 3.90	大阪 5.05
5	栃木 80	栃木 107	栃木 1.27	神奈川 1.95	茨城 3.47	兵庫 4.98
6	茨城 68	岐阜 95	埼玉 1.24	栃木 1.76	栃木 2.38	神奈川 4.73
7	埼玉 54	静岡 89	茨城 1.15	大阪 1.60	兵庫 2.11	栃木 3.31
8	神奈川 52	長野 81	静岡 1.06	三重 1.46	福岡 1.85	沖縄 3.03
9	長野 50	埼玉 79	福岡 0.84	沖縄 1.43	東京 1.79	群馬 2.34
10	岐阜 50	群馬 77	三重 0.83	群馬 1.42	静岡 1.78	愛知 2.27
11	福岡 48	福島 73	滋賀 0.82	山梨 1.22	愛知 1.69	香川 2.25
12	群馬 43	三重 68	愛知 0.74	静岡 1.21	滋賀 1.60	三重 2.21
13	大阪 42	広島 64	香川 0.74	香川 1.07	香川 1.55	福岡 2.15
14	三重 41	福岡 53	群馬 0.72	岐阜 1.07	三重 1.26	静岡 2.04
15	広島 41	神奈川 52	東京 0.69	奈良 1.01	群馬 1.19	滋賀 1.86
16	愛知 40	愛知 52	奈良 0.64	愛知 1.00	山梨 0.85	山梨 1.86
17	福島 35	山梨 47	京都 0.63	福岡 0.98	京都 0.84	東京 1.79
18	岡山 35	岡山 47	山梨 0.56	滋賀 0.96	奈良 0.82	岐阜 1.37
19	山口 33	大阪 43	岐阜 0.52	広島 0.89	沖縄 0.77	奈良 1.30
20	滋賀 32	宮城 39	岡山 0.52	京都 0.86	岡山 0.75	広島 1.21
21	宮城 30	山口 38	山口 0.50	岡山 0.77	山口 0.70	京都 1.14
22	京都 28	熊本 37	石川 0.45	石川 0.72	石川 0.67	岡山 1.11
23	新潟 27	滋賀 36	広島 0.44	福島 0.70	岐阜 0.67	石川 1.07
24	熊本 26	京都 36	宮城 0.37	東京 0.69	宮城 0.64	長野 1.03
25	愛媛 25	奈良 34	沖縄 0.36	長野 0.64	広島 0.60	福島 1.01
26	奈良 24	新潟 33	熊本 0.36	山口 0.59	長野 0.57	佐賀 1.00
27	山梨 22	沖縄 33	長野 0.36	熊本 0.53	熊本 0.57	宮城 0.87
28	東京 21	鹿児島 32	愛媛 0.33	宮城 0.51	佐賀 0.56	熊本 0.84
29	大分 21	愛媛 27	和歌山 0.31	佐賀 0.44	愛媛 0.46	山口 0.84
30	和歌山 20	和歌山 25	福島 0.31	鳥取 0.43	長崎 0.46	富山 0.67
31	鹿児島 18	大分 23	鳥取 0.29	和歌山 0.41	福島 0.44	長崎 0.59
32	長崎 17	香川 22	長崎 0.27	愛媛 0.38	和歌山 0.41	鳥取 0.58
33	岩手 16	東京 21	佐賀 0.25	富山 0.37	鳥取 0.39	鹿児島 0.56
34	香川 16	長崎 21	大分 0.23	鹿児島 0.36	新潟 0.34	愛媛 0.54
35	石川 14	石川 20	新潟 0.22	長崎 0.34	大分 0.32	和歌山 0.54
36	佐賀 13	岩手 19	徳島 0.19	徳島 0.31	鹿児島 0.29	新潟 0.42
37	沖縄 13	宮崎 19	鹿児島 0.19	新潟 0.28	徳島 0.25	徳島 0.41
38	青森 12	佐賀 16	福井 0.16	大分 0.25	福井 0.22	大分 0.35
39	宮崎 12	山形 15	宮崎 0.14	宮崎 0.25	富山 0.22	宮崎 0.32
40	秋田 11	青森 14	北海道 0.13	福井 0.21	北海道 0.20	福井 0.28
41	鳥取 9	富山 14	富山 0.12	高知 0.18	宮崎 0.18	北海道 0.26
42	徳島 9	鳥取 13	青森 0.11	北海道 0.17	青森 0.17	青森 0.22
43	高知 9	秋田 13	高知 0.11	青森 0.14	高知 0.13	高知 0.21
44	山形 8	徳島 13	岩手 0.10	山形 0.14	岩手 0.13	山形 0.20
45	富山 8	高知 12	秋田 0.07	島根 0.14	秋田 0.10	島根 0.18
46	福井 7	島根 10	島根 0.07	岩手 0.13	島根 0.09	岩手 0.16
47	島根 7	福井 9	山形 0.06	秋田 0.09	山形 0.08	秋田 0.13
全国	1,582	2,324	0.40	0.66	0.62	1.01

愛知	5,138	40	798	3,811	7	144	817	5	84	497	52	1,026	5,125	0.74	1.00	12	16	2,701,425	60,934
三重	5,778	41	918	4,809	9	188	1,229	18	360	2,402	68	1,466	8,440	0.83	1.46	10	8	2,390,267	46,868
滋賀	4,016	32	711	3,305	1	18	98	3	108	441	36	837	3,844	0.82	0.96	11	18	1,746,750	44,222
京都	4,613	28	585	2,916	2	45	276	6	108	757	36	738	3,949	0.63	0.86	17	20	1,280,544	39,401
大阪	1,868	42	846	2,862	0	0	0	1	18	119	43	864	2,981	1.53	1.60	3	7	2,758,834	58,699
兵庫	8,376	111	2,259	12,054	20	423	2,622	87	1,880	13,794	218	4,562	28,470	1.44	3.40	4	2	5,596,000	44,590
奈良	3,692	24	431	2,349	3	72	437	7	144	926	34	647	3,712	0.64	1.01	16	15	1,184,257	49,459
和歌山	4,725	20	369	1,474	0	0	0	5	90	471	25	459	1,945	0.31	0.41	29	31	934,342	45,578
鳥取	3,494	9	153	1,006	1	18	120	3	54	369	13	225	1,495	0.29	0.43	31	30	264,890	31,164
島根	6,628	7	117	454	0	0	0	3	54	480	10	171	934	0.07	0.14	46	45	275,020	42,311
岡山	7,090	35	665	3,669	4	72	514	8	189	1,255	47	926	5,438	0.52	0.77	20	21	1,462,279	39,580
広島	8,467	41	738	3,760	2	45	338	21	459	3,435	64	1,242	7,533	0.44	0.89	23	19	1,825,709	44,529
山口	6,106	33	594	3,049	1	18	111	4	72	473	38	684	3,633	0.50	0.59	21	26	1,424,286	43,160
徳島	4,145	9	162	791	0	0	0	4	99	483	13	261	1,274	0.19	0.31	36	36	463,953	51,550
香川	1,882	16	306	1,395	1	9	16	5	108	610	22	423	2,021	0.74	1.07	13	13	881,829	51,872
愛媛	5,672	25	396	1,846	1	18	105	1	36	226	27	450	2,177	0.33	0.38	28	32	973,904	44,268
高知	7,107	9	171	782	1	27	220	2	36	268	12	234	1,270	0.11	0.18	43	41	506,734	53,340
福岡	4,961	48	864	4,178	0	0	0	5	108	677	53	972	4,855	0.84	0.98	9	17	2,599,179	54,150
佐賀	2,433	13	180	600	1	27	140	2	45	340	16	252	1,080	0.25	0.44	33	29	555,590	55,559
長崎	4,112	17	252	1,101	3	54	250	1	12	65	21	318	1,416	0.27	0.34	32	35	620,008	44,286
熊本	7,408	26	477	2,666	1	36	153	10	207	1,129	37	720	3,948	0.36	0.53	26	27	1,429,035	53,926
大分	6,338	21	387	1,432	1	18	55	1	18	113	23	423	1,600	0.23	0.25	34	38	859,169	39,961
宮崎	7,735	12	216	1,045	4	72	472	3	54	381	19	342	1,898	0.14	0.25	39	39	687,065	57,255
鹿児島	9,166	18	351	1,698	5	90	524	9	171	1,080	32	612	3,302	0.19	0.36	37	34	972,393	49,866
沖縄	2,255	13	261	820	3	54	237	17	315	2,158	33	630	3,215	0.36	1.43	25	9	916,732	63,223
合計	377,815	1,582	32,297	152,808	222	4,535	26,745	520	10,608	68,971	2,324	47,440	248,524	0.40	0.66			76,338,028	42,545

資料－1　全国ゴルフ場開発状況（1988年9月1日現在）

	県土面積	ゴルフ場数												対県土面積比率				昭和62年度利用者数	
		既設			造成中			計画中			合計			面積比		全国順位		利用者数	(18ホール換算の1場あたり)
	㎢	箇所数 所	ホール数 ホール	面積 ha	箇所数 所	ホール数 ホール	面積 ha	箇所数 所	ホール数 ホール	面積 ha	箇所数 所	ホール数 ホール	面積 ha	既設 %	合計 %	既設	合計	人	人
北海道	83,519	110	2,187	11,097	13	297	1,647	7	171	1,410	130	2,655	14,154	0.13	0.17	40	42	3,366,153	27,705
青森	9,619	12	207	1,079	1	18	140	1	36	174	14	261	1,393	0.11	0.14	42	43	251,133	21,838
岩手	15,177	16	333	1,534	1	27	126	2	45	271	19	405	1,931	0.10	0.13	44	46	404,335	21,856
宮城	7,292	30	567	2,727	2	27	155	7	117	831	39	711	3,713	0.37	0.51	24	28	1,104,037	35,049
秋田	11,612	11	189	854	1	18	56	1	36	174	13	243	1,084	0.07	0.09	45	47	281,108	26,772
山形	9,327	8	134	548	1	9	16	6	126	766	15	269	1,330	0.06	0.14	47	44	194,248	26,093
福島	13,784	35	720	4,225	8	162	1,062	30	624	4,396	73	1,506	9,683	0.31	0.70	30	23	1,064,775	26,619
茨城	6,094	68	1,494	7,013	17	333	1,847	41	783	3,989	126	2,610	12,849	1.15	2.11	7	3	4,523,000	54,494
栃木	6,414	80	1,828	8,118	19	360	2,044	8	216	1,135	107	2,404	11,297	1.27	1.76	5	6	3,859,976	38,009
群馬	6,356	43	966	4,607	13	279	1,747	21	405	2,665	77	1,650	9,019	0.72	1.42	14	10	2,193,304	40,869
埼玉	3,799	54	1,201	4,721	9	189	1,124	16	306	1,883	79	1,696	7,728	1.24	2.03	6	4	1,343,496	20,136
千葉	5,150	93	2,133	9,277	19	378	2,001	67	1,312	7,460	179	3,823	18,738	1.80	3.64	2	1	5,580,416	47,092
東京	2,164	21	405	1,491	0	0	0	0	0	0	21	405	1,491	0.69	0.69	15	24	1,294,913	57,552
神奈川	2,402	52	1,152	4,680	0	0	0	0	0	0	52	1,152	4,680	1.95	1.95	1	5	3,432,142	53,627
新潟	12,579	27	540	2,816	4	72	404	2	36	254	33	648	3,474	0.22	0.28	35	37	828,442	27,615
富山	4,252	8	189	503	2	63	345	4	99	714	14	351	1,562	0.12	0.37	41	33	429,764	40,930
石川	4,197	14	351	1,883	3	81	431	3	90	688	20	522	3,002	0.45	0.72	22	22	843,693	43,266
福井	4,192	7	171	682	2	45	210				9	216	892	0.16	0.21	38	40	396,449	41,731
山梨	4,463	22	459	2,507	6	126	746	19	342	2,200	47	927	5,453	0.56	1.22	18	11	1,014,606	39,788
長野	13,585	50	1,038	4,834	11	234	1,389	20	378	2,532	81	1,650	8,755	0.36	0.64	27	25	1,741,355	30,197
岐阜	10,596	50	1,107	5,531	15	288	1,985	30	549	3,825	95	1,944	11,341	0.52	1.07	19	14	2,623,889	42,665
静岡	7,773	81	1,719	8,209	4	81	536	4	108	655	89	1,908	9,400	1.06	1.21	8	12	4,256,600	44,572

資料篇

1　全国ゴルフ場開発状況
2　ゴルフ場面積比率全国比較
3　長野県内ゴルフ場平均雇用、経費等の状況
4　長野県内ゴルフ場の地域への経済効果推計
5　ゴルフ場総量規制等の各県の状況
6　各県の規制の経過
7　大阪府のゴルフ場における農薬の安全使用に関する指導要綱
8　大阪府のゴルフ場における農薬・肥料等の使用状況等の調査結果について
〈表―１〉ゴルフ場の面積及び農薬撒布面積　〈表―２〉大阪府下ゴルフ場で使用される農薬の種類数　〈表―３〉主な農薬の使用状況　〈表―４〉農薬撒布主体　〈表―５〉農薬撒布時間　〈表―６〉農薬の保管管理　〈表―７〉肥料の使用状況　〈表―８〉土壌改良剤、その他の使用状況　〈表―９〉余水吐を有する池の有無　〈表―10〉水質保全等　〈表―11〉クラブハウスの排水処理方法等　〈表―12〉農薬、肥料等の販売業者
9　長野県のゴルフ場における農薬・肥料等について―Ｉ
10　長野県のゴルフ場における農薬・肥料等について―II
11　農薬の発ガンの強さと発ガン危険度
（＊資料１～７、９、10は何れも長野県環境自然保護課・宮下隆氏作成資料より引用）

各地の資料より

編著者紹介

山田國廣（やまだ・くにひろ）

1943年大阪府出身。大阪大学工学部助手を経て、現在、京都精華大学人文学部教授。工学博士。専攻は環境論。著者に『シリーズ・21世紀の環境読本』（1995～）『1億人の環境家計簿』（1996）共著に『下水道革命』（改訂二版、1995）『水の循環』（2002、以上藤原書店）他多数。

浜田耕作	1925年生れ	農林業（山添村在住）
押田成人	1922年生れ	司祭（富士見町在住）
金子美登	1948年生れ	有機農業（小川町在住）
植西克衛	1933年生れ	農林業（信楽町在住）
藤原　信	1931年生れ	教員（宇都宮市在住）
石崎須珠子	1947年生れ	フリー・ライター（飯能市在住）
及川稜乙	1945年生れ	自由業（大町市在住）
鈴木明子	1946年生れ	主婦（小杉町在住）
寺町知正	1953年生れ	養鶏・農業（高富町在住）
坪井直子	1945年生れ	主婦（名張市在住）
高畑初美	1952年生れ	主婦（名張市在住）
鈴木忍明	1937年生れ	住職（三田市在住）
山本安民	1947年生れ	会社員（備前市在住）

（執筆順）

ゴルフ場亡国論〔新装版〕

1990年3月30日　新版第1刷発行
1991年2月20日　新版第4刷発行
2003年3月30日　新装版第1刷発行©

編　者　山田國廣
発行者　藤原良雄
発行所　株式会社　藤原書店
〒162-0041　東京都新宿区早稲田鶴巻町523
電話　03(5272)0301
FAX　03(5272)0450
振替　00160-4-17013

印刷　中央精版　製本　桂川製本所

落丁本・乱丁本はお取替えいたします　Printed in Japan
定価はカバーに表示してあります　ISBN4-89434-331-2